PythonED
Python 3 エンジニア認定
データ分析実践試験
主教材

Python データ分析 実践ハンドブック

実務で使えるデータ加工のテクニック

寺田 学、神沢 雄大、@driller、辻 真吾［著］

インプレス

本書情報および正誤表の Web ページ

書籍の新刊や正誤表など最新情報を随時更新しております。

https://book.impress.co.jp/books/1122101021

はじめに

本書は、Pythonやpandasの基礎を身につけた読者が**自分で考えてデータを加工し分析できるようになる**ことを目指しています。

データを扱う代表的な職業であるデータサイエンティストが「セクシー」であるといわれて10年以上が経ちました。ビッグデータやディープラーニング、生成AIなどいくつかのトレンドがあり、データサイエンスの領域は統計解析やデータ分析、機械学習など多岐にわたっています。アルゴリズムや手法は日進月歩で、私たちは常に最先端を追いかける必要があります。

一方で、データを扱うための基本は変わっていません。性能のよい機械学習モデルを構築することは派手でやりがいの大きいタスクですが、いきなりデータをモデルに学習させるのではなく、まずはデータを適切に処理し内容を理解することが重要です。

データがどのような分布なのか、またどう加工したらいいのか。そういったことを確認したり考えたりするのは地道で時間のかかる作業です。しかし、それらを通して、何が結果に影響を与えるのか、問題はどこにあるのか、が見えてきます。データは自分では語りません。

本書はPythonを使ってデータを加工し分析する方法を詳しく解説します。さまざまなファイル形式のデータを読み込んで、データ型を変換し必要な形に整え、その中身を把握して、解析や予測に使う、そういったことができるようになります。また、本書にはRやJuliaなどPython以外の言語を使うときにも役立つ知識が満載です。

末筆ながら、本書の校閲にご協力いただいた小俣博司さん、加藤公一さん、熊谷拓也さん、小山哲央さん、杉山剛さん、福本信吾さん、三村喬生さん（五十音順）、企画段階から完成まで著者陣を導いてくれたインプレス編集部のみなさん、そして何より執筆中に著者それぞれを支えてくれた家族と友人に感謝します。多くの方々のサポートをいただきましたが、本書の内容に過不足や誤りがあれば、すべてわれわれ著者陣の責めに帰すべきものです。

本書が1人でも多くのPythonユーザーにとってデータの加工と分析のスキルを身につける手助けとなることを願ってやみません。

著者を代表して　神沢 雄大

本書を読む前に
——対象読者と本書の概要

本書は、最初にさまざまなデータ形式からPythonで取り扱いやすいデータに変換や加工を行う方法を解説します。その後、表形式データの加工、数値データの扱い、データの評価方法を解説します。続いて、時系列データやテキスト情報、画像データ、グラフデータ、地理空間データの処理を解説し、最後にデータ加工のための線形代数について解説します。

■ 本書の全体像

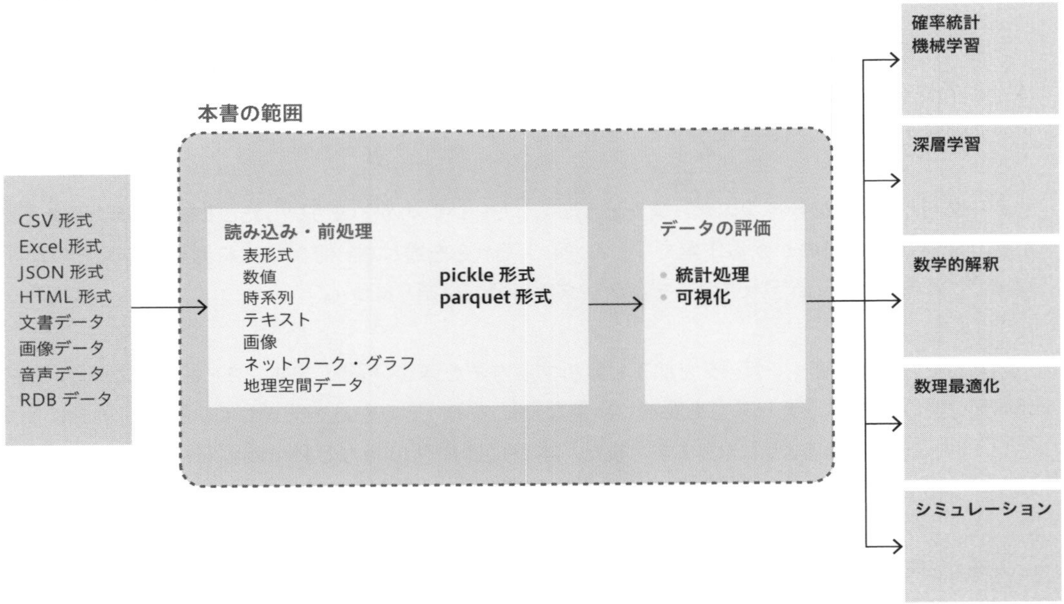

対象読者

本書は、**Pythonの基礎やpandasの基礎を知っている読者**を想定しています。**Pythonの実行環境の構築ができ基礎文法の習得が終わっていること**および**pandasの`Series`や`DataFrame`の生成や基本的な操作ができること**を前提としています。具体的には、次の試験に合格できるレベルとしています。

- **Pythonエンジニア育成推進協会のPython 3 エンジニア認定データ分析試験**
  https://www.pythonic-exam.com/exam/analyist

本書では、**より実践的なライブラリの使い方やデータの加工と分析に必要な知識を習得すること**を目標としています。

Pythonデータ分析実践試験について

本書は、Pythonエンジニア育成推進協会が実施する「Python 3 エンジニア認定データ分析実践試験」の主教材となります。

試験の詳細は、以下の主催者Webサイトを参照してください。

https://www.pythonic-exam.com/exam

各章の概要

本書は次の11章で構成されており、章ごとにテーマが分かれています。各章の内容は独立した構成となっているため、関心が高い順番に読み進められます。関連のある章や節にリファレンスが書かれていますので、必要に応じて関連の章・節を参照してください。

- **第1章 データ加工概論**　データ加工の概論を説明します。データ加工の目的や重要性を説明し、データ分析エンジニアの役割を定義しています。データの種類や形式を説明しデータ分析に向いているデータの構造およびツールの種類を紹介し役割を解説します。
- **第2章 データの種類と読み込み**　各種データ形式の取り扱い方を解説します。Pythonのライブラリを使うことで各種データをPythonのオブジェクトに変換できます。また、pandasによるデータ形式の読み書きも解説しています。
- **第3章 表形式データの加工**　データの入手を経て最初に行うであろう、表形式のデータの加工方法を学びます。データ結合、データ整形、データのグループ化をはじめ、カテゴリーデータの処理を解説します。表形式のデータはpandasが得意としている分野です。pandasの使い方を理解することで多くのデータ処理が行えます。
- **第4章 NumPyと数値データ**　NumPyで数値を扱うためのデータ型、多次元配列の構造、ブロードキャスト演算を解説します。
- **第5章 データの評価**　データの評価方法を解説します。加工するデータや分析するデータ、機械学習モデルに投入するデータの中身を把握することなく先に進むことはできません。表形式データの定量的および定性的なチェック方法と、外れ値や欠損値、値の重複への対処方法を解説します。
- **第6章 時系列データの処理**　時系列データの処理方法を解説します。pandasで時系列データをpandasの関数やメソッドを用いて効率よく処理する方法を解説します。

- **第7章 テキスト情報の処理**　テキスト情報が含まれるデータの評価や分析をするうえでは、文字列の加工が必要になる場合がよくあります。Pythonとpandasの機能を使って、文書データやテキストが含まれた表形式データの処理方法について解説します。
- **第8章 画像データの処理**　画像を数値データとして扱うことで大量に効率よく処理する方法を解説します。機械学習モデルへの入力データを準備することを想定し、PillowやNumPyを使って画像データを処理するための便利な機能を紹介します。
- **第9章 グラフデータの処理**　グラフ構造はモノとモノとのつながりを表現するデータ構造です。このグラフ構造の基本を説明した後、グラフ構造のデータを処理する方法を解説します。また、グラフ構造の可視化とグラフを使ったデータ解析の一例も紹介します。
- **第10章 地理空間データの処理**　地理空間データは位置情報およびそれに関連付けられたさまざまな情報を持つデータです。地理空間データの処理や可視化方法を解説します。
- **第11章 データ加工のための線形代数**　データ分析に必要な線形代数の解説と、主成分分析の仕組みを解説します。
- **付録A~C**　本書のコードを実行するための環境構築や本書で使用するPythonパッケージについて解説しています。pandasやMatplotlibを使ったデータ可視化についても解説しています。

サンプルコードについて

本書では、Python 3.11系およびpandas 2.0系を用いた動作を前提としています。詳細のパッケージバージョンは付録B p.367 を参照してください。

また、次のGitHubリポジトリにNotebook形式のサンプルコードとデータセットを提供しています。JupyterLabですぐに手元で実行できます。サンプルコードを実行するための環境設定は、付録A p.363 と付録B p.367 、またはGitHubリポジトリの`README.md`を参照してください。本書で扱うデータセットは章ごとのディレクトリ「章番号-章名」内の「`/data`」にあります。

■ 本書サンプルコードのGitHubリポジトリ

https://github.com/practical-handbook-python-data-analysis/practical-handbook-python-data-analysis

目次

NOTE

COLUMN

第 **1** 章

データ加工概論

本章では、データ加工の目的や重要性を解説し、データ分析エンジニアの役割を定義します。さらに、データの種類や形式を解説しデータ分析に向いているデータの構造について解説します。

また、データ分析を行うには、ライブラリの使いこなしが重要です。そのため、データ分析でよく利用するPythonのライブラリの種類を紹介し、それらの役割も解説します。

1-1 データ加工の目的

本節では、データ加工について考察し、なぜデータ加工が必要なのか、実際にはどのようなことが行われているかを見ていきます。

1-1-1 データ加工とは

本書における「データ加工」とは、データ分析や機械学習を行うために使うデータを適切な形式に整える作業をいいます（図1-1）。

データ加工の前にデータを取得します。データ分析や機械学習を行うためには、まずデータがなければ始まりません。必要なデータを利用可能な状態で入手することが重要です。

ほかには、欠損値（値が存在しない状態）があればそれに対する処理をし、外れ値（他の値から大きく外れた値）の除去、尺度を合わせることなどもデータ加工に含まれます。また、データを適切な列（カラム）に分けたり、データ分割や結合をしたりすることもあります。

後の工程で、機械学習や深層学習（ディープラーニング）を行う場合には、適切なデータ型とデータ形状が求められます。これらもデータ加工の一部となります。

図1-1　データ加工の位置付け

1-1-2 データ加工の必要性

世の中にあるデータのほとんどは、きれいなデータではありません。余分なデータが含まれていたり、欲しいデータが取り出しやすい形になっていません。欠損値が入っていたり、想定していない値が紛れ込んでいることがあります。誤った値が入っていると、データ分析の結果にも影響し、機械学習モデルの構築に使うと誤った方向の予測が出る可能性があります。

まずは、データをある程度加工し、適切なデータとなっているのかの確認が必要です。データを確認してみると多くの場合には、複数の工程からなるデータ加工が必要だということが見えてきます（図1-2）。

名前	社名	住所	電話番号
佐藤　太郎	株式会社パイソン	東京都墨田区〇丁目〇番地	0355550000
山田一郎	株式会社　パイソン	東京都墨田区〇ー〇	03 (5555) 0000
後藤 頼子	㈱パイソン	墨田区〇ー〇	03-5555-0000
寺田　　学	（株）パイソン	東京都墨田区〇-〇	03ー5555ー0000
次郎石川	パイソン	〇－〇	０３５５５５０００００

名前	社名	住所	電話番号
佐藤太郎	株式会社パイソン	東京都墨田区〇-〇	0355550000
山田一郎	株式会社パイソン	東京都墨田区〇-〇	03-5555-0000
後藤頼子	株式会社パイソン	墨田区〇-〇	03-5555-0000
寺田学	株式会社パイソン	東京都墨田区〇-〇	03-5555-0000
次郎石川	パイソン	〇-〇	0355550000

名前	社名	住所	電話番号
佐藤太郎	株式会社パイソン	東京都墨田区〇-〇	03-5555-0000
山田一郎	株式会社パイソン	東京都墨田区〇-〇	03-5555-0000
後藤頼子	株式会社パイソン	東京都墨田区〇-〇	03-5555-0000
寺田学	株式会社パイソン	東京都墨田区〇-〇	03-5555-0000
石川次郎	株式会社パイソン	東京都墨田区〇-〇	03-5555-0000

図1-2　データ加工のイメージ（汚いデータを何回か加工してきれいにしていく）

1-1-3 データ加工の実情

データ分析の中で最も時間がかかり、苦労するタスクがデータ加工だといわれています。諸説ありますが、一般的に70%から80%のタスクがデータ加工関連で、データ加工が終わってしまえば、次の工程がスムーズに進みます。

データ加工には、さまざまなツールが使われます。Pythonでやると決めても、Pythonの標準ライブラリを使ったり、pandasの機能を使ったり、そのほかのライブラリを組み合わせることがあります。

まずは、データ加工を進めるうえでpandasの使い方を習得することをおすすめします。pandasが使いこなせるようになると、効率的にデータ加工ができます。pandasではうまくいかない場合や効率が悪い場合には、NumPyなど別のツールやライブラリを使います。

1-2 データ分析エンジニアの役割

本節では、本書で解説するデータ分析エンジニアを定義します。データ分析の世界には、データサイエンティストと呼ばれる役割もあります。これらの業務が明確に分かれているわけではありませんが、それぞれについて役割を明確にするため、本書では次のように定義します。

1-2-1 データ分析エンジニアとは

データ分析エンジニアは、データに関わる技術や知識を持ち、データに向き合い、データを適切に収集、処理、分析を行う職種です。筆者は、データ工学の一分野としてデータ分析エンジニアが定義されていると考えています。データ工学という学術分野があり、主に情報工学を基盤にデータと向き合う分野とされています。データ工学は、データベース技術からデータの活用まで、データに関わる幅広い分野に広がっています。

データ分析エンジニアに最低限必要な技術は次のとおりです。

- データの入手や加工
- データの可視化
- データ特性の把握
- プログラミング
- インフラに関わる知識

付加的に持つべき知識は次のとおりです。

- 機械学習の手法
- 数学
- 対象分野の専門知識（ドメイン知識）

1-2-2 データサイエンティストとは

データサイエンティストは、数学、情報工学、対象分野の専門知識（ドメイン知識）の3つの分野の技術や知識を総合的に持ち、データ分析の一連の処理および結果の理解・評価を行う立場の職種です。

データサイエンティストとデータ分析エンジニアは、協力してプロジェクトを行うことが多くあります（図1-3）。

データサイエンティストの具体的な役割は次のとおりです。

- 機械学習・統計モデルやアルゴリズムの構築
- 新たな解法や新技術への取り組み
- さまざまな課題に向き合う実務
- データとの向き合い方の提示
- 分析結果の評価や説明

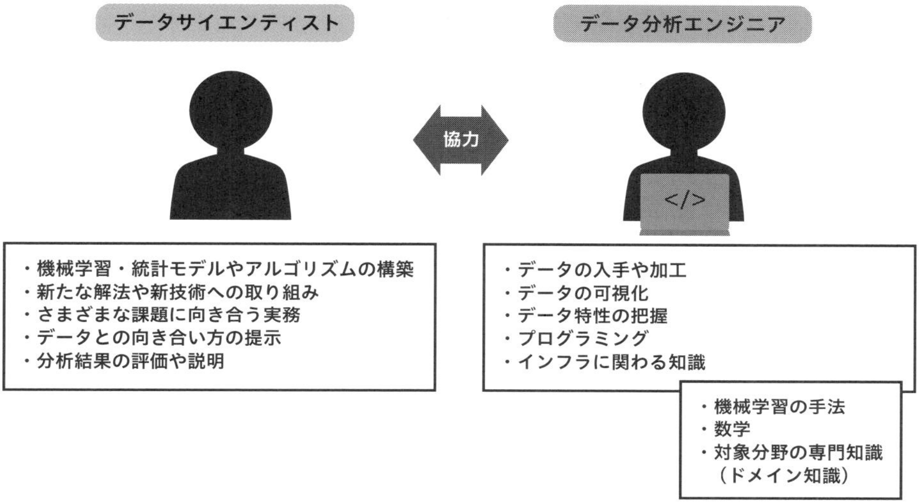

図1-3　データサイエンティストとデータ分析エンジニア

1-3 データの種類

本節では、データの種類の概要を解説します。

データ分析や機械学習では、データが不可欠です。データは、さまざまな形式で管理されています。データの種類や利用目的によってデータの形式を適切に決める必要があります。

1-3-1 データ形式

よく使われるデータ形式

よく使われるデータ形式は、表形式とツリー形式です。

表形式は、データを行と列の２次元で管理する方法です。テーブル形式とも呼ばれます。Microsoft Excelなどの表計算ソフトで扱うデータをイメージしてください。

ツリー形式は、データを親子関係で管理する方法です。PCのフォルダでファイルを管理することをイメージしてください。

■ 表形式

データを整理する際に最も使われるデータ形式です（図1-4）。多くのデータは、表形式で表現できます。また、可読性がよくデータの整理をするうえで最も重要なデータ形式といえます。さらに、機械学習には2次元の行と列で表現されたデータを使うことが多く、この形式になっているデータは機械学習と親和性が高いです。

スタッフ名簿			
	名前	所属	年数
data1	佐藤	東京	10
data2	伊藤	福岡	3
data3	田中	東京	15
data4	山本	福岡	3
data5	吉田	福岡	1
data6	鈴木	札幌	8
data7	前田	福岡	5

図1-4　表形式の例

一般的には、列方向（横）にデータの意味を持たせ、行方向（縦）にデータを増やしていくという形が望まれます。行と列が反対に使われているExcel表はよくあります。見やすさなどのために列方向に情報を増やす場合がありますが、データ分析や機械学習を行ううえでは、行方向と列方向を意識してデータを作っていく必要があります。

ここでは行と列で管理する2次元の表を紹介しましたが、1次元のデータも1列の表形式ととらえられます。また、データには、3次元やそれ以上の次元で扱ったほうがわかりやすいものもあります。それらは、専用のデータ形式とするか、2次元での表現を複数持つことで示したり、別のデータ形式を検討します。

なお、pandasの`DataFrame`（データ型）は、2次元のデータを扱うことに特化しています。

表形式データの基本的な取り扱いは、第２章の2-1 CSV形式 p.24、2-2 Excel形式 p.31 で解説しています。また、データ加工や変形などについては、第３章 表形式データの加工 p.75 で解説しています。

■ ツリー形式

表形式に次いで多く使われるのがツリー形式です（図1-5）。

最上位ノード（図1-5では店舗に該当）から、枝分かれして子ノードを作ってデータを管理する方法です。OSのフォルダはそれにあたります。ほかにも、JSON形式がツリー構造を表す方法としてよく使われています。親子関係がわかりやすいデータ整理の方法です。

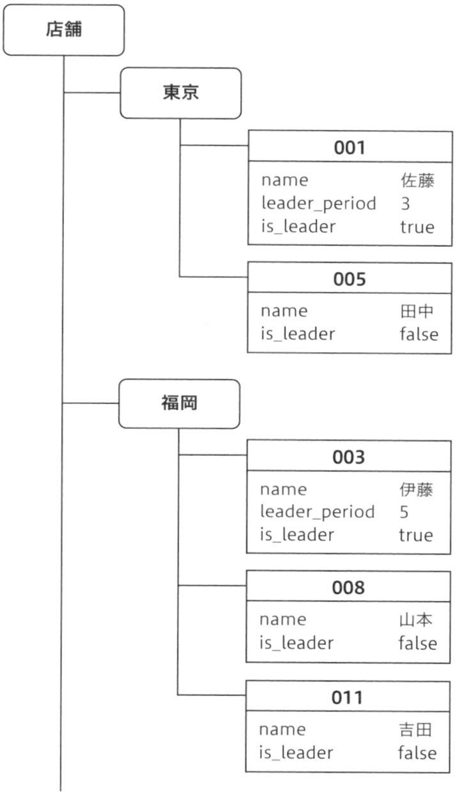

図1-5　ツリー構造の例

表形式と比べて、列方向という概念がないため、自由に扱える利点があります。ただし、ツリー形式のままでは、データの集計や機械学習の入力データとすることが難しく、さらに可読性が悪くなる場合があります。情報整理という点でのよさはありますが、データ分析や機械学習に使うためには表形式に変換する必要が出てきます。

ツリー形式のデータの取り扱いは、第2章の2-3 JSON形式 p.37 で解説しています。

そのほかのデータ形式

データによっては、表やツリーでは表現しにくいものがあります。そのようなデータを扱う形式はいくつかあり、データの関連性を表現するデータベースやグラフデータ、多次元データがそれにあたります。

■ データの関連性／リレーション

データの関連性は、リレーショナルデータベース（RDB）※1で表現するデータを想像してもらえるとわかりやすいでしょう（図1-6）。

リレーショナルデータベースは多くの機能を持っており、表形式の2次元のデータと関連性（リレーション）を駆使して、世の中のほとんどの状況を表現できます。複数の表を関連させることで、複雑なデータを表現します。データ形式としては、アプリケーション固有の方法がとられ、たとえばリレーショナルデータベースであるSQLiteは専用のファイル形式が用意されています。

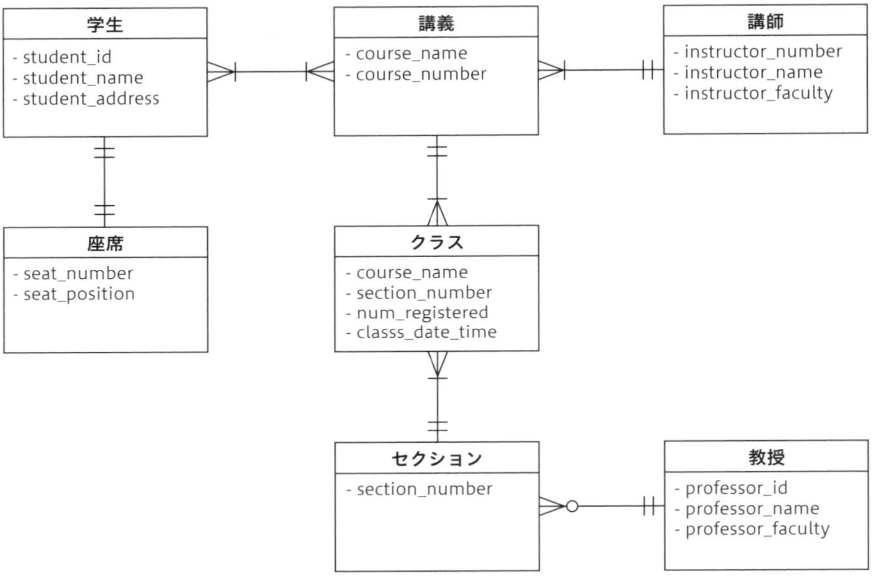

図1-6　リレーションの例

リレーショナルデータベースについては、第2章の2-9 RDBデータ p.63 で解説しています。

■ グラフデータ

データを点と線で表現するのがグラフデータです（図1-7）。点を「ノード」と呼び、線を「エッジ」と呼びます。ノードとノードをエッジでつなぐ表現ができることから、経路図や友人関係などの表現に便利です。

ノードには各種情報を属性として持つことができ、エッジも同様に属性を持つことができます。また、エッジは方向を持つことがあります。グラフデータになっていると、ノードとノード間の最短経路がわかったり、ノードどうしの関係性を可視化することが容易にできるという特徴があります。

※1　業務システムやWebシステムなどで利用されているデータベースの種類。

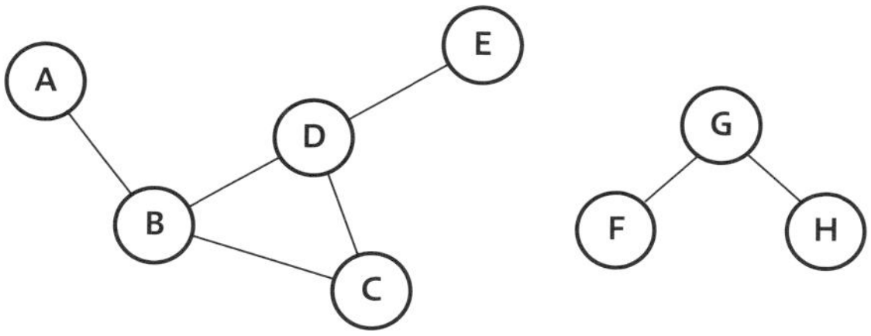

図1-7　グラフデータの例

グラフデータの詳細は、第9章 グラフデータの処理 p.269 で解説しています。

■ 多次元データ

表が2次元のデータであるということは説明しました。3次元以上になるデータ形式も多数存在します(図1-8)。

その例の1つが画像データです。よく使われているカラー表現は、RGBそれぞれ8ビット長データを16進数で表しています。これら3つのデータをピクセル（px）ごとに表現すると、縦480pxで横640pxの画像の場合、480×640×3の3次元の8ビット整数の集まりとして考えられます。

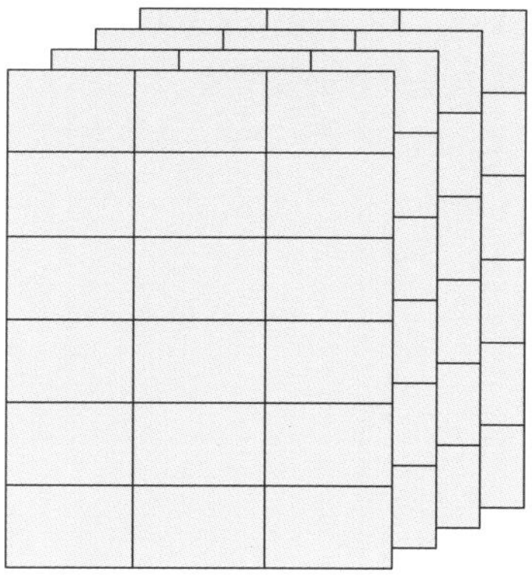

図1-8　3次元データのイメージ

画像以外にも多次元データが使われています。深層学習の内部パラメータは、多次元のデータ構造がよく用いられます。

多次元データの構造については、第4章の4-1 配列の構造とブロードキャスト p.136 で解説しています。画像データの取り扱いは、第2章の2-7 画像データ p.58 および第8章 画像データの処理 p.243 で解説しています。

■ 文書データ

データは、整理されていない形で保持されている場合があります。文字の羅列を示すテキスト形式や独自のルールや記号で示すデータ、ほかには表に並んでいるデータでも意味付けがあいまいなデータが多く存在します。人が見れば暗黙的に意味を把握できる場合もあります。

たとえば、リスト1-1のような文書を考えてみましょう。

リスト1-1　サンプル文書

```
                                                        文書管理番号: S-2022-192
                                                                2022年8月21日
お客様各位
                              新サービスのご案内
                                                           株式会社パイソンED
                                                                担当: 寺田　学

  来月より、新サービスを開始いたします。このサービスをご利用いただくには事前の登録が必要です。
  下記に示す.....
```

この文書を見たら、宛先が「お客様各位」で、発行日が「2022年8月21日」とわかり、文書のタイトルが「新サービスのご案内」ということも把握できます。しかし、このテキスト文字列で、データを分類したり分析したりするには、情報の整理が必要です。

リスト1-1のような文書であれば、次に示すメタデータを適切に付与して管理すると、後にデータを探し出すのも簡単になりますし整理も可能です。

- 文書管理番号　：S-2022-192
- 宛先　　　　　：お客様各位
- 発行日　　　　：2022年8月21日
- タイトル　　　：新サービスのご案内
- 発行者　　　　：株式会社パイソンED
- 担当者　　　　：寺田　学

このようなメタデータを表形式で管理して、文書管理番号をファイル名とひも付けることで、整理されたデータとなります。

自然言語処理の技術を使えば、全文検索や文書分類ができるかもしれませんが、適切に付けられたメタデータのほうがデータ分析がしやすくなります。

文書ファイルの取り扱いは、第2章の2-6 文書データ p.55 で解説しています。テキスト処理は、第7章 テキスト情報の処理 p.233 で解説しています。

1-3-2 データ構造

データの形式とともに、大切なのは実際の内部構造です。

データ形式が2次元の表になっていても、整理されていない内部構造では分析しにくい場合があります。また、データ構造の正規化※2が行われていないと、二重にデータを持つことになったり、データを効率的に管理できなかったりする場合があります。

データの形式だけでなく、内部の構造についても意識していきましょう。

データ構造の正規化と非正規化

データ構造の正規化は、データの整合性を保ちつつ、二重にデータを持つことを防ぐための設計手法です。ここでいう正規化は、データ分析におけるデータの最大最小正規化ではなく、データを格納するデータ構造の正規化のことで、リレーショナルデータベースの文脈で語られることを指します。

たとえば、売上管理の中で、売上テーブルに「日時」「顧客ID」「顧客名」「商品ID」「商品名」「商品単価」「個数」という情報を管理しようとします（図1-9）。

日時	顧客ID	顧客名	商品ID	商品名	商品単価	個数
2022/12/15	001	AA商事	S00001	外壁パネル	10,400	20
2022/12/15	002	BB研究所	S00002	玄関ドア	32,100	2
2022/12/16	001	AA商事	S00003	木製棚	3,600	45
2022/12/16	003	CC不動産	S00002	玄関ドア	32,100	1
2022/12/20	004	DD産業	S00004	小型サッシ	5,900	20
2022/12/20	004	DD産業	S00001	外壁パネル	10,400	10
2022/12/20	002	BB研究所	S00001	外壁パネル	10,400	10

図1-9　正規化前

図1-9のように1つの表（テーブル）で管理していると、すべてのデータに対して顧客名を変更したい場合に修正すべき箇所が複数存在し、データ管理の面で複雑度が増します。よって、データ構造を正規化します（図1-10）。

データベースの第3正規形※3に落とし込むことで、「顧客」「商品」「売上」の3つの表（テーブル）で情報を管理できます。

※2　正規化は、一定のルールに基づいてデータを整える作業のこと。非正規化は、「正規化を崩す」作業のこと。

※3　データベース正規化の段階の1つ。主キーに従属する項目のみの表とし、それ以外の項目を別の表にする構造で、データの冗長性が減りデータ更新の矛盾を回避しやすい状態。

顧客テーブル

顧客 ID	顧客名
001	AA 商事
002	BB 研究所
003	CC 不動産
004	DD 産業

商品テーブル

商品 ID	商品名	商品単価
S00001	外壁パネル	10,400
S00002	玄関ドア	32,100
S00003	木製棚	3,600
S00004	小型サッシ	5,900

売上テーブル

日時	顧客 ID	商品 ID	個数
2022/12/15	001	S00001	20
2022/12/15	002	S00002	2
2022/12/16	001	S00003	45
2022/12/16	003	S00002	1
2022/12/20	004	S00004	20
2022/12/20	004	S00001	10
2022/12/20	002	S00001	10

図1-10　正規化後

一方で、データ分析を行うときには、1つの表の中に顧客名や商品名が入っているほうが都合がよいことが多くあります。そのような場合には、正規化されているデータをあえて正規化段階を変更（非正規化）し、顧客名と商品名の相関を見る、というようなことが行われます。

整然データ

整然データは、英語で`tidy data`といい、R言語でよく使われる用語です。Pythonにおいても、pandasの`DataFrame`を使う場合に、整然データ化を行うことで、データ分析が行いやすくなります。

整然データは表形式であり、次の条件を満たすものとされています※4。

- 各変数が1つの列で構成されている
- 各観測※5が1つの行で構成されている
- 各観測単位が1つの表で構成されている

※4　Wickham, Hadley (20 February 2013). "Tidy Data"
https://www.jstatsoft.org/article/view/v059i10
Tidy Data in Python
https://www.jeannicholashould.com/tidy-data-in-python.html

※5　「観測」については、COLUMN 整然データと観測と変数 p.22 を参照。

店舗ごとの日次売上をまとめる場合を例に説明します。

表計算ソフトでまとめる場合は、図1-11のような表を作ることがあります。

日付	店舗 A	店舗 B	店舗 C
2022/12/15	328,280	280,040	160,620
2022/12/16	450,600	503,380	190,520
2022/12/20	190,590	156,490	210,190

図1-11　整然データ化前

このデータは、「店舗ごとの日次売上をまとめる」を目的としているため、「日付」「売上」「店舗名」が変数になります。図1-11の表は変数「店舗名」が3列で構成されているため、整然データの条件「各変数が1つの列で構成されている」の条件を満たしていないことから、整然データとはいえません。

図1-11を整然データに変換すると、図1-12になります。

日付	店舗名	売上
2022/12/15	店舗 A	328,280
2022/12/15	店舗 B	280,040
2022/12/15	店舗 C	160,620
2022/12/16	店舗 A	450,600
2022/12/16	店舗 B	503,380
2022/12/16	店舗 C	190,520
2022/12/20	店舗 A	190,590
2022/12/20	店舗 B	156,490
2022/12/20	店舗 C	210,190

図1-12　整然データ化後

整然データ（図1-12）の場合は、行と列の意味が明確になります。ただし、行方向にデータが長くなりやすくまとまっていないように見えます。しかし、このようなデータのほうがデータの合計やデータの抽出が容易となり、データ分析がしやすいデータとなります。

データの変形は、第3章の3-2 データの変形 p.89 で解説しています。

意味付けされたツリー構造

ツリー構造のデータにおいても内部の構造を意識する必要があります。まず、JSON形式で、「支店」と「スタッフ」を示すツリー構造の例を示します（リスト1-2）。

リスト1-2　暗黙的にキーに意味を持つJSON

```
{
  "東京": {
    "001": {
```

```
      "name": "佐藤",
      "is_leader": true,
      "leader_period": 3
    },
    "005": {
      "name": "田中",
      "is_leader": false
    }
  },
  "福岡": {
    "003": {
      "name": "伊藤",
      "is_leader": true,
      "leader_period": 5
    },
    "008": {
      "name": "山本",
      "is_leader": false
    },
    "011": {
      "name": "吉田",
      "is_leader": false
    }
  }
}
```

リスト1-2では、支店名をJSONのキーとしてその中にスタッフが記載されています。

この例では支店名が第1階層のキーとして暗黙的に使われています。さらに、スタッフIDが暗黙的にキーになっています。このようなデータ構造は効率的に支店名から情報を取得できるという利点がある反面、情報の意味付けがあいまいになりやすい状態です。

このデータを意味付けした構造に変更してみます（リスト1-3）。

リスト1-3　意味付けされたJSON

```
[
  {
    "branch_name": "東京",
    "staff": [
      {
        "number": "001",
        "name": "佐藤",
        "is_leader": true,
        "leader_period": 3
      },
      {
        "number": "005",
        "name": "田中",
        "is_leader": false
```

```
      }
    ]
  },
  {
    "branch_name": "福岡",
    "staff": [
      {
        "number": "003",
        "name": "伊藤",
        "is_leader": true,
        "leader_period": 5
      },
      {
        "number": "008",
        "name": "山本",
        "is_leader": false
      },
      {
        "number": "011",
        "name": "吉田",
        "is_leader": false
      }
    ]
  }
]
```

データの意味が明確になりました。汎用的にデータをやりとりしたい場合は、このようなデータ構造にします。

一方で、データの探索という点では、多少計算コストがかかる場合があります。たとえば、福岡のスタッフ人数を求める際には、第1階層のリストから、`"branch_name" == "福岡"`というようなフィルタをしてその中のキー"staff"の要素数を取得する必要があります。この第1階層からフィルタする部分で、支店が多い場合には要素数に比例して取得のための計算コストが増えます。

このデータ探索という点では、リスト1-2に示した支店名をキーにした構造のほうが効率よく取得できる場合があります。特にPythonの辞書型（`dict`型）で扱っている場合は、辞書のキーから要素を取得するのは計算コストが非常に低いので効率よくデータにアクセスできます。

データのアクセス方法が決まっていて、より効率的にツリー構造を扱いたい場合は、データ格納方式や格納する手法を検討する必要があります。

データの汎用性やわかりやすさをとるか、効率的なデータの扱いをしたいかによって構造は変わります。また、ツリー構造を扱えるデータベースには、インデックスなどを駆使することで、データ探索を効率的に行えるようになっていものが多く存在します。

ツリー構造が扱いやすいデータベース

NOTE

- MongoDB（ドキュメントデータベースの一種）
- Firebase（Google のサービス）
- PostgreSQL（JSON スキーマを利用）
- BigQuery（Google のサービス）
- ZODB（Zope データベース）

1-4 ライブラリの種類

本節では、Pythonでデータ分析によく利用されるライブラリを紹介します。

Pythonには標準ライブラリが付属しており、データ加工に必要な処理、数値計算、統計計算ができます。それ以外に、標準ライブラリでは対応が難しい高度なデータ分析や機械学習などをサポートするサードパーティ製パッケージがあります。Pythonでデータ分析を行う場合は、サードパーティ製パッケージを組み合わせて活用するのが一般的です。ここではデータ分析における機能を分類し、それぞれのライブラリがどのような機能を提供しているかを解説します。

1-4-1 ライブラリが提供する機能

ここでは、それぞれの機能を大まかに分類し、それぞれの機能を解説します。

データ型

さまざまなライブラリで、便利で特色のあるデータ型が提供されています。

Pythonの組み込みのデータ型で多くのデータ構造を表現できます。たとえば、Python組み込みのリスト型（list型）を使い、ネストした二重のリストを使えば行列を表現できます。しかし、組み込みのリスト型では、行列の内積を計算するにはfor文などの繰り返し処理で計算する必要があります。NumPyが提供するndarray型を使えば、高速に内積などの行列演算を行えます。

このように、Pythonの組み込みデータ型では効率的に処理できないデータ構造は、専用のデータ型を使うことで、データ分析をより効率的に、よりわかりやすく、より少ないコードで表現できます。先ほど例に挙げたNumPyが提供するndarray型は多くの場面で活用されています。ほかにも、pandasのDataFrame型やSeries型もデータ型の一種です。これらは、ndarrayを基にしたデータ型です。画像ライブラリのPillowにも、専用のデータ型が準備されています。

ndarray型は、第4章の4-2 数値データの型 p.143 で解説しています。

演算／計算

データ分析を行うときには、さまざまな数値計算や文字列処理を行います。Pythonには、数値計算ライブラリmathや数値統計計算ライブラリstatisticsなどが標準ライブラリとして準備されています。文字列操作を行うときには、組み込みの文字列型（str型）で多くの文字列処理ができます。さらには、正規表現ライブラリreで、より高度な文字列処理ができます。加えて、効率的かつ高速に演算を行うには、標準ライブラリ以外を使う場合が多いでしょう。

文字列の処理は、第7章 テキスト情報の処理 p.233 で解説しています。

NumPyには、多くの数値演算機能が用意されており、行列計算機能もあります。さらに、SciPyでは、より専門的な計算がサポートされています。NumPyやSciPyは、内部でC言語などが使われており、高速で処理されます。

データ加工の機能

pandasには多くの機能があり、データ加工に欠かせないライブラリとなっています。複数のバラバラなデータを1つにまとめたり、逆に分割したり、欠損値の処理をしたり、データ加工で重要な作業に使われます。

pandasを使ったデータ加工は、第3章 表形式データの加工 p.75 で解説しています。

データの読み込み書き込み

さまざまなファイル形式からデータを読み込んだり、書き込んだりすることがあります。

そのためPythonには、標準ライブラリcsvがあります。ほかにも、JSONやXMLを読み書きするライブラリもあります。ただし、これらの標準ライブラリを知らなくても、pandasのファイル入出力機能を使いこなすことで、データの読み書きができます。

サードパーティ製パッケージを使えば、Excelブック形式のファイルやRDBMS※6とのデータのやりとりも可能です。さらに、BigQueryなどの外部ツールとのデータのやりとりも手軽に行えます。

データの読み書きは、第2章 データの種類と読み込み p.23 で解説しています。

可視化

データについて知るためには、可視化はデータ分析の重要なタスクです。

多くの場合データを2次元のグラフ（図）で表現しますが、3次元のグラフを利用する場合もあります。Pythonでのデータ可視化にはMatplotlibが使われることが多いですが、最近ではJavaScript技術を使って可視化するライブラリもたくさんあります。たとえば、Plotlyは2020年ごろから人気が出てきた可視化ライブラリです。また、pandasのDataFrameには、Matplotlibを利用した可視化機能があります。

可視化は、第5章の5-3 定性的評価（可視化） p.162 で解説しています※7。

※6 リレーショナルデータベース管理システム。第2章の2-9 RDBデータ p.63 を参照。

※7 本書では主にPlotlyを使います。

機械学習のアルゴリズムや機能

Pythonの標準機能で機械学習アルゴリズムを実装することも可能です。特に、古典的で比較的計算量が少ないアルゴリズムであれば、簡単に実装できます。しかし実務上は、Pythonの標準機能だけで機械学習を行うことは少ないでしょう。最低でもNumPyを使い、アルゴリズムによってはSciPyを活用することがあります。実際には、scikit-learnがよく使われます。

scikit-learnは、Pythonで機械学習を行うときによく使われるライブラリで、さまざまなアルゴリズム実装を備えています。NumPyやpandasのデータをそのまま利用できるのもよい点です。

モデルの良し悪しを測るための指標の確認や、パラメータの調整、テストデータの分割など機械学習モデルを運用するために、多くのライブラリを使う必要があります。特に、scikit-learnには多くの機能があり活用されています。ライブラリによるモデル性能の可視化なども行われます。

深層学習

物体認識や画像の分類、自然言語処理などの分野で、深層学習（ディープラーニング）が使われています。

深層学習にもデータが必要です。さまざまなライブラリでデータの加工をした後に、学習させたり、追加学習させたりして、よりよいモデルを作っていきます。

深層学習の分野にもPythonのライブラリが使われていたり、深層学習フレームワークのインタフェースとしてPythonが使われている場面が数多くあります。

1-4-2 主なライブラリ

主なライブラリ（表1-1）の機能について簡単に押さえておきましょう。

表1-1 主なライブラリ

ライブラリ名	主要機能	説明	機能分類
NumPy	配列構造	配列の演算や加工などの機能を提供	データ型、演算、加工
pandas	データ解析／操作	1・2次元のデータ構造を提供し、加工やデータ読み書きなどの機能を提供	データ型、加工
Matplotlib	可視化	静的画像への可視化	可視化
Plotly	可視化	インタラクティブなグラフなど高度な可視化機能を提供	可視化
scikit-learn	機械学習	各種アルゴリズム実装や機械学習に必要な機能を提供	機械学習、アルゴリズム実装
SciPy	科学技術計算	高度な演算	演算、アルゴリズム実装

NumPy

配列構造をデータ型として提供し、数値演算や加工などの機能を持つ、Pythonにおけるデータ分析の基礎となるライブラリです（表1-2）。

NumPyが提供する`ndarray`型は、効率的にデータを扱える内部構造となっています。1次元配列から多次元配列をサポートしています。配列の要素はすべて同じデータ型で定義します。また、NumPy

が提供するデータ型には、たとえばnumpy.float32など、整数型や浮動小数点数型などがあります。これらのデータ型は、データの精度などを厳密に決めてメモリを確保し効率的な処理を可能にしています。

表1-2 NumPyが持つ機能

データ型	演算	加工	読み書き	可視化	機械学習	深層学習
◎	○	△				

◎：主機能 ○：機能あり △：一部の機能のみ

pandas

データ加工ライブラリとして、1・2次元のデータ構造を提供し、データ加工やデータ読み書きなどの豊富な機能を持ち、Pythonでデータ分析を行うときに最も使われるライブラリです（表1-3）。

pandasは、1次元のSeries型と2次元のDataFrame型の2つを提供します。DataFrameはSeriesが複数列あるという集まりと考えるのがよいでしょう。Seriesは、すべての要素が1つのデータ型で統一されます。つまり、DataFrameの1つの列は、1つのデータ型となります。なお、pandasは内部でNumPyのndarrayが使われているので、部分的にNumPyの機能も使えます。

表1-3 pandasが持つ機能

データ型	演算	加工	読み書き	可視化	機械学習	深層学習
○	○	◎	○	○		

◎：主機能 ○：機能あり △：一部の機能のみ

Matplotlib

Pythonの可視化ライブラリで、グラフを描画します（表1-4）。

MATLAB[※8]の影響を強く受けて作られたライブラリです。主に2次元のグラフを得意としていますが、3次元のグラフも描画できます。

表1-4 Matplotlibが持つ機能

データ型	演算	加工	読み書き	可視化	機械学習	深層学習
△			△	◎		

◎：主機能 ○：機能あり △：一部の機能のみ

Plotly

インタラクティブなグラフ描画を得意とする可視化ライブラリです（表1-5）。

さまざまな種類のグラフを作成でき、JavaScriptが内部で使われていることでズームイン／ズームアウトなどが可能です。インタラクティブな地図の描画もできます。

※8 商用数値解析ソフトウェア。
https://jp.mathworks.com/products/matlab.html

表1-5　Plotlyが持つ機能

データ型	演算	加工	読み書き	可視化	機械学習	深層学習
△			△	◎		

◎：主機能　○：機能あり　△：一部の機能のみ

scikit-learn

機械学習を行うライブラリです（表1-6）。機械学習を始めるならscikit-learnの使い方を覚えることをおすすめします。

多くの機械学習アルゴリズムが実装されていて、統一的なインタフェースでさまざまな機械学習アルゴリズムの学習（訓練）から推論までをサポートしています。scikit-learnは機械学習に関連する機能が充実しています。サンプルデータの提供から、データの分割を行うさまざまな機能やモデル性能の評価を行う機能なども持っています。

scikit-learnでは、NumPyをベースにしたデータの受け渡しが可能です。さらに、pandasのDataFrameもそのままデータとして使えるので、データ加工までをpandasで行い、機械学習にscikit-learnを使うことで、データ型をさほど意識せずに一連の処理を実装できます。また、結果を可視化する際にはndarray型として出力されたデータをpandasのDataFrameに変換して加工し、Matplotlibに渡して可視化するということが多く行われています。

表1-6　scikit-learnが持つ機能

データ型	演算	加工	読み書き	可視化	機械学習	深層学習
○	△	△			◎	

◎：主機能　○：機能あり　△：一部の機能のみ

SciPy

科学技術計算を支えるライブラリです（表1-7）。

微分方程式の数値解析やフーリエ変換など、さまざまな演算・計算をサポートしています。内部的にはC言語やFORTRANで実装されており、効率的に演算が行われます。NumPyの配列（ndarray）をサポートしています。また、scikit-learnは内部でSciPyを使っており、機械学習に必要な演算はSciPyが支えています。

表1-7　SciPyが持つ機能

データ型	演算	加工	読み書き	可視化	機械学習	深層学習
	◎	△			○	

◎：主機能　○：機能あり　△：一部の機能のみ

そのほかのライブラリの紹介

最後に、そのほかのライブラリをまとめておきます（表1-8）。

表1-8　そのほかのライブラリ

ライブラリ名	主要機能	説明	機能分類
pyarrow	Apache Arrowの操作	クロスプラットホームのデータフォーマットであるApache Arrow（parquet形式のデータ）の操作	データ形式
statsmodels	統計解析	統計処理に特化したライブラリ	演算、アルゴリズム
seaborn	可視化	シンプルなインタフェースでデータを可視化	可視化
PyVista	3次元可視化	3次元の高度な可視化をサポート。シミュレーションなどで利用	可視化

NOTE
深層学習ライブラリ

深層学習（ディープラーニング）に使われるライブラリは、Python で扱えるものが多くあります。主なライブラリは次の3 つです。

- TensorFlow
- PyTorch
- Keras

COLUMN 整然データと観測と変数

本章の整然データ p.12 では、整然データの条件として次の 3 つを挙げました。

- 各変数が 1 つの列で構成されている
- 各観測が 1 つの行で構成されている
- 各観測単位が 1 つの表で構成されている

この中の「**観測**」は英語の observation を翻訳したものですが、何を表しているのか理解しにくい言葉です。観測について理解するには、まずはデータを使う目的を考えるとよいでしょう。例として図 1-12 整然データ化後 p.13 に挙げた各店舗の日次売上のデータは、**毎日**それぞれの**店舗**について**売上金額**を集計することで作られます。ここでは**店舗ごとの日次売上**をまとめるのが目的なので、「店舗」「日付」「売上金額」が変数となります。そして、この店舗ごとの日次売上が 1 つの観測（行）となり、この観測が集まったデータが観測単位（表）となります。

また、値どうしの関係も重要です。たとえば、店舗や曜日（日付）は売上金額に影響すると考えられ、このように**値どうしの関連性**が想定されるときは、それぞれの値を同じ行の別々の**列（変数）**に入れます。また、種類の似た値は 1 つの変数にまとめられます。それに対して、値どうしの大小をグループごとに**比較**するときは、それぞれの値を同じ列の別々の**行**に入れて変数の値にします。たとえば、店舗や曜日ごとの売上金額の平均を比べる場合、売上金額は同じ列の別々の行に入れるべきです。したがって、図 1-11 整然データ化前 p.13 のように店舗ごとの売上を別々の列として持つデータは整然データではありません。なお、多くの整然データは縦長ですが、あくまでデータ加工の結果であって、縦長にするのが目的ではありません。

さらに、「各観測単位が 1 つの表で構成されている」という 3 つ目の条件について考えます。たとえば、毎日の売上を予測するために図 1-12 整然データ化後 p.13 のデータに「来店客数」と「新規開店からの経過月数」という 2 つの列を追加します。来店客数は売上金額と同様に毎日店舗ごとに集計できます。一方で、経過月数は各店舗の**属性**であり、あらかじめわかります。つまり、「新規開店からの経過月数」は「売上金額」や「来店客数」とは**異なる観測**です。このデータは「各観測単位が 1 つの表で構成されている」という条件に反してしまうので、整然データとして扱うためには店舗ごとの経過月数を別のデータとして持つ必要があります。ただし、**データ分析の実務上は 1 つのデータ（表）にまとまっているほうが扱いやすい**ので、データを分けずにこのまま使うことが多いです。

以上のように、観測と変数は表裏一体で、どのようなデータが整然データといえるのか、つまり何を変数とし観測とするのかは、そのデータを使う目的や値どうしの関係によって決まります。

第2章

データの種類と読み込み

本章では、各種データ形式の取り扱い方を解説します。データ分析では、さまざまな形式のデータを扱います。Pythonには多くのデータ形式に対応するライブラリが存在しています。ライブラリを使うことでデータをPythonのオブジェクトに変換できます。Pythonのオブジェクトに変換できれば、さらにさまざまなデータ分析へ活用できます。

また、pandasは多くのデータ形式の読み書きが可能です。pandasのオブジェクトに変換できれば、次の段階として、機械学習やデータ分析に進めます。

本章では、次のデータ形式の取り扱い方を学びます。

▼第2章で学ぶデータ形式

- CSV形式
- Excel形式
- JSON形式
- HTML形式
- XML形式
- 文書データ
- 画像データ
- 音声データ
- RDBデータ
- pickle形式
- parquet形式

2-1 CSV形式

CSV形式は、カンマ（,）で列を区切り、改行コードで行を区切るデータ形式です。2次元の表形式のデータをテキストで表します。

テキストファイルとして扱え、OSやプログラミング言語への依存がない、汎用的で多くの場面で使われるデータ形式です。

2-1-1 CSV形式のデータ

PythonでCSV形式のデータを取り扱うには、Pythonの標準ライブラリであるcsvモジュール※1が利用できます。csvモジュールは、ファイルライクオブジェクトを渡すことで、CSV形式の行および列のデータをPython標準のリスト型などに変換が可能です。

このほかに、pandasを使うことで、CSV形式の読み書きをcsvモジュールよりも簡単に行えます。

本節では、open()関数を利用してCSV形式のファイルを読み込むことから始め、続いてpandasでCSV形式のファイルを読み込みます。最後に、csvモジュールを使う例を解説します。

※1　Python公式ドキュメント：CSVファイルの読み書き
https://docs.python.org/ja/3/library/csv.html

2-1-2 データサンプル

ここでは、「政府統計の総合窓口 e-Stat」サイト※2から、次の「人口推計」データをダウンロードして使います。

・政府統計名　：人口推計
・政府統計コード　：00200524
・表題　：年齢（5歳階級），男女，月別人口－総人口（各月１日現在）-令和2年国勢調査基準-
・統計表表示 ID　：0003443838
・時間軸（年月日現在）：2023年1月

▼ダウンロードページ

https://www.e-stat.go.jp/dbview?sid=0003443838

※上記ページで［ダウンロード］をクリックし、ダウンロード設定画面で以下の設定を行った後、［ダウンロード］ボタンをクリックしてデータファイルをダウンロード。

▼ダウンロード設定

・ダウンロード範囲　：全データ[ページ数: 15]
・ファイル形式　：CSV形式(クロス集計表形式・Shift-JIS)
・ヘッダの出力　：出力しない
・コードの出力　：出力しない
・階層コードの出力　：出力しない
・凡例の出力　：出力しない

▼ダウンロードファイル名（2023 年 2 月にダウンロード）

FEH_00200524_230205124938.csv

ダウンロードしたファイルをdata/FEH_00200524_230205124938.csvに保存します。同様のファイルは、サンプルコードのリポジトリに含まれています。

2-1-3 open()関数で読み込み

ここでは、CSV形式のファイルの中身を理解するために、open()関数とfor文でデータを1行ずつ見ていきます。

```
with open("data/FEH_00200524_230205124938.csv", "r", encoding="cp932") as f:  ← ①
    for i, row in enumerate(f):  ← ②
        for col in row.strip().split(","):  ← ③
            print(col, end="|")  ← ④
        print()
        print("===")
```

※2 https://www.e-stat.go.jp/

```
    if i > 1:  ⑤
        break
```

▼

```
"表章項目"|"人口"|"概算値"|"全国"|"時間軸（年月日現在）"|"年齢5歳階級"|"/男女別"|"男女計"|"男"|"女"|
===
"人口【万人】"|"総人口"|"概算値"|"全国"|"2021年12月"|"総数"|""|"12|547"|"6|099"|"6|448"|
===
"人口【万人】"|"総人口"|"概算値"|"全国"|"2021年12月"|"0～4歳"|""|"437"|"224"|"214"|
===
```

ここでの注意点は、①のようにopen()関数のキーワード引数でencoding="cp932"と与えているところです。今回利用するサンプルのCSVファイルの文字エンコーディングが、Python標準で使うUTF-8ではなく、日本でよく使われているCP932（Shift-JISの拡張）となっていたので、文字エンコーディングを指定しています。

②で、読み込んだテキストファイルを1行ずつ取り出します。次に③で、カンマ（,）で分割して、④でパイプ|で区切って出力します。最後に⑤で、CSVファイルの先頭3行を出力するように指定します。

2-1-4 pandasでCSV読み込み

pandasでCSV形式のファイルを読み込み、DataFrameを生成できます。CSVファイルを読み込むには、read_csv()関数※3を使います。

read_csv()関数には多くのキーワード引数がありますが、次のコードでは必要最低限の引数を指定しています。CSVファイルのパスを第1引数に渡して読み込みます。read_csv()関数のデフォルトの文字エンコーディングはUTF-8ですが、今回のファイルは文字エンコーディングCP932なので、引数encodingにcp932を指定しています。

```
import pandas as pd

df = pd.read_csv("data/FEH_00200524_230205124938.csv", encoding="cp932")
```

DataFrameの中身を確認するために、head()メソッドを使って先頭の5行を出力し、さらにtail()メソッドを使って最後の5行を出力します。データが適切に読めていることを確認するときに、head()メソッドやtail()メソッドがよく使われます。

```
df.head()
```

▼

※3 pandas公式ドキュメント：read_csv
https://pandas.pydata.org/docs/reference/api/pandas.read_csv.html

	表章項目	人口	概算値	全国	時間軸（年月日現在）	年齢5歳階級	/男女別	男女計	男	女
0	人口【万人】	総人口	概算値	全国	2021年12月	総数	NaN	12,547	6,099	6,448
1	人口【万人】	総人口	概算値	全国	2021年12月	0～4歳	NaN	437	224	214
2	人口【万人】	総人口	概算値	全国	2021年12月	5～9歳	NaN	503	258	245
3	人口【万人】	総人口	概算値	全国	2021年12月	10～14歳	NaN	535	274	261
4	人口【万人】	総人口	概算値	全国	2021年12月	15～19歳	NaN	559	287	272

```
df.tail()
```

▼

	表章項目	人口	概算値	全国	時間軸（年月日現在）	年齢5歳階級	/男女別	男女計	男	女
373	人口【万人】	総人口	概算値	全国	2023年1月	（再掲）15歳未満	NaN	1,445	740	705
374	人口【万人】	総人口	概算値	全国	2023年1月	（再掲）15～64歳	NaN	7,411	3,755	3,657
375	人口【万人】	総人口	概算値	全国	2023年1月	（再掲）65歳以上	NaN	3,621	1,571	2,050
376	人口【万人】	総人口	概算値	全国	2023年1月	（再掲）うち75歳以上	NaN	1,953	773	1,179
377	人口【万人】	総人口	概算値	全国	2023年1月	（再掲）うち85歳以上	NaN	665	214	451

データが適切にDataFrameに変換されていることがわかりました。

ほかにも、データの形状やデータ型が正しく読み込まれているかを確認するときに、shape属性やdtypes属性を使います（表2-1）。

表2-1　shape属性とdtypes属性

属性名	説明
shape	データの形状をタプルで取得。DataFrameの場合は、(行数, 列数)となる。
dtypes	各列のデータ型を取得。int64、float64、objectなど。詳細は第4章の4-2 数値データの型 p.143 を参照。

```
df.shape
```

▼

```
(378, 10)
```

このデータは、378行、10列のデータであることを確認できました。

```
df.dtypes
```

▼

```
表章項目              object
人口              object
概算値              object
全国              object
時間軸（年月日現在）        object
年齢5歳階級              object
/男女別              float64
男女計              object
男              object
```

```
女               object
dtype: object
```

それぞれのデータ型を確認できました。

数値データになってほしい「男女計」などが`object`型になっています。これは、`12,574`のように千単位でカンマ区切りの文字列が入っているためです。

データ型を変換して取り込む

数値データとして扱いたい「男女計」「男」「女」のそれぞれの列を、カンマ区切りの文字列から数値データとして取り込みます。また、「時間軸（年月日現在）」列には、日本語の文字列で年月が入っています。日付として扱えるように、月初の日の`datetime`型に変換して`DataFrame`に取り込みます。

まず、日付の変換は2つのキーワード引数を使います。引数`parse_dates`に変換したい日付の列名をリストで指定し、引数`date_format`に変換フォーマットを指定します。変換フォーマットは、標準ライブラリ`datetime`の`datetime.strptime()`で使うフォーマット文字列を指定します。今回のデータは年月の形式でしたので、`"%Y年%m月"`と指定します。

次に、カンマ区切りの文字列を数値データとして取り込むために、引数`thousands`に`","`を指定し変換します。

```
df_parsed = pd.read_csv(
    "data/FEH_00200524_230205124938.csv",
    encoding="cp932",
    parse_dates=["時間軸（年月日現在）"],
    date_format="%Y年%m月",
    thousands=",",
)
df_parsed.head()
```

▼

	表章項目	人口	概算値	全国	時間軸（年月日現在）	年齢5歳階級	/男女別	男女計	男	女
0	人口【万人】	総人口	概算値	全国	2021/12/1	総数	NaN	12547	6099	6448
1	人口【万人】	総人口	概算値	全国	2021/12/1	0～4歳	NaN	437	224	214
2	人口【万人】	総人口	概算値	全国	2021/12/1	5～9歳	NaN	503	258	245
3	人口【万人】	総人口	概算値	全国	2021/12/1	10～14歳	NaN	535	274	261
4	人口【万人】	総人口	概算値	全国	2021/12/1	15～19歳	NaN	559	287	272

読み込んだ結果を見ると、「"時間軸（年月日現在）"」列が変換されています。また、「男女計」「男」「女」のそれぞれの列のカンマがなくなっています。

変換した列のデータ型を再度確認してみましょう。

```
df_parsed.dtypes
```

▼

```
表章項目              object
人口                  object
概算値                object
全国                  object
時間軸（年月日現在）  datetime64[ns]
年齢5歳階級           object
/男女別               float64
男女計                int64
男                    int64
女                    int64
dtype: object
```

それぞれの列のデータ型が適切に設定されていることを確認できました。

read_csvの便利なオプション

read_csv()関数には、ほかにも便利なキーワード引数があります（表2-2）。

表2-2　read_csv()関数の便利なキーワード引数

引数名	説明
sep	列の区切り文字を文字列として指定。デフォルトは「,」。
header	列名に使うヘッダ行を0から始まるインデックス番号で指定。デフォルトでは1行目から推測され、ヘッダ行がない場合はheader=Noneと明示的に指定。
skiprows	読み込みをスキップする行のインデックス番号のリストで指定、もしくは最初の何行を読み飛ばすかを整数で指定。0から始まるインデックス番号で指定。デフォルトはNoneで、スキップしない。
quotechar	列を構成する要素を囲む文字を指定。デフォルトは「"」。
usecols	読み込む列を列名または列の0から始まるインデックス番号のリストで指定。デフォルトはNoneで、すべての列を読み込む。

2-1-5 csvモジュールで読み込み

Pythonの標準ライブラリであるcsvモジュールを使いデータを読み込みます。

Pythonの標準ライブラリのみで実装できる方法です。pandasのread_csv()で読み込む方法と違い、行ごとに直接処理を記述します。ここでは、単純な読み込み方法を解説します。

```
import csv

with open(                                   ─┐
    "data/FEH_00200524_230205124938.csv",     │
    "r",                                      ├← ①
    encoding="cp932",                         │
    newline="",                               │
) as f:                                      ─┘
    data = csv.reader(f)  ← ②
```

```
for i, row in enumerate(data):
    for col in row:
        print(col, end="|")
    print()
    print("===")
    if i > 1:
        break
```

▼

```
表章項目|人口|概算値|全国|時間軸（年月日現在）|年齢5歳階級|/男女別|男女計|男|女|
===
人口【万人】|総人口|概算値|全国|2021年12月|総数||12,547|6,099|6,448|
===
人口【万人】|総人口|概算値|全国|2021年12月|0～4歳||437|224|214|
===
```

テキストファイルを読み込むときと同様に、①のようにopen()関数でファイルを開きます。その後、②のようにreader()関数を使って、csvモジュールのreaderオブジェクトを生成します。このオブジェクトはイテラブルオブジェクトとなり、CSV形式のファイルを1行ごとにイテレーション可能です。さらに、イテレーションされたオブジェクトもイテラブルオブジェクトです。

再び①を見ていきます。open()関数にnewline=""という引数が追加されています。これは、open()関数に改行コードの変換をしないよう指示しています。改行コードの変換を行うと、CSVファイルの各列の要素の中に改行コードが入っていた場合※4に不具合を起こす可能性があるためです。

②のreader()関数には、CSVファイルをパースするときのオプションが多数用意されています。ここでは、よく使われる3つのキーワード引数を紹介します（表2-3）。

表2-3　reader()関数のよく使うキーワード引数

引数名	説明
dialect	表現形式を指定。デフォルトはexcel（Excel形式）で、デフォルトは「,」。
delimiter	列を区切る文字を指定。タブ区切り（\t）などの場合に設定。
quotechar	列を構成する要素を囲む文字を指定。デフォルトは「"」。

たとえば、ファイルの列区切りがタブで、列の要素を囲んでいる文字がシングルクオート（'）の場合は次のように指定します。

```
csv.reader(f, delimiter="\t", quotechar="'")
```

※4　アンケートフォームの自由記述欄の回答など。

2-2 Excel形式

Microsoft Excelは、オフィス業務でよく使われているアプリケーションです。ファイルの拡張子は.xlsxです。Excelは表形式のデータをシートとし、複数のシートをブック形式で扱うデータ形式です。内部的にはXMLファイルをZIP圧縮したファイルで、オープンドキュメントフォーマット※5の1つになっています。また、CSV形式のデータとは異なり、セルごとに色や表示形式などの書式を設定できたり、セルを結合できたりなど、複雑な表現ができるデータ形式です。

2-2-1 Excelファイルの扱い

サードパーティ製パッケージのopenpyxlを使うことで、拡張子.xlsxのExcel形式のファイルを読み書きできます。インストールの方法は、付録Bのopenpyxl p.370 を参照してください。

ほかには、pandasを使うことで、Excel形式の読み書きをopenpyxlよりも簡単に行えます。pandasでExcel形式のファイルを扱う場合も、openpyxlのインストールが必要です。

本節では、まずpandasでExcel形式のファイルを読み書きする方法を解説してから、次にopenpyxlを使う方法を解説します。

2-2-2 データサンプル

2-1-2 データサンプル p.25 と同様に、「政府統計の総合窓口 e-Stat」サイトから、次の「人口推計」データをダウンロードして使います。

・政府統計名　　　　　：人口推計
・政府統計コード　　　：00200524
・表題　　　　　　　　：年齢（5歳階級），男女，月別人口－総人口（各月1日現在）-令和2年国勢調査基準-
・統計表表示 ID　　　：0003443838
・時間軸（年月日現在）：2023年1月

▼ダウンロードページ

https://www.e-stat.go.jp/dbview?sid=0003443838

※上記ページで［ダウンロード］をクリックし、ダウンロード設定画面で以下の設定を行った後、［ダウンロード］ボタンをクリックしてデータファイルをダウンロード。

▼ダウンロード設定

ダウンロード範囲　：ページ上部の選択項目（表章項目 等）
ファイル形式　　　：XLSX形式
ヘッダの出力　　　：出力する

※5 https://opendocumentformat.org/
https://www.oasis-open.org/committees/tc_home.php?wg_abbrev=office

コードの出力　　　：出力する
階層コードの出力 ：出力しない
凡例の出力　　　　：出力する

▼ダウンロードファイル名（2023年2月にダウンロード）
FEH_00200524_230205132438.xlsx

ダウンロードしたファイルを data/FEH_00200524_230205132438.xlsx に保存します。同様のファイルは、サンプルコードのリポジトリに含まれています。

2-2-3 pandasでExcelファイルの読み込み

pandasの read_excel() 関数※6を使うと、ExcelファイルをDataFrameに取り込めます。

```
import pandas as pd

df = pd.read_excel(
    "data/FEH_00200524_230205132438.xlsx",
    header=12,
    nrows=27,
)
```

パスを第1引数に渡して読み込みます。ここでは、引数headerに12、nrowsに27を渡しました。引数headerには、ヘッダにすべき行を0から始まるインデックス番号で指定します。また、データが27行あることがわかっていたので、nrowsに値を設定しています。

主なキーワード引数は、表2-4のとおりです。

表2-4　read_excel() 関数の主なキーワード引数

引数名	説明
sheet_name	シート名またはシートのインデックス番号を指定。リストで複数のシートを指定することも可能。デフォルトでは0となっているので、最初のシートが読み込まれる。
header	列名に使うヘッダ行を0から始まるインデックス番号で指定。デフォルトは0。
nrows	読み込む行数を指定。デフォルトはNoneで、すべての行を読み込む。
skiprows	読み込みをスキップする行の0から始まるインデックス番号のリストで指定、もしくは最初の何行を読み飛ばすかを整数で指定。デフォルトのNoneで、スキップしない。
index_col	DataFrameのIndexに使う列を指定。0から始まるインデックス番号で指定。デフォルトのNoneで、インデックス指定なし。
usecols	読み込む列を列名または列の0から始まるインデックス番号のリストを指定。デフォルトのNoneで、すべての列を読み込む。

※6　pandas 公式ドキュメント：read_excel
https://pandas.pydata.org/docs/reference/api/pandas.read_excel.html

先ほど読み込んだDataFrameを確認します。

```
df.head()
```

▼

	年齢5歳階級コード	年齢5歳階級	/男女別	男女計	男	女
0	1000	総数	NaN	12,477	6,066	6,412
1	1001	0～4歳	NaN	422	216	206
2	1002	5～9歳	NaN	493	252	240
3	1003	10～14歳	NaN	530	272	258
4	1004	15～19歳	NaN	552	283	269

```
df.shape
```

▼

```
(27, 6)
```

27行、6列のデータが読み込まれていることを確認できました。

この実行結果では、「/男女別」列に欠損値が含まれています。次のように、欠損値が含まれているかを判定するisna()メソッドと、all()メソッドを使うと、すべての値が欠損値かどうかを確認できます。欠損値については、5-6 欠損値 p.187 で解説しています。

```
df.loc[:, "/男女別"].isna().all()
```

▼

```
True
```

すべてが欠損値になっています。次項で列を削除します。

2-2-4 pandasでExcelファイルの書き込み

ここでは、先ほど読み込んだDataFrameに、「女性比率」の列を追加して、新たなExcelファイルを作成します。なお、データがすべて欠損値となっていた「/男女別」の列は削除します。

まずは、head()メソッドでデータの中身を確認し、dtypes属性でデータ型を確認します。

```
df.head()
```

▼

	年齢5歳階級 コード	年齢5歳階級	/男女別	男女計	男	女
0	1000	総数	NaN	12,477	6,066	6,412
1	1001	0～4歳	NaN	422	216	206
2	1002	5～9歳	NaN	493	252	240
3	1003	10～14歳	NaN	530	272	258
4	1004	15～19歳	NaN	552	283	269

```
df.dtypes
```

▼

```
年齢5歳階級 コード        int64
年齢5歳階級              object
/男女別                 float64
男女計                   object
男                      object
女                      object
dtype: object
```

この結果を見ると、計算対象の「男女計」や「女」列と関連する「男」列がobjectとなっており、数値になっていないことがわかりました。このままでは、この後に行う女性比率の計算ができないので、次のようにデータ型の変換を行います※7。

```
cleaned_df = pd.concat(
    [
        df.loc[:, ["年齢5歳階級 コード", "年齢5歳階級"]],
        df.loc[:, ["男女計", "男", "女"]]
            # カンマ(,)を削除
            .applymap(lambda x: x.replace(",", ""))  ←①
            # "男女計", "男", "女"の3つの列を整数型に変換する
            .astype("int"),  ←②
    ],
    axis=1,
)
```

①では、applymap()メソッドを使って、必要な列すべてにlambda式で指定した処理を実行しました。lambda式では、文字列型のreplace()メソッドを使い、カンマを削除しています。

②では、astype()メソッドで"int"を指定して、整数型に変換しています。元のdfから「年齢5歳階級 コード」列、「年齢5歳階級」列を取り出し、concat()関数でcleaned_dfと連結しています。concat()関数については、第3章の3-1-2 concat()関数によるDataFrameの連結 p.77 を参照してください。

これで事前の変換が終わったので、次のようにDataFrameの指定の列を割り算し、女性比率を求め、元のDataFrameにassign()メソッドで列を追加します。

※7 read_excel()関数にも、read_csv()と同様に引数thousandsがあります。ここでは、pandasのデータ変換の例を解説するためにthousandsを使わずに読み込みました。

```
processed_df = cleaned_df.assign(
    女性比率=cleaned_df.loc[:, "女"] / cleaned_df.loc[:, "男女計"]
)
processed_df.tail()
```

▼

	年齢5歳階級 コード	年齢5歳階級	男女計	男	女	女性比率
22	2000	（再掲）15歳未満	1445	740	705	0.487889
23	1023	（再掲）15～64歳	7411	3755	3657	0.493456
24	1024	（再掲）65歳以上	3621	1571	2050	0.566142
25	1026	（再掲）うち75歳以上	1953	773	1179	0.603687
26	1027	（再掲）うち85歳以上	665	214	451	0.678195

問題なくデータができています。

このデータをExcelファイルとして書き出すには、`to_excel()`メソッドを使い、ファイル名を指定します。

```
processed_df.to_excel("data/人口統計.xlsx")
```

2-2-5 Pythonオブジェクトで読み書き

ここでは、openpyxlを使い、ExcelファイルをPythonのオブジェクトとして扱う方法を解説します。

まず、Excelファイルを読み込み、最初のシートを変数sheetに格納します。

```
import openpyxl

wb = openpyxl.load_workbook("data/FEH_00200524_230205132438.xlsx")
sheet = wb.worksheets[0]  # 最初のシートを変数に代入
```

セルにアクセスするには、Excelでセルを示す、A1形式という表記が使えます。次のコードは、B列の1行目のセルの内容を出力しています。セルにアクセスしたら、`value`属性を使って内部の値を取得できます。

```
print(sheet["B1"].value)
```

▼

```
人口推計 各月1日現在人口 概算値
```

B1セルに入っている文字列を取得できました。

次に、Excelの表のデータを`for`文を使って取得します。1つ目のシートオブジェクトである`sheet`から`iter_rows()`メソッドを使って、指定した範囲を繰り返し処理して取得します。

```
out = []
for row in sheet.iter_rows(min_row=14, max_row=40):  ← ①
    inner = []
    for cell in row:  ← ②
        inner.append(cell.value)
    out.append(inner)  ← ③
print(out)
```

▼

```
[['01000', '総数', None, '12,477', '6,066', '6,412'], ['01001', '0〜4歳', None, '422', '216',
'206'], ['01002', '5〜9歳', None, '493', '252', '240'], ['01003', '10〜14歳', None, '530', '272',
'258'], ['01004', '15〜19歳', None, '552', '283', '269'], ['01005', '20〜24歳', None, '624',
'320', '304'], ['01006', '25〜29歳', None, '639', '328', '311'], ['01007', '30〜34歳', None,
'641', '328', '313'], ['01008', '35〜39歳', None, '717', '365', '352'], ['01009', '40〜44歳',
None, '790', '400', '390'], ['01010', '45〜49歳', None, '939', '475', '463'], ['01011', '50〜54
歳', None, '950', '479', '471'], ['01012', '55〜59歳', None, '813', '406', '407'], ['01013', '60
〜64歳', None, '747', '370', '377'], ['01014', '65〜69歳', None, '747', '363', '383'], ['01015',
'70〜74歳', None, '922', '435', '487'], ['01016', '75〜79歳', None, '714', '320', '393'],
['01017', '80〜84歳', None, '574', '239', '335'], ['01018', '85〜89歳', None, '398', '144',
'254'], ['01019', '90〜94歳', None, '201', '57', '144'], ['01020', '95〜99歳', None, '57', '11',
'46'], ['01021', '100歳以上', None, '9', '1', '8'], ['02000', '（再掲）15歳未満', None, '1,445',
'740', '705'], ['01023', '（再掲）15〜64歳', None, '7,411', '3,755', '3,657'], ['01024', '（再
掲）65歳以上', None, '3,621', '1,571', '2,050'], ['01026', '（再掲）うち75歳以上', None, '1,953',
'773', '1,179'], ['01027', '（再掲）うち85歳以上', None, '665', '214', '451']]
```

```
print(len(out))
```

▼

```
27
```

①では、iter_rows(min_row=14, max_row=40)と指定し、14行目から40行目までを取得しています。この指定は、1行目が1となります。また、max_rowで指定した40の行も含みます。Pythonとは異なり、0から始まらないこと、最後の行が含まれていることに注意してください。

行を取得後に、②で列方向に対してfor文で処理を行います。

③では、二重リストの構造で変数outにデータを格納しました。

このほかopenpyxlには、さまざまな機能があります。また、Excelファイルにデータを書き込むことも可能です。

本書では、主にデータをpandasのDataFrameで取り扱う方法を紹介するため、openpyxlの詳細説明は割愛します。詳しくは公式ドキュメント[※8]を参照してください。

※8 https://openpyxl.readthedocs.io

2-3 JSON形式

JSON形式のデータは、JavaScriptのオブジェクトを文字列表現したテキストファイルです。JavaScriptの文字列や数値を、配列やオブジェクトとして表現できる形式で、構造化したデータを扱えます。つまり、階層があるツリー構造などをテキストファイルに書き出せます。これによって、多くのプログラミング言語をまたいだデータのやりとりが可能になり、現在はJavaScriptだけでなく、多くの言語で使われています。たとえば、JSONはWebシステムにおいて、API通信のデータ形式の標準形式といえます。また、API通信に限らず構造化したデータを表現する方法としても使われています。

なお、JupyterLabのデータである.ipynbファイルは、JSON形式でデータを保存しています。

2-3-1 JSON形式の特徴

CSVは、2次元の表形式のデータを扱うことが得意な形式でした。それに対してJSONは、階層があるツリー構造のデータを扱うのが得意です。世の中にあるデータの多くは、2次元の表形式か、ツリー構造で表現できます。

2-3-2 データサンプル

2-2 Excel形式 p.31 と同様に、「政府統計の総合窓口 e-Stat」サイトから次の「人口推計」データをAPI経由で取得します。

・政府統計名　：人口推計
・政府統計コード　：00200524
・表題　：年齢（5歳階級），男女，月別人口－総人口（各月１日現在）-令和2年国勢調査基準-
・統計表表示 ID　：0003443838
・時間軸（年月日現在）　：2023年1月

▼設定ページ

https://www.e-stat.go.jp/dbview?sid=0003443838

※上記ページで［API］をクリックし、APIリクエストURL画面で以下の設定を行った後、［URLをコピー］ボタンをクリックしてデータファイルをダウンロード。また、APIのリクエストに必要なアプリケーションIDを取得するため、この画面でe-Statのユーザー登録を行う。

▼APIリクエストURL（API経由のデータ取得）

ファイル形式　：JSON形式
ダウンロード範囲　：全データ[ページ数:14]

▼URL（2023年2月に取得）

http://api.e-stat.go.jp/rest/3.0/app/getStatsData?appId=&lang=J&statsDataId=0003443838&metaGetFlg=Y&cntGetFlg=N&explanationGetFlg=Y&annotationGetFlg=Y&sectionHeaderFlg=1&replaceSpChars=0

APIにアクセスするには、e-Statのユーザー登録を行い、「アプリケーションID」を取得する必要があります。詳しくはサイト内（APIリクエストURL画面）の説明を参照してください。

ここでは、次のように`data/population-202302.json`を取得します。同様のファイルは、サンプルコードのリポジトリに含まれています。

アプリケーションIDをコード内に記載しないために、事前に次のコマンドでOSの環境変数に登録してPythonのコード内で利用します。

Windowsの場合

```
¥> $Env:ESTAT_APP_ID = '500XXXXXXXXXXXXXXXXXXXXXXX4c635be26'  # 自身のアプリケーションIDを設定
```

macOS、Linuxの場合

```
% export ESTAT_APP_ID=500XXXXXXXXXXXXXXXXXXXXXXX4c635be26  # 自身のアプリケーションIDを設定
```

```
from urllib.request import urlopen
import os

app_id = os.environ["ESTAT_APP_ID"]  # アプリケーションIDをOSの環境変数から取得

url = f"http://api.e-stat.go.jp/rest/3.0/app/json/getStatsData?appId={app_id}&lang=J&statsDataId=00034
43838&metaGetFlg=Y&cntGetFlg=N&explanationGetFlg=Y&annotationGetFlg=Y&sectionHeaderFlg=1&replaceSpCha
rs=0"  # APIリクエストURL
with urlopen(url) as uf:
    with open("data/population-202302.json", "wb") as f:
        f.write(uf.read())
```

2-3-3 JSON形式の処理

JSON形式のファイルを取り扱うには、Pythonの標準ライブラリ`json`[※9]を使います。JSON形式のファイルからPythonのオブジェクトに変換したり、PythonのオブジェクトをJSON形式の文字列やファイルに変換したりできます。

また、pandasを使うことで、JSON形式からpandasの`DataFrame`に変換できます。

2-3-4 jsonライブラリ

次のコードのように、JSONのデータを`json`ライブラリの`load()`関数を使い、Pythonのオブジェクトに変換します。

※9 Python公式ドキュメント：JSON エンコーダおよびデコーダ
https://docs.python.org/ja/3/library/json.html

```
import json

with open("data/population-202302.json", "r") as f:
    data = json.load(f)

type(data)
```

```
dict
```

ここでは、辞書型（dict型）で取得できました。
データの中身を確認します。

```
data
```

```
{'GET_STATS_DATA': {'RESULT': {'STATUS': 0,
   'ERROR_MSG': '正常に終了しました。',
   'DATE': '2023-02-11T19:31:33.596+09:00'},
  'PARAMETER': {'LANG': 'J',
   'STATS_DATA_ID': '0003443838',
   'DATA_FORMAT': 'J',
   'START_POSITION': 1,
   'METAGET_FLG': 'Y',
   'EXPLANATION_GET_FLG': 'Y',
   'ANNOTATION_GET_FLG': 'Y',
   'REPLACE_SP_CHARS': 0,
   'CNT_GET_FLG': 'N',
   'SECTION_HEADER_FLG': 1},
      ...略...
     {'@tab': '001',
      '@cat01': '001',
      '@cat02': '002',
      '@cat03': '01017',
      '@cat04': '01',
      '@area': '00000',
      '@time': '2022000505',
      '@unit': '万人',
      '$': '332'},
     ...]}}}}
```

Pythonの辞書型になっているため、目的のデータへのアクセスは、次のコードのようにキーを指定します。

```
data["GET_STATS_DATA"]["STATISTICAL_DATA"]["RESULT_INF"]
```

▼

```
{'TOTAL_NUMBER': 1134, 'FROM_NUMBER': 1, 'TO_NUMBER': 1134}
```

```
data["GET_STATS_DATA"]["STATISTICAL_DATA"]["TABLE_INF"]["TITLE"]
```

▼

```
{'@no': '001', '$': '概算値 年齢（５歳階級），男女，月別人口－総人口（各月１日現在）-令和２年国勢調査基準-'}
```

ここでは、"GET_STATS_DATA" - "STATISTICAL_DATA" - "DATA_INF" - "VALUE"の値を見てみます。このデータは、リスト型なので、インデックス0のデータにアクセスします。

```
data["GET_STATS_DATA"]["STATISTICAL_DATA"]["DATA_INF"]["VALUE"][0]
```

▼

```
{'@tab': '001',
 '@cat01': '001',
 '@cat02': '000',
 '@cat03': '01000',
 '@cat04': '01',
 '@area': '00000',
 '@time': '2021001212',
 '@unit': '万人',
 '$': '12547'}
```

データが取得できました。個々のデータが辞書型になっていることがわかりました。

次に、このVALUEのデータ個数を確認します。

```
len(data["GET_STATS_DATA"]["STATISTICAL_DATA"]["DATA_INF"]["VALUE"])
```

▼

```
1134
```

1134個のデータが入っていることがわかりました。

Pythonのオブジェクトとして取得できているので、繰り返し処理も可能です。最初の3つの要素を表示してみます。

```
values = data["GET_STATS_DATA"]["STATISTICAL_DATA"]["DATA_INF"]["VALUE"]
for i, d in enumerate(values):
    for k, v in d.items():
        print(k, v, end="|")
    print()
    print("===")
    if i > 1:
        break
```

▼

```
@tab 001|@cat01 001|@cat02 000|@cat03 01000|@cat04 01|@area 00000|@time 2021001212|@unit 万人|$
12547|
===
@tab 001|@cat01 001|@cat02 000|@cat03 01000|@cat04 01|@area 00000|@time 2022000101|@unit 万人|$
12544|
===
@tab 001|@cat01 001|@cat02 000|@cat03 01000|@cat04 01|@area 00000|@time 2022000202|@unit 万人|$
12534|
===
```

2-3-5 pandasのDataFrameに変換

本項では、JSONから変換した辞書（dict）型のデータを、pandasのDataFrameに変換します。

先ほど取得したVALUEはリスト型で、その中身は辞書型でした。そのため、DataFrameクラスのコンストラクタにJSONから取得した辞書を渡すと、辞書のキーごとに列として展開されたDataFrameが生成されます。

```
import pandas as pd

df = pd.DataFrame(
    data["GET_STATS_DATA"]["STATISTICAL_DATA"]["DATA_INF"]["VALUE"]
)
df.head()
```

▼

	@tab	@cat01	@cat02	@cat03	@cat04	@area	@time	@unit	$
0	001	001	000	01000	01	00000	2021001212	万人	12547
1	001	001	000	01000	01	00000	2022000101	万人	12544
2	001	001	000	01000	01	00000	2022000202	万人	12534
3	001	001	000	01000	01	00000	2022000303	万人	12526
4	001	001	000	01000	01	00000	2022000404	万人	12519

```
df.shape
```

▼

```
(1134, 9)
```

1134個のデータがDataFrameとして格納されました。

2-3-6 pandasで直接読み込み

pandasのread_json()関数[※10]を使うことで、直接JSON形式のファイルを読み込めます。

```
df_raw_json = pd.read_json("data/population-202302.json")
df_raw_json
```

▼

	GET_STATS_DATA
PARAMETER	{'LANG': 'J', 'STATS_DATA_ID': '0003443838', '...
RESULT	{'STATUS': 0, 'ERROR_MSG': '正常に終了しました。', 'DATE...
STATISTICAL_DATA	{'RESULT_INF': {'TOTAL_NUMBER': 1134, 'FROM_NU...

JSONファイルを読み込みましたが、この状態では階層構造が文字列として読み込まれています。JSONの構造が1階層の読み込みやすい形式であれば、read_json()関数で読み込めますが、今回のようなデータでは文字列のままになってしまい活用しにくいDataFrameが生成されます。

2-3-7 json_normalize()関数

複雑な階層構造を持つJSON形式の場合は、pandasのjson_normalize()関数[※11]を使います。この関数は、jsonライブラリでPythonのオブジェクトに変換して使います。json_normalize()関数は、同じキーで取得できる複数の階層にまたがったデータを効率的にデータ整形できます。

DataFrameへ取り込まれた内容を確認します。

```
import json

with open("data/population-202302.json", "r") as f:
    data = json.load(f)

values = data["GET_STATS_DATA"]["STATISTICAL_DATA"]["DATA_INF"]["VALUE"]
df_norm_json = pd.json_normalize(values)
```

DataFrameへ取り込まれた内容を確認します。

```
df_norm_json.head()
```

▼

※10 pandas 公式ドキュメント：read_json
https://pandas.pydata.org/docs/reference/api/pandas.read_json.html

※11 pandas 公式ドキュメント：json_normalize
https://pandas.pydata.org/docs/reference/api/pandas.json_normalize.html

	@tab	@cat01	@cat02	@cat03	@cat04	@area	@time	@unit	$
0	001	001	000	01000	01	00000	2021001212	万人	12547
1	001	001	000	01000	01	00000	2022000101	万人	12544
2	001	001	000	01000	01	00000	2022000202	万人	12534
3	001	001	000	01000	01	00000	2022000303	万人	12526
4	001	001	000	01000	01	00000	2022000404	万人	12519

```
df_norm_json.shape
```

▼

```
(1134, 9)
```

データが1134行取り込まれたことがわかりました。この例ではjson_normalize()関数の良さがわかりにくいかもしれません。2-5 XML形式 p.48 で別の例を紹介していますので、そちらも参考にしてください。

列名がわかりにくいので、辞書から取得して設定します。

```
# カラム名に該当する情報をJSONから取得して、columnsに代入
columns = [
    d["@name"]
    for d in data["GET_STATS_DATA"]["STATISTICAL_DATA"]["CLASS_INF"][
        "CLASS_OBJ"
    ]
]

# JSONからの情報に不足している情報を付与
df_norm_json.columns = columns + ["単位", "人数"]
df_norm_json.head()
```

▼

	表章項目	人口	男女別	年齢5歳階級	概算値	全国	時間軸(年月日現在)	単位	人数
0	001	001	000	01000	01	00000	2021001212	万人	12547
1	001	001	000	01000	01	00000	2022000101	万人	12544
2	001	001	000	01000	01	00000	2022000202	万人	12534
3	001	001	000	01000	01	00000	2022000303	万人	12526
4	001	001	000	01000	01	00000	2022000404	万人	12519

JSONデータからDataFrameを作ることができました。今回の例では、一部の列名がJSONからは取得できない状態でしたが、ある程度の自動化ができるところまでをコード化しました。

2-4 HTML形式

HTML形式は、Webブラウザが読み込んで情報を表示するために作られたデータ形式です。さまざまな進化のもと、2023年7月時点ではHTML Living Standard（旧HTML5）[※12]という仕様が主流となって使われています。

HTMLデータは、タグ(<>)で囲われたデータ構造のテキストファイルです。Webサイトを表現するために作られたフォーマットで、Webブラウザが解釈しレンダリングするために存在している形式です。

2-4-1 Webスクレイピング

HTMLから欲しいデータだけを取得し、何か別の用途に利用したいことがあります。これを行うのがWebスクレイピングです。Webスクレイピングとは、HTML内にある情報をプログラミング言語でアクセスし、別の形式にして表示したり保存したりすることをいいます。

繰り返しになりますが、HTMLはもともとWebブラウザのレンダリングのために存在するので、構造が複雑な場合やスクレイピングしにくい構造になっている場合があり、この手法は万能ではありません。

Webスクレイピングは、データ取得元のサーバに対して通信を行います。Webスクレイピングを禁止しているサイトもあるため、必ずデータを取得するサイトのルールを確認してください。また、機械的に大量のアクセスや負荷の高いアクセスは行わないようにしてください。

2-4-2 データサンプル

本節では、Pythonの開発などの提案が行われているPEP（Python Enhancement Proposal）のWebサイト[※13]をWebスクレイピングします。インデックスページであるPEP 0の中から、「Historical Meta-PEPs and Informational PEPs[※14]」という歴史的情報が書かれているPEPの表を取得します。

2-4-3 データの取得方法

PythonでHTMLのデータをWebスクレイピングする方法は複数あります。本項ではHTMLを取得してタグを解析する方法を解説し、2-4-4 pandasでtableタグを取得 p.46 でpandasを使ってHTMLの`table`タグを取得する方法を解説します。

※12 https://html.spec.whatwg.org/multipage/

※13 https://peps.python.org/

※14 Historical Meta-PEPs and Informational PEPs
https://peps.python.org/#historical-meta-peps-and-informational-peps

HTMLを取得してタグを解析する方法

ターゲットのWebサイトにHTTPプロトコルでアクセスしてHTMLを取得後、そのタグを解析します。

ターゲットのWebサイトにアクセスしてHTMLを取得するには、Pythonの標準ライブラリ`urllib`を使います。ここではHTMLのタグを解析するために、サードパーティ製パッケージ`beautifulsoup4`を使います。インストール方法は、付録Bのbeautifulsoup4 p.370 を参照してください。

ここでは、HTML内の指定した`id`を持つ`table`タグからデータを取得します。

```python
from urllib.request import urlopen
from bs4 import BeautifulSoup

url = "https://peps.python.org/"  # WebサイトのURL
attrs = (
    "type-status",
    "number",
    "title",
    "authors",
)  # 取得するデータの属性名

with urlopen(url) as f:  # urllibでWebサイトにアクセス  ← ①
    html = f.read()

# 取得したHTMLデータを BeautifulSoup で解析
soup = BeautifulSoup(html, "html.parser")  ← ②
# HTML内のidを指定してデータを取得
table = soup.find(id="historical-meta-peps-and-informational-peps").table  ← ③

out = []
for tr in table.tbody.find_all("tr"):  # HTML tableタグ内のtrタグのすべてを取得  ← ④
    line = []
    for td in tr.find_all("td"):  # trタグ内のtdタグのすべてを取得  ← ⑤
        text = td.text  # tdタグの文字列を取得
        line.append(text)  # 中間データ用のリストに追加

    # 出力用のリストに取得した1行分のデータを辞書型で追加
    out.append({k: v for k, v in zip(attrs, line)})  ← ⑥

print(out[0])
```

▼

```
{'type-status': 'IF', 'number': '160', 'title': 'Python 1.6 Release Schedule', 'authors':
'Drake'}
```

①の`with`ブロックで、`urllib`の`urlopen`を使いWebサイトにアクセスして、取得したデータを`read()`メソッドを使いHTMLを取得しています。

②で取得したデータをBeautifulSoupで解析し、③で指定したidのtableタグを取得しています。

次に、④でtableタグ内の行となっているtrタグを取得し、さらに⑤でその中のtdタグを取得しています。

⑥で、最終的に変数outのリストに辞書を格納しています。

このデータを、pandasのDataFrameに変換して中身を確認します。

```
import pandas as pd

df_html_parse = pd.DataFrame(out)
df_html_parse.head()
```

▼

	type-status	number	title	authors
0	IF	160	Python 1.6 Release Schedule	Drake
1	IF	200	Python 2.0 Release Schedule	Hylton
2	IF	226	Python 2.1 Release Schedule	Hylton
3	IF	251	Python 2.2 Release Schedule	Warsaw, GvR
4	IF	283	Python 2.3 Release Schedule	GvR

```
df_html_parse.shape
```

▼

```
(34, 4)
```

34行4列のDataFrameにデータが格納できました。

2-4-4 pandasでtableタグを取得

pandasのread_html()関数はURLを与えると、サイト内のHTMLにある、tableタグのすべてを取得します。それぞれのテーブルをpandasのDataFrameに変換し、複数のDataFrameをリスト型で返します。

read_html()関数を利用するには、サードパーティ製パッケージlxmlが必要です。lxmlのインストール方法は、付録Bのlxml p.371 を参照してください。

NOTE　lxmlとmacOS

pandasのread_html()関数は、デフォルトのパーサにlxmlパッケージが使われます。lxmlパッケージを、Pythonのサードパーティ製パッケージとしてインストールする必要があります。しかし、Apple社製のCPU（通称Apple Silicon:M1系やM2系のCPU）の場合、lxmlパッケージのWheel（ビルド済みファイルパッケージ）が、執筆時点（2023年7月）でPython 3.10以前のバージョンはリリースされていません。Python 3.11以降を使うか、Xcodeなどのビルド環境をmacOSにインストールした後にlxmlパッケージをインストールするか、read_html()関数でpd.read_html(UTL, flavor="html5lib")のようにflavorを変更することで対応します。

html5libを利用するには、付録Bのhtml5lib p.371 を参照してください。

pandasのread_html()関数でWebサイトのtableタグを取得します。

```
import pandas as pd

url = "https://peps.python.org/"

tables = pd.read_html(url)
print(len(tables))
```

▼

```
11
```

このWebサイトのページには、11個のデータがあることがわかりました。これは、取得時点でのデータの件数です。日々変化する可能性があるため、取得時に再度確認してみてください。

この変数tablesはリスト型、要素がDataFrameとなっています。

```
print(type(tables))
print([type(table) for table in tables])
```

▼

```
<class 'list'>
[<class 'pandas.core.frame.DataFrame'>, <class 'pandas.core.frame.DataFrame'>, <class 'pandas.
core.frame.DataFrame'>, <class 'pandas.core.frame.DataFrame'>, <class 'pandas.core.frame.
DataFrame'>, <class 'pandas.core.frame.DataFrame'>, <class 'pandas.core.frame.DataFrame'>,
<class 'pandas.core.frame.DataFrame'>, <class 'pandas.core.frame.DataFrame'>, <class 'pandas.
core.frame.DataFrame'>, <class 'pandas.core.frame.DataFrame'>]
```

目的のテーブルが、この変数tablesのインデックス番号「5」に入っていることがわかっていたので、次のコードのようにインデックスを使い取得します。

```
df_table = tables[5]
df_table.head()
```

▼

	Unnamed: 0	PEP	Title	Authors
0	IF	160	Python 1.6 Release Schedule	Drake
1	IF	200	Python 2.0 Release Schedule	Hylton
2	IF	226	Python 2.1 Release Schedule	Hylton
3	IF	251	Python 2.2 Release Schedule	Warsaw, GvR
4	IF	283	Python 2.3 Release Schedule	GvR

```
df_table.shape
```

▼

```
(34, 4)
```

34行4列のDataFrameが取得できました。
列名を前項と同じにするために、次のコードのように設定します。

```
attrs = (
    "type-status",
    "number",
    "title",
    "authors",
)
df_table.columns = attrs
df_table.head()
```

▼

	type-status	number	title	authors
0	IF	160	Python 1.6 Release Schedule	Drake
1	IF	200	Python 2.0 Release Schedule	Hylton
2	IF	226	Python 2.1 Release Schedule	Hylton
3	IF	251	Python 2.2 Release Schedule	Warsaw, GvR
4	IF	283	Python 2.3 Release Schedule	GvR

Webページの要素がテーブル構造の場合、pandasを使うと簡単にHTMLからDataFrameに変換できます。

2-5 XML形式

XML形式は、HTMLと同様にタグ（<>）を使ってデータを表現するテキストファイルです。

タグの開始と終了を示し、その間に文字列などの表現をすることもできれば、階層化させて意味を持たせることもできます。タグの属性を使って、幅広い表現力を持つ汎用性の高いデータ形式となっています。

一方、複雑な構造になったり、解読が難しい構造になることもあります。以前はWebシステムのAPIに利用されていましたが、構造を読み解くコストが高いことから、その役割はJSON形式に置き換わっています。ただし、OfficeツールのMicrosoft Word/Excelなどでは内部的にXML形式でデータを保持するなど、複雑なデータ表現が必要な場面では現在も使われています。ほかには、RSS[※15]のような仕組みでXML形式が採用されています。

※15　ニュースやブログなどの更新情報を配信する形式。

2-5-1 データサンプル

本節では、XML形式のデータをPythonのオブジェクトに変換し、pandasのDataFrameに変換します。サンプルとして地理情報システム（GIS）のKMLというXML形式をベースにしたデータ形式を扱います。KML形式は、Google EarthやGoogleマップなどでエクスポートやインポートができる形式です。

今回は、東京・上野周辺の飲食店マップ（筆者が独自に作成したもの）を使って解説します。

2-5-2 XML形式のデータ

XML形式のデータをPythonで扱うには、標準ライブラリのxmlモジュール[※16]のElementTreeを使います。

今回読み込むXML形式のデータは、リスト2-1のとおりです。

リスト2-1　上野駅周辺飲食店マップ（抜粋）

```
<kml xmlns="http://www.opengis.net/kml/2.2">
  <Document>
    <name>上野駅周辺飲食店</name>
    <description/>
    ...略...
    <Folder>
      <name>ラーメン屋</name>
      <Placemark>
        <name>東京じゃんがら ecute上野店</name>
        <styleUrl>#icon-1899-0288D1-nodesc</styleUrl>
        <Point>
          <coordinates>
            139.7771312,35.7140434,0
          </coordinates>
        </Point>
      </Placemark>
    ...略...
```

ここでは、ElementTreeのparse()関数でXML形式のファイルを指定し、ツリー情報を取得します。その後、ルート要素にアクセスします。

```
import xml.etree.ElementTree as ET

tree = ET.parse("data/ueno-map.kml")
root = tree.getroot()
```

※16　Python公式ドキュメント：XMLを扱うモジュール群
https://docs.python.org/ja/3/library/xml.html

続いて、データの中身を取得します。次のように、このXMLはネームスペースが{http://www.opengis.net/kml/2.2}となっていたため、文字列として変数namespaceに代入しておきます。ルートのnameノードにアクセスし、text属性からタグ内の情報を取得しています。ここで、ネームスペースをノード名に付ける必要がある点に注意してください。

```
namespace = "{http://www.opengis.net/kml/2.2}"
name = root[0].find(f"{namespace}name").text
name
```

▼

```
'上野駅周辺飲食店'
```

ここからは、このXMLファイルに存在する、カテゴリーごとの情報を取得します。このファイルには、カテゴリーごとに、店舗の情報が格納されています。店舗の情報には、「名称」「経度」「緯度」「高度」が入っています（なお、このデータの高度の値はすべて0です）。

```
folders = root[0].findall(f"{namespace}Folder")  # Folderノードを取得 ←①
out = []
for i, folder in enumerate(folders):  # Folderノードを繰り返し処理
    folder_name = folder.find(
        f"{namespace}name"
    ).text  # Folderノードのnameがカテゴリー名 ←②

    shops = folder.findall(f"{namespace}Placemark")  # 店舗の情報にアクセス
    shops_list = []
    for shop in shops: ←③
        shop_name = shop.find(f"{namespace}name").text  # 店舗の名称を取得
        coordinates = (
            shop.find(f"{namespace}Point")
            .find(f"{namespace}coordinates")
            .text ←④
        )  # 経度、緯度、高度の情報を取得
        lon, lat, alt = [
            s.strip() for s in coordinates.split(",", 2) ←⑤
        ]  # 情報を分割
        # 店舗の情報を辞書にしてリストに追記
        shops_list.append( ←⑥
            {
                "name": shop_name,
                "lon": lon,
                "lat": lat,
                "alt": alt,
            }
        )
```

```
    # カテゴリーごとの情報を辞書型にして、リストに追記
    out.append(  ⑦
        {
            "id": i + 1,
            "name": folder_name,
            "shops": shops_list,
        }
    )
out
```

▼

```
[{'id': 1,
  'name': 'ラーメン屋',
  'shops': [{'name': '東京じゃんがら ecute上野店',
    'lon': '139.7771312',
    'lat': '35.7140434',
    'alt': '0'},
   {'name': '博多ラーメン 長浜や 上野店',
    'lon': '139.7775269',
    'lat': '35.7124554',
    'alt': '0'},
   {'name': "T'sたんたん エキュート上野店",
    'lon': '139.7771408',
    'lat': '35.7140681',
    'alt': '0'},
   {'name': '鯛塩そば灯花 アトレ上野店',
    'lon': '139.7770178',
    'lat': '35.7133078',
    'alt': '0'},
   {'name': '横浜家系ラーメン 壱角家 上野店',
    'lon': '139.7778759',
    'lat': '35.7123833',
    'alt': '0'},
   {'name': '麺屋 天王', 'lon': '139.7797678', 'lat': '35.7141222', 'alt': '0'},
   {'name': '一蘭 アトレ上野山下口店',
    'lon': '139.7752174',
    'lat': '35.7124196',
    'alt': '0'},
   {'name': 'らーめん花の華 上野店',
    'lon': '139.7788319',
    'lat': '35.7121706',
    'alt': '0'},
   {'name': '六厘舎 上野店', 'lon': '139.7750484', 'lat': '35.7121834', 'alt': '0'},
   {'name': '横浜家系ラーメン希家 上野店',
    'lon': '139.7786098',
    'lat': '35.7118269',
    'alt': '0'}]},
 {'id': 2,
  'name': 'カレー屋',
  'shops': [{'name': 'シターラ ダイナー エキュート上野店（SITAARA DINER）',
    'lon': '139.776792',
```

```
      'lat': '35.7132653',
      'alt': '0'},
      ...略...
     {'name': 'ラッフルズカリー',
      'lon': '139.778286',
      'lat': '35.7073153',
      'alt': '0'}]},
  {'id': 3,
   'name': '焼肉屋',
   'shops': [{'name': 'ブ厚い焼肉　焼肉フジ　上野駅前本店',
      'lon': '139.7790501',
      'lat': '35.7138809',
      'alt': '0'},
      ...略...
     {'name': '肉の街　上野本店', 'lon': '139.775175', 'lat': '35.711006', 'alt': '0'},
     {'name': '太昌園上野駅前店', 'lon': '139.7754445', 'lat': '35.7104037', 'alt': '0'},
     {'name': '焼肉ひだり', 'lon': '139.7810698', 'lat': '35.711169', 'alt': '0'},
     {'name': '土古里　上野バンブーガーデン店',
      'lon': '139.7745426',
      'lat': '35.7124233',
      'alt': '0'}]}]
```

最初に①で、ルートノードからFolderのノードすべてを取得します。それぞれFolderごとの店舗のデータがあります。

②でFolderの情報を取得し、③でその中にある店舗の情報を順番に取得していきます。④のように、店舗の「経度」「緯度」「高度」の情報は、Pointノードのcoordinatesノードに文字列としてカンマ区切りで入っています。⑤では、文字列のsplit()メソッドを使って、リスト内包表記で3つの情報に分割しています。

これらを、⑥と⑦でリスト型と辞書型を使ってPythonのオブジェクトにしています。

2-5-3 pandasのオブジェクトに変換

先ほど作ったoutには、カテゴリーごとにリストがあり、その中に店舗の情報が入っています。

このデータ構造をpandasのDataFrameに取り込みます。ここでは、2-3-7 json_normalize()関数 p.42 でも紹介したpandasのjson_normalize()関数を使い、店舗ごとに1行のデータとして取り込みます。その際にカテゴリー名を付記するようにします。このようなデータが第1章で紹介した整然データ p.12 です。

```
import pandas as pd

df = pd.json_normalize(
    out,
    record_path="shops",
```

```
    meta=["name"],
    record_prefix="shop.",
)
```

json_normalize()関数に、データとなるoutを第1引数に渡しています。データとなる辞書のキーを引数record_pathで指定します。ここでは、"shops"と渡しました。これは、キー"shops"に行を構成するデータが入っているからです。

次に、引数metaで、各行に該当するカテゴリーを示す辞書のキーをリスト型で指定します。ここでは、1つのみ"name"を指定しています。最後に、引数record_prefixを使って、店舗の情報の列名にshop.を接頭辞として付けています。

データの先頭と最後を確認します。

```
df.head()
```

▼

	shop.name	shop.lon	shop.lat	shop.alt	name
0	東京じゃんがら ecute上野店	139.7771312	35.7140434	0	ラーメン屋
1	博多ラーメン 長浜や 上野店	139.7775269	35.7124554	0	ラーメン屋
2	T'sたんたん エキュート上野店	139.7771408	35.7140681	0	ラーメン屋
3	鯛塩そば灯花 アトレ上野店	139.7770178	35.7133078	0	ラーメン屋
4	横浜家系ラーメン 壱角家 上野店	139.7778759	35.7123833	0	ラーメン屋

```
df.tail()
```

▼

	shop.name	shop.lon	shop.lat	shop.alt	name
25	焼肉ホルモン本舗 炎 上野駅前店	139.7762069	35.7112493	0	焼肉屋
26	肉の街 上野本店	139.775175	35.711006	0	焼肉屋
27	太昌園上野駅前店	139.7754445	35.7104037	0	焼肉屋
28	焼肉ひだり	139.7810698	35.711169	0	焼肉屋
29	土古里 上野バンブーガーデン店	139.7745426	35.7124233	0	焼肉屋

NOTE

RSS

RSSフィードを読み込むには、サードパーティ製パッケージfeedparserを使います。このパッケージは、RSS 0.9x/1.0/2.0、CDF、Atom 0.3/1.0の形式に対応しています※17。インストール方法は、付録Bのfeedparser p.371 を参照してください。

ここでは、Python Insider（Blog）※18のRSSフィード※19を取得します。

```
import feedparser

url = "https://blog.python.org/feeds/posts/default?alt=rss"
d = feedparser.parse(url)
```

※17 https://feedparser.readthedocs.io

※18 https://blog.python.org/

※19 https://blog.python.org/feeds/posts/default?alt=rss

```
d["feed"]["title"]  # RSSのタイトルを取得
```

▼

```
'Python Insider'
```

```
for entry in d.entries:
    print(entry.date, end=", ")  # エントリーの日付を出力
    print(entry.title)  # エントリーごとのタイトルを出力
```

▼

```
2023-02-08T09:31:59.611-05:00, Python 3.11.2, Python 3.10.10 and 3.12.0 alpha 5 are
available
2023-01-10T15:24:33.035-05:00, Python 3.12.0 alpha 4 released
2022-12-06T17:58:44.763-05:00, Python 3.11.1, 3.10.9, 3.9.16, 3.8.16, 3.7.16, and
3.12.0 alpha 3 are now available
2022-11-15T08:06:31.643-05:00, Python 3.12.0 alpha 2 released
2022-10-25T00:00:14.521-04:00, Python 3.12.0 alpha 1 released
2022-10-24T16:29:32.834-04:00, Python 3.11.0 is now available
2022-10-24T12:17:08.782-04:00, Python Core Development Sprint 2022: 3.11 and beyond!
2022-10-11T15:51:42.047-04:00, Python versions 3.10.8, 3.9.15, 3.8.15, 3.7.15 now
available
2022-09-12T07:27:15.767-04:00, Python 3.11.0rc2 is now available
2022-09-07T09:04:03.215-04:00, Python releases 3.10.7, 3.9.14, 3.8.14, and 3.7.14 are
now available
2022-08-08T13:17:46.321-04:00, Python 3.11.0rc1 is now available
2022-08-02T06:14:25.106-04:00, Python 3.10.6 is available
2022-07-26T06:29:53.794-04:00, Python 3.11.0b5 is now available
2022-07-26T07:33:57.631-04:00, Python 3.11.0b4 is now available
2022-06-06T13:33:02.154-04:00, Python 3.10.5 is available
2022-06-01T12:52:21.583-04:00, Expedited release of Python3.11.0b3
2022-05-31T09:34:49.551-04:00, Python 3.11.0b2 is now available
2022-05-17T13:33:39.391-04:00, Python 3.9.13 is now available
2022-05-08T10:28:41.044-04:00, Python 3.11.0b1 is now available
2022-04-06T06:33:18.422-04:00, The last Python 3.11 alpha (3.11.0a7) is available
2022-03-24T08:08:37.458-04:00, Python 3.10.4 and 3.9.12 are now available out of
schedule
2022-03-16T11:55:08.886-04:00, Python 3.10.3, 3.9.11, 3.8.13, and 3.7.13 are now
available with security content
2022-03-07T13:33:52.221-05:00, Python 3.11.0a6 is available
2022-02-03T18:26:21.002-05:00, Python 3.11.0a5 is available
2022-01-14T18:11:34.866-05:00, Python 3.10.2, 3.9.10, and 3.11.0a4 are now available
```

RSSを解析して、辞書型のようにオブジェクトを取得できます。詳しくは公式ドキュメント※20を参照してください。

※20 feedparser 公式ドキュメント
https://pythonhosted.org/feedparser/

2-6 文書データ

文書データは、さまざまな形式があります。Microsoft WordやPDFのようなアプリケーションで作られたファイルが一例であり、その多くは「バイナリ形式」となっています。

バイナリ形式に対し、テキストエディタで読み書き可能なものを「テキスト形式」または「テキストファイル」と呼びます。

テキスト形式は、単に文字が書かれているファイルで（次項のリスト2-2）、Pythonで読み込んで中身を確認できます。ただし、データ分析等に利用する場合は、何かしらのルールに基づいて書かれていることが望まれます。

> **NOTE　バイナリ形式**
>
> バイナリ形式は、Microsoft Word（以下、Word）や PDF のような特定のアプリケーションで読み込まれることを前提にしたデータです。たとえば、Word のファイルデータは、テキスト形式ではありません。もし Word ファイルの中のデータをテキスト情報として取り出すには、何かしらのツールが必要です。これは、PDF も同様です。これらのファイルを扱うことができる専用ツールもあります。
>
> Python で Word を操作するパッケージとして代表的なものに、`python-docx`[※21] があります。Python で PDF を操作するパッケージには、`pdfminer.six`[※22] などがあります。
>
> テキストを抽出する方法は、各パッケージの公式ドキュメントなどを参照してください。

2-6-1 青空文庫のデータをDataFrame化

本節では、青空文庫[※23]に掲載されている、夏目漱石の「こころ」[※24]の「テキストファイル（ルビあり）」を題材とします。テキストファイルから、1段落ごとに本文とその文字数を、pandasのDataFrameの列に格納することを目指します。

ここでは、「こころ」の冒頭のパート「一《いち》」をテキストファイルにした、kokoro-1.txtファイル（リスト2-2）を使います。

リスト2-2　「こころ」の「一」（kokoro-1.txt）

```
　私《わたくし》はその人を常に先生と呼んでいた。だからここでもただ先生と書くだけで本名は打ち明けない。これは
世間を憚《はば》かる遠慮というよりも、その方が私にとって自然だからである。私はその人の記憶を呼び起すごとに、
すぐ「先生」といいたくなる。筆を執《と》っても心持は同じ事である。よそよそしい頭文字《かしらもじ》などはとて
も使う気にならない。
　私が先生と知り合いになったのは鎌倉《かまくら》である。その時私はまだ若々しい書生であった。暑中休暇を利用し
て海水浴に行った友達からぜひ来いという端書《はがき》を受け取ったので、私は多少の金を工面《くめん》して、出掛
ける事にした。私は金の工面に二《に》、三日《さんち》を費やした。ところが私が鎌倉に着いて三日と経《た》たない
```

※21　https://pypi.org/project/python-docx/
※22　https://pypi.org/project/pdfminer.six/
※23　https://www.aozora.gr.jp/
※24　https://www.aozora.gr.jp/cards/000148/card773.html

うちに、私を呼び寄せた友達は、急に国元から帰れという電報を受け取った。電報には母が病気だからと断ってあったけれども友達はそれを信じなかった。友達はかねてから国元にいる親たちに勧《すす》まない結婚を強《し》いられていた。彼は現代の習慣からいうと結婚するにはあまり年が若過ぎた。それに肝心《かんじん》の当人が気に入らなかった。それで夏休みに当然帰るべきところを、わざと避けて東京の近くで遊んでいたのである。彼は電報を私に見せてどうしようと相談をした。私にはどうしていいか分らなかった。けれども実際彼の母が病気であるとすれば彼は固《もと》より帰るべきはずであった。それで彼はとうとう帰る事になった。せっかく来た私は一人取り残された。
　学校の授業が始まるにはまだ大分《だいぶ》日数《ひかず》があるので鎌倉におってもよし、帰ってもよいという境遇にいた私は、当分元の宿に留《と》まる覚悟をした。友達は中国のある資産家の息子《むすこ》で金に不自由のない男であったけれども、学校が学校なのと年が年なので、生活の程度は私とそう変りもしなかった。したがって一人《ひとり》ぼっちになった私は別に恰好《かっこう》な宿を探す面倒ももたなかったのである。
　宿は鎌倉でも辺鄙《へんぴ》な方角にあった。玉突《たまつ》きだのアイスクリームだのというハイカラなものには長い畷《なわて》を一つ越さなければ手が届かなかった。車で行っても二十銭は取られた。けれども個人の別荘はそこここにいくつでも建てられていた。それに海へはごく近いので海水浴をやるには至極便利な地位を占めていた。
　私は毎日海へはいりに出掛けた。古い燻《くす》ぶり返った藁葺《わらぶき》の間《あいだ》を通り抜けて磯《いそ》へ下りると、この辺《へん》にこれほどの都会人種が住んでいるかと思うほど、避暑に来た男や女で砂の上が動いていた。ある時は海の中が銭湯《せんとう》のように黒い頭でごちゃごちゃしている事もあった。その中に知った人を一人ももたない私も、こういう賑《にぎ》やかな景色の中に裹《つつ》まれて、砂の上に寝《ね》そべってみたり、膝頭《ひざがしら》を波に打たしてそこいらを跳《は》ね廻《まわ》るのは愉快であった。
　私は実に先生をこの雑沓《ざっとう》の間《あいだ》に見付け出したのである。その時海岸には掛茶屋《かけぢゃや》が二軒あった。私はふとした機会《はずみ》からその一軒の方に行き慣《な》れていた。長谷辺《はせへん》に大きな別荘を構えている人と違って、各自《めいめい》に専有の着換場《きがえば》を拵《こしら》えていないここいらの避暑客には、ぜひともこうした共同着換所といった風《ふう》なものが必要なのであった。彼らはここで茶を飲み、ここで休息する外《ほか》に、ここで海水着を洗濯させたり、ここで鹹《しお》はゆい身体《からだ》を清めたり、ここへ帽子や傘《かさ》を預けたりするのである。海水着を持たない私にも持物を盗まれる恐れはあったので、私は海へはいるたびにその茶屋へ一切《いっさい》を脱《ぬ》ぎ棄《す》てる事にしていた。

ここでの処理は、先ほど示したとおり、1段落ごとに本文とその文字数を別の列に格納します。まずは、1段落ごとに本文とその文字数を1つの辞書にして行データを作ります。それをリスト（[]）に追加することで、列データを作ります。

```
out = []
with open("data/kokoro-1.txt", "r", encoding="utf-8") as f:  ←①
    for line in f:  ←②
        if not line.strip():  ←③
            continue
        data = {}
        data["org"] = line
        data["length"] = len(line)
        out.append(data)  ←④
out[0]
```

▼

```
{'org': '\u3000私《わたくし》はその人を常に先生と呼んでいた。だからここでもただ先生と書くだけで本名は打ち明けない。これは世間を憚《はば》かる遠慮というよりも、その方が私にとって自然だからである。私はその人の記憶を呼び起すごとに、すぐ「先生」といいたくなる。筆を執《と》っても心持は同じ事である。よそよそしい頭文字《かしらもじ》などはとても使う気にならない。\n',
 'length': 173}
```

①で、Pythonの組み込み関数open()を使って、テキスト読み込みモードでファイルを開いています。

②で、1行ごとに取り出してlineに入れて処理を行います。テキストファイルから1行ずつ読み込むには、ファイルオブジェクトをそのままfor文で処理します。なお、ファイルオブジェクトには、全文または指定のサイズを取得するread()メソッドや、1行だけ取得するreadline()メソッド、行ごとのデータをリストで取得するreadlines()メソッドがあります。1行ごとに処理を行うときには、readlines()メソッドで全文をリスト化するよりも、メモリ効率がよい「直接for文で処理する方法」をおすすめします。

③では、not line.strip()を使って空白や改行コードのみの行を無視し、continueで次の行の処理に移っています。

④で、段落の本文とその文字数を変数dataに格納し、出力用のリストoutに追加しています。

続いて、上記のコードで作成したリストをDataFrameに変換します。次のコードのように、辞書のリストをDataFrameのコンストラクタに渡すと、辞書のキーを列名にしたDataFrameを生成できます。

```
import pandas as pd

df = pd.DataFrame(out)
```

DataFrameを確認します。

```
df
```

▼

	org	length
0	私《わたくし》はその人を常に先生と呼んでいた。だからここでもただ先生と書くだけで本名は打ち...	173
1	私が先生と知り合いになったのは鎌倉《かまくら》である。その時私はまだ若々しい書生であった。...	476
2	学校の授業が始まるにはまだ大分《だいぶ》日数《ひかず》があるので鎌倉におってもよし、帰って...	201
3	宿は鎌倉でも辺鄙《へんぴ》な方角にあった。玉突《たまつ》きだのアイスクリームだのというハイ...	157
4	私は毎日海へはいりに出掛けた。古い燻《くす》ぶり返った藁葺《わらぶき》の間《あいだ》を通り...	252
5	私は実に先生をこの雑沓《ざっとう》の間《あいだ》に見付け出したのである。その時海岸には掛茶...	356

目的のとおり、1段落ごとに、各列に情報が格納されたデータが作成できました。

ここでは、《わたくし》のようなルビが本文に含むままにしましたが、ルビを取り除く処理については、第7章の7-1 Pythonを使った文字列処理 p.234 で解説しています。

2-7 画像データ

画像データには、JPEGやPNGなどのファイル形式があります。ファイルは、内部的には数値の塊《かたまり》です（図2-1）。画像を表現するには、複数の点を解像度の分だけ、表のように数値を持たせます。カラー表現には、RGB（光の三原色：赤緑青）やCMYK（印刷用途：シアン、マゼンタ、イエロー、ブラック）などがあり、それぞれの色を表す数値を持ちます。

このように、画像データは数値表現されているので、さまざまなデータ分析ができます。

図2-1　画像データの例：sample.jpg（左）／中身をバイナリエディタで確認（右）

2-7-1 Pillowで画像の読み込み

Pillowは、多くの画像形式を扱えるPythonのサードパーティ製パッケージです。ファイルの読み込み、ファイルの書き出し、形式変換、サムネイル化など、さまざまな画像操作ができます。インストール方法は、付録BのPillow p.372 を参照してください。

例として、筆者が撮影したJPEG形式のファイルを読み込み、形式やサイズ、カラーモードを確認します。

```
from PIL import Image

im = Image.open("data/sample.jpg")
print(im.format)
print(im.size)
print(im.mode)
```

▼

```
JPEG
(800, 533)
RGB
```

出力されているとおり、JPEG形式で、解像度が幅800ピクセル×高533ピクセルのRGB画像であることがわかりました。

JupyterLab上で、読み込んだ画像オブジェクトであるimを呼び出すと、画像が表示されます。

```
im
```

▼

続いて、開いた画像を閉じます。Python組み込み関数のopen()を使ったファイルの扱いと同様に、開いたファイルは閉じるのが基本です。

```
im.close()
```

Pythonのwith構文は、ブロックを使って、開いたファイルを利用する範囲を決めます。ブロックから抜けると、自動的にclose()処理が行われます。

基本的には、次のコードのようにwith構文を使います。

```
with Image.open("data/sample.jpg") as im:
    print(im.format)
    print(im.size)
    print(im.mode)
```

▼

```
JPEG
(800, 533)
RGB
```

画像データの加工や処理は、第8章の8-1 Pillowを使った画像の加工 p.244 を参照してください。

2-8 音声データ

音声データのファイルは、時系列の数値データと考えられます。たとえば、CD音源のWAVファイルは、1秒間に44,100個のデータで、各データは16ビットの分解能を持っています。ステレオの場合は、左右2系列のデータが存在しています。

音声データは、周波数を時系列データとしてとらえる必要があります（図2-2）。

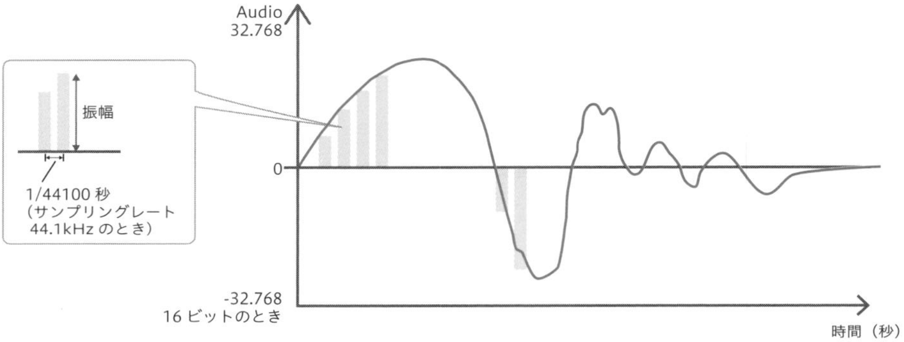

図2-2　音声データ

ここでは、WAVファイルを`SciPy`を使って`NumPy`の`ndarray`に変換し、データを確認します。`SciPy`のインストール方法は、付録BのSciPy p.372 を参照してください。

今回使うサンプルデータは、筆者が録音した約3.6秒のモノラルの音声ファイルです。サンプリングレート44.1kHz、分解能である量子化ビット数16ビットのWAVファイルです。

ここでは、`scipy.io`の`wavfile`モジュール※25を使って、ファイルを読み込みます。`wavfile.read()`関数※26にパスを渡すことで、サンプリングレートと`ndarray`のデータが返ります。

```
from scipy.io import wavfile

filename = "data/sample.wav"
samplingrate, data = wavfile.read(filename)
```

それぞれを確認します。

※25　Pythonの標準ライブラリwaveを使ってWAVファイルを読み込む方法もあります。
https://docs.python.org/ja/3/library/wave.html

※26　`wavfile.read()`関数は、ファイル名を渡すと、内部でファイルを閉じることができます。

```
print(type(samplingrate))
print(samplingrate)
```

▼

```
<class 'int'>
44100
```

サンプリングレートは、int型で周波数が返ってきます。ここでは、44100が返されたため、44.1kHzという意味になります。録音時と同じ周波数となっています。

続いて、データの中身を確認します。

```
print(type(data))
print(data.dtype)
```

▼

```
<class 'numpy.ndarray'>
int16
```

データは、ndarrayです。ndarrayに格納されているそれぞれのデータ型を見ると、numpy.int16であることがわかりました。

量子化ビット数は16ビットで録音したので、int16になっています。なお、量子化ビット数24ビットや32ビットで録音した場合は、int32になります。NumPyの数値型は、第4章の4-2 数値データの型 p.143 を参照してください。

データの形状を確認します。

```
data.shape
```

▼

```
(160234,)
```

1次元で、160,234個のデータが入っていることがわかりました。このデータはモノラルで録音したので、1次元になっています。ステレオの場合は、2次元のデータになります。

16ビットの場合、0を中心に最大で-32,768から+32,767の値を繰り返す周波数で音圧が決まります。次のように、先頭のデータを見てみると、-4となり、ほぼ音圧がありません。

```
data[0]
```

▼

```
-4
```

次のコードでは、データの長さ（秒数）を求めています。サンプリングレートは周波数なので、1秒あたりのデータ数を表します。データ数をサンプリングレートで割れば、データの長さが秒数で求まります。

```
length = data.shape[0] / samplingrate
print(length)
```

▼

```
3.633424036281179
```

次に、音を可視化します。すでにndarrayになっているので、Matplotlibを使ってグラフを描画します。

```
import matplotlib.pyplot as plt
import numpy as np

# 時間データ。0.0から長さ分、データの個数に分割した数値を生成
t = np.linspace(0.0, length, data.shape[0])
# 横軸に時間データ、縦軸にデータ
plt.plot(t, data)
plt.xlabel("time")
plt.ylabel("amplitude")
```

▼

```
Text(0, 0.5, 'amplitude')
```

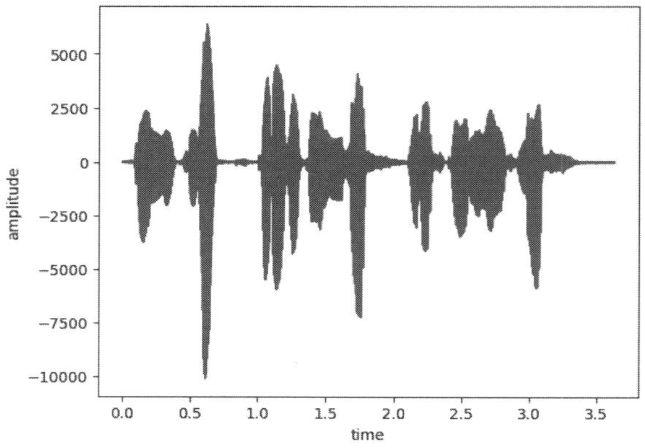

音声編集ソフトでも、このような波形が表示されます。

ndarrayで音声データを扱うことで、データの変換、機械学習、さらにはフーリエ変換など数学的に解析を行えます。

2-9 RDBデータ

RDBデータは、リレーショナルデータベース（RDB）で表現されるデータ形式です。RDBは、2次元の表データに加えて、表データと表データを結び付けて管理できる形式です。

さまざまな種類のRDBがありますが、その多くがSQLという言語で操作ができ、一定の互換性があります。RDBは、多量のデータを効率的に、さらにはデータの整合性を保って扱えます。そのため、さまざまなミッションクリティカルなシステムに採用され、多くのWebシステムやデータ分析システムの中でも使われている技術です。

RDBの実装であるリレーショナルデータベース管理システム（RDBMS）には、PostgreSQLやMySQL、SQLite3など、さまざまな製品があります。

2-9-1 SQLite3

本節では、SQLite3を使います。SQLite3は、PC等のシステム上でRDBMSを起動する必要がありません。また、Pythonには、SQLite3のデータベースファイルを直接取り扱う、標準ライブラリ`sqlite3`が同梱されています。

2-9-2 データサンプル

SQLite3で利用できる`sakila-sqlite3`を使います。

- sakila-sqlite3
- MySQL開発チームが作ったデータベース構造のSQLite3版
- ビデオレンタルチェーンのデータベースモデル
- ライセンス：BSD 3-Clause License

https://github.com/bradleygrant/sakila-sqlite3

ここでは、`film`、`film_category`、`category`テーブルを使います。

2-9-3 sqlite3モジュール

`sqlite3`※27を使ったRDBデータの取り扱い方を確認します。

ここでは、`data/sakila-sqlite3`フォルダに、データの本体である`sakila_master.db`が存在して

※27 Python公式ドキュメント：SQLiteデータベースアクセス
https://docs.python.org/ja/3/library/sqlite3.html

いる前提とし、データにアクセスします。

```
import sqlite3

con = sqlite3.connect("data/sakila-sqlite3/sakila_master.db") ◀── ①
```

データベースのデータにアクセスするために、①でコネクションを作ります。データには、このコネクションオブジェクトを経由してアクセスします。

次のコードは、データベースに登録されているテーブル一覧を取得します。`sqlite_master`テーブルから、`type`列の値が`table`であるレコードを取得します。

```
cur = con.cursor()  # コネクションからカーソルオブジェクトを取得 ◀── ②
# select文を実行してfor文で順次データを取得
for table in cur.execute( ◀── ③
    "SELECT name FROM sqlite_master WHERE type='table';"
):
    print(table[0]) ◀── ④
```

▼

```
actor
country
city
address
language
category
customer
film
film_actor
film_category
film_text
inventory
staff
store
payment
rental
```

②で、コネクションからカーソルオブジェクトを取得します。

③で、SQL文を発行していますが、結果がイテラブルオブジェクトなので、`for`文を使って1件ずつ取得しています。この1件がRDBデータ1行になります。

④で、1行の先頭のカラムを取得しています。ここには、テーブル名が入っています。`print()`関数を使って出力しています。

次に、`film`テーブルの件数を確認します。次のように、`select`文で`count(*)`としています。この結果を取り出すには、カーソルオブジェクトのfetchall()メソッドを実行します。実行結果は、リスト型で取得できます。

```
cur.execute("SELECT count(*) FROM film;")
cur.fetchall()
```

▼

```
[(1000,)]
```

filmテーブルには1000件のデータがあることがわかりました。

次に、いくつかのカラムのデータを取得します。先ほど、sqlite_masterテーブルから、テーブル名を取得したときと同様に、select文の実行をfor文で繰り返して取得します。

```
for data in cur.execute(
    "SELECT FILM_ID, TITLE, RELEASE_YEAR, LENGTH, LAST_UPDATE FROM film LIMIT 10;"
):
    print(data)
```

▼

```
(1, 'ACADEMY DINOSAUR', '2006', 86, '2020-12-23 07:12:31')
(2, 'ACE GOLDFINGER', '2006', 48, '2020-12-23 07:12:31')
(3, 'ADAPTATION HOLES', '2006', 50, '2020-12-23 07:12:31')
(4, 'AFFAIR PREJUDICE', '2006', 117, '2020-12-23 07:12:31')
(5, 'AFRICAN EGG', '2006', 130, '2020-12-23 07:12:31')
(6, 'AGENT TRUMAN', '2006', 169, '2020-12-23 07:12:31')
(7, 'AIRPLANE SIERRA', '2006', 62, '2020-12-23 07:12:31')
(8, 'AIRPORT POLLOCK', '2006', 54, '2020-12-23 07:12:31')
(9, 'ALABAMA DEVIL', '2006', 114, '2020-12-23 07:12:31')
(10, 'ALADDIN CALENDAR', '2006', 63, '2020-12-23 07:12:31')
```

ここでは、5カラムの10件のデータを出力しています。

次に、LIMIT句に(?)を使ってパラメータを割り当てたselect文を実行します。

```
limit = 5

for data in cur.execute(
    "SELECT FILM_ID, TITLE, RELEASE_YEAR, LENGTH, LAST_UPDATE"
    " FROM film LIMIT (?);",
    (limit,),
):
    print(data)
```

▼

```
(1, 'ACADEMY DINOSAUR', '2006', 86, '2020-12-23 07:12:31')
(2, 'ACE GOLDFINGER', '2006', 48, '2020-12-23 07:12:31')
(3, 'ADAPTATION HOLES', '2006', 50, '2020-12-23 07:12:31')
(4, 'AFFAIR PREJUDICE', '2006', 117, '2020-12-23 07:12:31')
(5, 'AFRICAN EGG', '2006', 130, '2020-12-23 07:12:31')
```

パラメータ割り当ては、`execute()`メソッドの第2引数にタプルで順番に値を渡します。

SQLインジェクション防止の観点から、Pythonの文字列埋め込み（`f-string`や`format()`メソッド）は、使ってはいけません。

続いて、もう少し複雑なSQLを実行してみましょう。

ここでは、`film`のカテゴリー名を出力します。`film`テーブルと`category`テーブルが多対多で構成されていて、中間テーブルとして`film_category`テーブルがあります（図2-3）。`film`のタイトル順に20件を出力し、出力結果にカテゴリー名を追加しています。

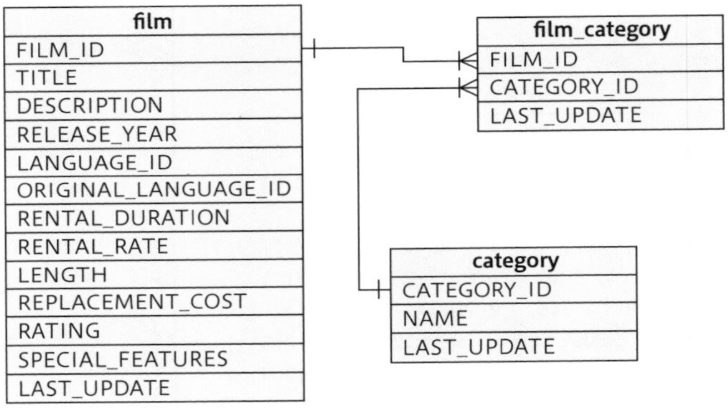

図2-3　ER図

```
limit = 20

for data in cur.execute(
    "SELECT F.FILM_ID, F.TITLE, F.RELEASE_YEAR, F.LENGTH, F.LAST_UPDATE, C.NAME"
    " FROM film as F"
    " LEFT JOIN film_category as FC ON F.FILM_ID = FC.FILM_ID"
    " LEFT JOIN category as C ON FC.CATEGORY_ID = C.CATEGORY_ID"
    " ORDER BY F.TITLE"
    " LIMIT (?);",
    (limit,),
):
    print(data)
```

▼

```
(1, 'ACADEMY DINOSAUR', '2006', 86, '2020-12-23 07:12:31', 'Documentary')
(2, 'ACE GOLDFINGER', '2006', 48, '2020-12-23 07:12:31', 'Horror')
(3, 'ADAPTATION HOLES', '2006', 50, '2020-12-23 07:12:31', 'Documentary')
(4, 'AFFAIR PREJUDICE', '2006', 117, '2020-12-23 07:12:31', 'Horror')
(5, 'AFRICAN EGG', '2006', 130, '2020-12-23 07:12:31', 'Family')
(6, 'AGENT TRUMAN', '2006', 169, '2020-12-23 07:12:31', 'Foreign')
(7, 'AIRPLANE SIERRA', '2006', 62, '2020-12-23 07:12:31', 'Comedy')
(8, 'AIRPORT POLLOCK', '2006', 54, '2020-12-23 07:12:31', 'Horror')
(9, 'ALABAMA DEVIL', '2006', 114, '2020-12-23 07:12:31', 'Horror')
(10, 'ALADDIN CALENDAR', '2006', 63, '2020-12-23 07:12:31', 'Sports')
(11, 'ALAMO VIDEOTAPE', '2006', 126, '2020-12-23 07:12:31', 'Foreign')
(12, 'ALASKA PHANTOM', '2006', 136, '2020-12-23 07:12:31', 'Music')
(13, 'ALI FOREVER', '2006', 150, '2020-12-23 07:12:31', 'Horror')
(14, 'ALICE FANTASIA', '2006', 94, '2020-12-23 07:12:32', 'Classics')
(15, 'ALIEN CENTER', '2006', 46, '2020-12-23 07:12:32', 'Foreign')
(16, 'ALLEY EVOLUTION', '2006', 180, '2020-12-23 07:12:32', 'Foreign')
(17, 'ALONE TRIP', '2006', 82, '2020-12-23 07:12:32', 'Music')
(18, 'ALTER VICTORY', '2006', 57, '2020-12-23 07:12:32', 'Animation')
(19, 'AMADEUS HOLY', '2006', 113, '2020-12-23 07:12:32', 'Action')
(20, 'AMELIE HELLFIGHTERS', '2006', 79, '2020-12-23 07:12:32', 'Music')
```

このように、RDBMS内のデータをPythonのオブジェクトに変換できました。

NOTE　複数行のSQL

SQL文を複数行に記述する場合、Pythonの連続した文字列リテラルが1つの文字列になる構文を使えます。

```
var = "aaa" " bbb"
var
'aaa bbb'
```

ダブルクオートで宣言した2個の文字列が連結されて1つの文字列となります。

2-9-4 pandasでRDBデータの読み込み

pandasで、RDBのデータを直接取得する機能を解説します。

pandasのread_sql()関数[※28]を使ってRDBからデータを取得します。この関数は、第1引数にSQL文を指定し、引数conにコネクションオブジェクトを設定します。

※28　pandas公式ドキュメント：read_sql
https://pandas.pydata.org/docs/reference/api/pandas.read_sql.html

```
import pandas as pd

df = pd.read_sql(
    "SELECT F.FILM_ID, F.TITLE, F.RELEASE_YEAR, F.LENGTH, F.LAST_UPDATE, C.NAME"
    " FROM film as F"
    " LEFT JOIN film_category as FC ON F.FILM_ID = FC.FILM_ID"
    " LEFT JOIN category as C ON FC.CATEGORY_ID = C.CATEGORY_ID",
    con=con,
    parse_dates=["last_update"],
)
df.head()
```

▼

	film_id	title	release_year	length	last_update	name
0	1	ACADEMY DINOSAUR	2006	86	2020-12-23 07:12:31	Documentary
1	2	ACE GOLDFINGER	2006	48	2020-12-23 07:12:31	Horror
2	3	ADAPTATION HOLES	2006	50	2020-12-23 07:12:31	Documentary
3	4	AFFAIR PREJUDICE	2006	117	2020-12-23 07:12:31	Horror
4	5	AFRICAN EGG	2006	130	2020-12-23 07:12:31	Family

RDBのデータを、SQL文をもとにDataFrameに変換できました。ここでは、last_update列をdatetime型に変換するための引数parse_datesに変換列を指定します。

DataFrameに変換した形状とデータ型を確認します。

```
df.shape
```

▼

```
(1000, 6)
```

```
df.dtypes
```

▼

```
film_id                  int64
title                   object
release_year            object
length                   int64
last_update     datetime64[ns]
name                    object
dtype: object
```

このように、データ分析をしたい場合に、データベースから簡単にpandasのDataFrameに変換できます。

```
con.close()  # コネクションを閉じる
```

2-10 pickle形式

pickle形式は、Pythonのオブジェクトをそのままファイルに書き出せるPython専用の形式です。Pythonのオブジェクトをストレージに保存したり、データのやりとりに使えます。

JSON形式はテキストファイルで構造を表しますが、pickle形式のデータは、Pythonオブジェクトそのものを保存します。つまり、Pythonの`datetime`型やpandasの`DataFrame`そのものを保存できます。

2-10-1 pickleの注意点

`pickle`オブジェクトには、システムを破壊するようなものを内部に入れることが可能です。よって、信頼できないpickle形式のデータは慎重に扱う必要があります。

また、pickle形式にはいくつかのプロトコルバージョンがあります。下位互換性は保たれていますが、プロトコルVer.5でpickle化されたデータを、プロトコルVer.4では読み込めません。デフォルトでは、pickleのプロトコルバージョンは、Pythonのバージョンによって決まります。Pythonのバージョンを統一したり、pickle化するときに利用するライブラリ側でバージョンを適切に決めることで問題を回避できます。なお、Python 3.11に対応するプロトコルバージョンは5となっており、Python 3.8から導入されています。

2-10-2 DataFrameをpickle化

ここでは、pandasの`DataFrame`をpickle化する方法を解説します。pickle形式のデータを扱うには、Python標準ライブラリの`pickle`※29を利用します。

```
import pickle
import pandas as pd
```

ここでは、2-1 CSV形式 p.24 で紹介したCSV形式のデータから`DataFrame`に変換したオブジェクトを、pickle形式のファイルに書き出します。

CSV形式のファイルから`DataFrame`を読み込みます。

※29 Python公式ドキュメント：オブジェクトの直列化
https://docs.python.org/ja/3/library/pickle.html

```
df = pd.read_csv(
    "data/FEH_00200524_230205124938.csv",
    encoding="cp932",
    parse_dates=["時間軸（年月日現在）"],
    date_format="%Y年%m月",
    thousands=",",
)
df.head()
```

▼

	表章項目	人口	概算値	全国	時間軸（年月日現在）	年齢5歳階級	/男女別	男女計	男	女
0	人口【万人】	総人口	概算値	全国	2021-12-01	総数	NaN	12547	6099	6448
1	人口【万人】	総人口	概算値	全国	2021-12-01	0～4歳	NaN	437	224	214
2	人口【万人】	総人口	概算値	全国	2021-12-01	5～9歳	NaN	503	258	245
3	人口【万人】	総人口	概算値	全国	2021-12-01	10～14歳	NaN	535	274	261
4	人口【万人】	総人口	概算値	全国	2021-12-01	15～19歳	NaN	559	287	272

pickleファイルに書き出します。

```
with open("data/csv-to-pickle.pickle", "wb") as f:  ←①
    pickle.dump(df, f)  ←②
```

このコードでは、dataフォルダにcsv-to-pickle.pickleというファイル名で保存しました。ここでは拡張子.pickleを使いましたが、拡張子.pklが使われることもあります。

①で、open()関数を使い、バイナリモードの書き込みを表す"wb"を指定してファイルを開いています。

②で、pickleライブラリのdump()関数に、pickle化対象オブジェクトと保存するファイルオブジェクトを与えています。これでファイルが生成され、Pythonのオブジェクトをファイルに保存できました。

次に、pickle化したファイルからPythonのオブジェクトに戻します。

```
with open("data/csv-to-pickle.pickle", "rb") as f:  ←③
    df_loaded = pickle.load(f)  ←④
```

③で、先ほど保存したファイルを、open()関数で、モードを"rb"とバイナリモードの読み込みで指定して呼び出します。

④で、pickleライブラリのload()関数を使って、元のオブジェクトを復元しています。

それでは、データを確認してみます。

```
df_loaded.head(2)
```

▼

	表章項目	人口	概算値	全国	時間軸 (年月日現在)	年齢5歳階級	/男女別	男女計	男	女
0	人口【万人】	総人口	概算値	全国	2021-12-01	総数	NaN	12547	6099	6448
1	人口【万人】	総人口	概算値	全国	2021-12-01	0～4歳	NaN	437	224	214

dtypesで列のデータ型を確認します。

```
df_loaded.dtypes
```

▼

```
表章項目                  object
人口                   object
概算値                   object
全国                   object
時間軸（年月日現在）    datetime64[ns]
年齢5歳階級                 object
/男女別                 float64
男女計                    int64
男                    int64
女                    int64
dtype: object
```

ここまで、Pythonの標準ライブラリであるpickleを使用しました。続いて、pandasの機能として、DataFrameのto_pickle()メソッドとpandasのread_pickle()関数の動作を確認します。

先ほど作ったDataFrameのto_pickle()メソッドを使い、pickle化したファイルを保存します。

```
df.to_pickle("data/df-to-pickle.pickle")
```

pandasのread_pickle()関数を使ってDataFrameを読み込みます。

```
df_loaded2 = pd.read_pickle("data/df-to-pickle.pickle")
```

データを確認してみます。

```
df_loaded2.head(2)
```

▼

	表章項目	人口	概算値	全国	時間軸 (年月日現在)	年齢5歳階級	/男女別	男女計	男	女
0	人口【万人】	総人口	概算値	全国	2021-12-01	総数	NaN	12547	6099	6448
1	人口【万人】	総人口	概算値	全国	2021-12-01	0～4歳	NaN	437	224	214

このように、pickle化することでPythonのオブジェクトをファイルに書き出し、保存できます。

2-11 parquet形式

parquet形式は、Apache Parquetプロジェクト[※30]で開発された、表形式データを効率よく読み書きして高い圧縮率で保存できるデータ形式です。Python以外にも、JavaやC++やRなど多くのプログラミング言語で利用できます。pandasでは、pyarrowパッケージ[※31]を組み合わせることで利用できます[※32]。

2-11-1 pickle形式との違い

pickle形式とparquet形式は、どちらもデータをバイナリ化して保存したものです。最大の違いは、pickle形式ではPythonのオブジェクトをそのままバイナリ化するのに対し、parquet形式では独自の仕様に基づいて効率的にバイナリ化するという点です。そのほかの主な違いは、表2-5のとおりです。

表2-5　pickle形式とparquet形式

	pickle 形式	parquet 形式
バイナリ化できるもの	すべてのPythonオブジェクト	表形式データのみ
圧縮	なし［※1］	あり
バージョンの影響	あり	なし［※2］

※1　gzipやbz2など、Pythonのほかのモジュールを使うことでデータを圧縮できます。

※2　parquet形式にはバージョン1と2がありますが、parquet形式をサポートするほとんどのライブラリがバージョン2に準拠していると考えられます。ただし、将来parquet形式のバージョンアップが行われると、バージョン違いによる不具合が起こる可能性があります。

2-11-2 pandasでの利用

pandasでparquet形式のデータを読み書きするには、pyarrowパッケージが必要です。インストール方法は、付録Bのpyarrow p.373 を参照してください。

2-1 CSV形式 p.24 で利用したFEH_00200524_230205124938.csvファイルをpandasで読み込み、to_parquet()メソッドを使ってparquet形式のファイルとして出力します。pandasが自動的にpyarrowパッケージを呼び出すので、pyarrow自体のインポートは不要です。なお、parquet形式の

※30　https://parquet.apache.org

※31　pyarrowは、Apache ArrowのPython APIです。メモリ上での効率的な表形式データの処理を実現するArrowの機能をPythonで利用しやすくするだけでなく、pandasの操作性と組み合わせるとさらに作業効率が上がります。

※32　parquet形式のデータをpandasで読み書きする場合には、pyarrowの代わりにfastparquetライブラリも使えます。

ファイルの拡張子は.parquetとします。

```
import pandas as pd

df_from_csv = pd.read_csv(
    "data/FEH_00200524_230205124938.csv",
    encoding="cp932",
    parse_dates=["時間軸（年月日現在）"],
    date_format="%Y年%m月",
    thousands=",",
)

df_from_csv.to_parquet("data/population-202302.parquet")
df_from_csv.head()
```

▼

	表章項目	人口	概算値	全国	時間軸(年月日現在)	年齢5歳階級	/男女別	男女計	男	女
0	人口【万人】	総人口	概算値	全国	2021-12-01	総数	NaN	12547	6099	6448
1	人口【万人】	総人口	概算値	全国	2021-12-01	0～4歳	NaN	437	224	214
2	人口【万人】	総人口	概算値	全国	2021-12-01	5～9歳	NaN	503	258	245
3	人口【万人】	総人口	概算値	全国	2021-12-01	10～14歳	NaN	535	274	261
4	人口【万人】	総人口	概算値	全国	2021-12-01	15～19歳	NaN	559	287	272

次に、前のコードで出力したparquet形式のファイルを読み込みます。

```
df_from_parquet = pd.read_parquet("data/population-202302.parquet")
df_from_parquet.head()
```

▼

	表章項目	人口	概算値	全国	時間軸(年月日現在)	年齢5歳階級	/男女別	男女計	男	女
0	人口【万人】	総人口	概算値	全国	2021-12-01	総数	NaN	12547	6099	6448
1	人口【万人】	総人口	概算値	全国	2021-12-01	0～4歳	NaN	437	224	214
2	人口【万人】	総人口	概算値	全国	2021-12-01	5～9歳	NaN	503	258	245
3	人口【万人】	総人口	概算値	全国	2021-12-01	10～14歳	NaN	535	274	261
4	人口【万人】	総人口	概算値	全国	2021-12-01	15～19歳	NaN	559	287	272

DataFrameのequals()メソッドを使って、df_from_parquetがdf_from_csvと同じであることを確認します。

```
df_from_parquet.equals(df_from_csv)
```

▼

```
True
```

最後に、parquet形式とpickle形式のファイルサイズ（バイト数）を比較します。

```
import os

# parquet形式
os.path.getsize("data/population-202302.parquet")
```

```
12531
```

```
# pickle形式
df_from_csv.to_pickle("data/population-202302.pickle")
os.path.getsize("data/population-202302.pickle")
```

```
20614
```

どちらも同じDataFrameを出力したものですが、parquet形式のほうがファイルサイズが小さいことがわかります。

2-11-3 pandas DataFrameとの違い

pandasでは、複数のデータ型（str型とint型など）が混在しているデータには、object型が使われます。一方で、parquet形式では、object型に相当するデータ型はなく、1つの列には1つのデータ型しか許されません。これはプラットフォーム間の互換性を保つためです。

たとえば、表2-2のDataFrameは、「値」列に文字列と数値が混在しているので、そのままではparquet形式で保存できません。

表2-2　parquet形式では保存できないDataFrameの例

項目	値
店舗名	A
売上高	10000
店舗名	B
売上高	900
…	…

このようなDataFrameは、整然データ※33ではないことが多く、その後の分析や機械学習モデル構築には使いにくいです。第3章の3-2 データの変形 p.89 を参考に、1つの列に複数のデータ型の要素が混在しない形状にするとよいでしょう。

※33　第1章の整然データ p.12 を参照してください。

第3章

表形式データの加工

本章では、データ加工の方法について解説します。多くの場合、データ分析や機械学習で使用するライブラリでは表形式データが必要となります。本章では、第２章で学んだ「データの読み込み」の次の工程である、「表形式データの加工方法」を解説します。第１章で解説したとおり、加工が不要なデータを入手できることはほとんどありません。そのため、複数のデータを組み合わせたり、入手したデータを整然データ（第１章 整然データ p.12 を参照）に変換する処理などを行います。

表形式のデータ加工は、pandasの得意分野です。本章では、pandasを使ったデータの結合／変形／グループ化を行い、データを適切に変換します。また、カテゴリーデータの処理や階層型インデックスの処理についても解説します。

3-1 データの連結／結合

複数のデータを１つにまとめて処理する場合があります。本節では、DataFrameを連結／結合する方法について解説します。

3-1-1 データの連結／結合方法と関数／メソッド

複数のDataFrameは、関数またはメソッドを使って連結／結合します（表3-1）。

表3-1　DataFrameの連結／結合

関数／メソッド	連結／結合	連結／結合方向	デフォルトの結合方法	キー
concat()関数	連結、結合	行方向、列方向	外部結合	インデックス
join()メソッド	結合	列方向	左外部結合	インデックス（デフォルト）、列
merge()関数	結合	列方向	内部結合	列（デフォルト）、インデックス

DataFrameの連結

本節でいう「連結」とは、単純にデータを行（縦）方向または列（横）方向に接続する処理を指します。行方向の連結は、図3-1のように、DataFrameに行を追加します。列方向の連結は、図3-2のように、DataFrameに列を追加します。

名前	科目	点数
寺田	国語	50
辻	国語	70
神沢	国語	90

名前	科目	点数
寺田	算数	60
辻	算数	80
神沢	算数	100

名前	科目	点数
寺田	国語	50
辻	国語	70
神沢	国語	90
寺田	算数	60
辻	算数	80
神沢	算数	100

図3-1　行（縦）方向に連結

名前	科目	点数
寺田	国語	50
寺田	算数	60
辻	国語	70
辻	算数	80
神沢	国語	90
神沢	算数	100

名前	科目	点数
寺田	国語	50
寺田	算数	60
辻	国語	70
辻	算数	80
神沢	国語	90
神沢	算数	100

図3-2　列（横）方向に連結

DataFrameの結合

本節でいう「結合」とは、図3-3のように、キーを持つデータから特定のキーをもとに要素を取り出し、結合する処理を指します。この結合処理は、マージ処理とも呼ばれます。結合した結果、キーに該当する要素が存在しない場合は、欠損値として扱われます。図3-3の例では、「出席番号」の列をキーとして「名前」と「点数」の列を結合しています。

出席番号	名前
1	寺田
2	辻
3	神沢

出席番号	点数
1	50
2	60
4	70

結合

内部結合

出席番号	名前	点数
1	寺田	50
2	辻	60

外部結合

出席番号	名前	点数
1	寺田	50
2	辻	60
3	神沢	NaN
4	NaN	70

左外部結合

出席番号	名前	点数
1	寺田	50
2	辻	60
3	神沢	NaN

右外部結合

出席番号	名前	点数
1	寺田	50
2	辻	60
4	NaN	70

図3-3　DataFrameの結合

3-1-2 concat()関数によるDataFrameの連結

concat()関数は、第1引数に渡したリストに含まれたDataFrameを連結して返します。引数axisに0を渡すと行方向（デフォルト）に連結し（図3-4）、引数axisに1を渡すと列方向に連結します。

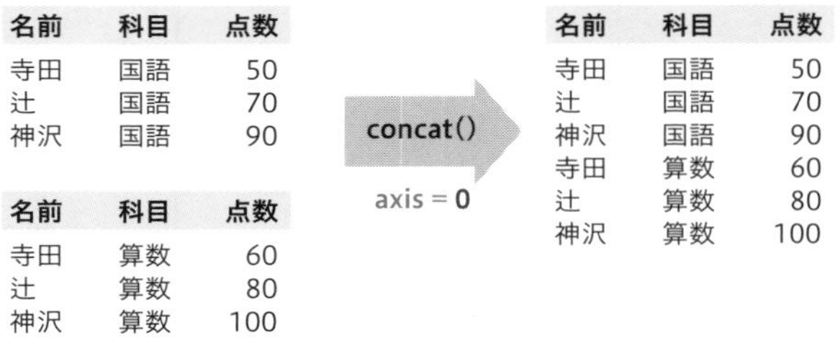

図3-4　concat()関数によるDataFrameの連結

ここでは、連結／結合対象とする2つのDataFrame（df1、df2）を生成します。

```
from IPython.display import display
import pandas as pd

df1 = pd.DataFrame(
    [
        [1, 10, 100],
        [2, 20, 200],
        [3, 30, 300],
    ],
    index=list("abc"),
    columns=list("ABC"),
)
df2 = pd.DataFrame(
    [
        [4, 10, 100],
        [2, 20, 200],
        [3, 30, 400],
    ],
    index=list("acd"),
    columns=list("ACD"),
)
display(df1, df2)
```

▼

	A	B	C
a	1	10	100
b	2	20	200
c	3	30	300

	A	C	D
a	4	10	100
c	2	20	200
d	3	30	400

次のコードでは、DataFrameを行方向に連結しています。行方向の連結では元のインデックスと重複する場合があります。concat()関数の引数ignore_indexにTrueを渡し、インデックスを振り直しています。

```
pd.concat([df1, df2], ignore_index=True)
```

▼

	A	B	C	D
0	1	10.0	100	NaN
1	2	20.0	200	NaN
2	3	30.0	300	NaN
3	4	NaN	10	100.0
4	2	NaN	20	200.0
5	3	NaN	30	400.0

concat()関数の引数keysにラベルを格納したリストを渡すことで、結合元のインデックスにラベルを付けられます。ラベルを付けて結合したDataFrameのインデックスは、ラベルのインデックスと元のインデックスのMultiIndexとなります※1。

```
labeled_df = pd.concat([df1, df2], keys=["data1", "data2"])
labeled_df
```

▼

		A	B	C	D
data1	**a**	1	10.0	100	NaN
	b	2	20.0	200	NaN
	c	3	30.0	300	NaN
data2	**a**	4	NaN	10	100.0
	c	2	NaN	20	200.0
	d	3	NaN	30	400.0

3-1-3 concat()関数によるDataFrameの結合

concat()関数を実行してDataFrameを列方向に結合する場合は、引数axisに1を渡します。この場合、**インデックスがキー**になります（図3-5）。

Index	名前	科目
0	寺田	国語
2	辻	国語
3	辻	算数
4	神沢	算数
5	神沢	算数

Index	点数
0	50
1	60
3	80
4	90
5	100

concat()　axis = 1

Index	名前	科目	点数
0	寺田	国語	50
1	NaN	NaN	60
2	辻	国語	NaN
3	辻	算数	80
4	神沢	国語	90
5	神沢	算数	100

図3-5　concat()関数によるDataFrameの結合

※1　MultiIndexについては、3-5 階層型インデックス（MultiIndex）p.119 を参照してください。

次のコードでは、2つのDataFrameをインデックスをキーとして列方向に結合（外部結合）しています。

```
pd.concat([df1, df2], axis=1)
```

▼

	A	B	C	A	C	D
a	1.0	10.0	100.0	4.0	10.0	100.0
b	2.0	20.0	200.0	NaN	NaN	NaN
c	3.0	30.0	300.0	2.0	20.0	200.0
d	NaN	NaN	NaN	3.0	30.0	400.0

デフォルトの結合方法は、外部結合（"outer"）です。結合方法は、次のとおりです。

- inner ：内部結合 ➡ 結合対象のキーがすべて存在する要素を結合
- outer ：外部結合 ➡ 結合対象のすべての要素を結合

内部結合する場合は、concat()関数の引数joinに"inner"を渡します。次のコードでは、2つのDataFrameを列方向に内部結合しています。

```
pd.concat([df1, df2], axis=1, join="inner")
```

▼

	A	B	C	A	C	D
a	1	10	100	4	10	100
c	3	30	300	2	20	200

3-1-4 join()メソッドによるDataFrameの結合

DataFrameのjoin()メソッドの引数に、結合対象のDataFrameを渡して実行すると、2つのDataFrameを結合して返します（図3-6）。

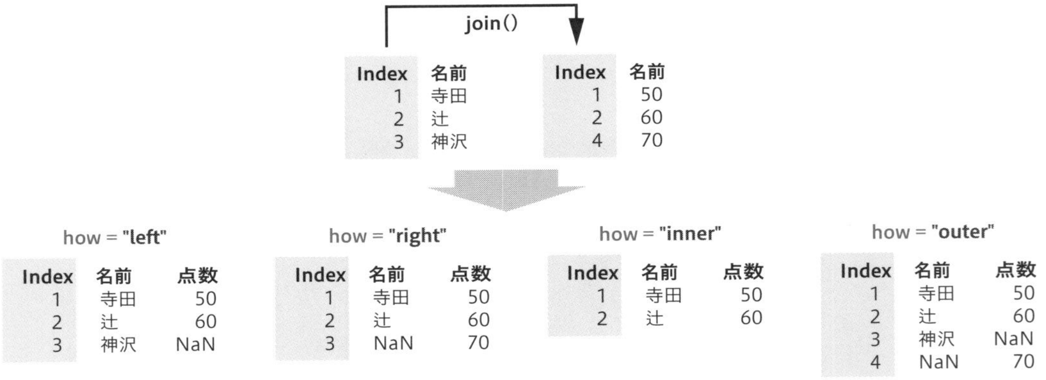

図3-6　join()メソッドによるDataFrameの結合

join()メソッドの結合方法は、デフォルトで左外部結合（"left"）です。結合方法は、引数howで指定します。主な結合方法は、次のとおりです。

- left　：左外部結合➡結合元の（join()メソッドを実行する）DataFrameの結合対象のキーが存在する要素を結合
- right：右外部結合➡結合先の（join()メソッドの引数に渡された）DataFrameの結合対象のキーが存在する要素を結合
- inner：内部結合
- outer：外部結合

join()メソッドは、**デフォルトではインデックスをキー**として結合します。df1と結合するためのDataFrame「df3」を生成します。

```
df3 = pd.DataFrame(
    [[1.3, 10.3], [2.3, 20.3]],
    index=list("ab"),
    columns=list("DE"),
)
display(df1, df2, df3)
```

▼

	A	B	C
a	1	10	100
b	2	20	200
c	3	30	300

	A	C	D
a	4	10	100
c	2	20	200
d	3	30	400

	D	E
a	1.3	10.3
b	2.3	20.3

次のコードでは、2つのDataFrameを左外部結合しています。

```
df1.join(df3)
```

▼

	A	B	C	D	E
a	1	10	100	1.3	10.3
b	2	20	200	2.3	20.3
c	3	30	300	NaN	NaN

join()メソッドに同じ列名が存在するDataFrameを渡す場合、それぞれの列の接尾辞となる文字列を引数lsuffixおよびrsuffixに渡すことで、重複した列名に接尾辞が付きます。

```
df1.join(
    df2,
    how="inner",
    lsuffix="_df1",
    rsuffix="_df2",
)
```

▼

	A_df1	B	C_df1	A_df2	C_df2	D
a	1	10	100	4	10	100
c	3	30	300	2	20	200

join() メソッドは、結合元のDataFrameの列と、結合先（引数に渡すDataFrame）のインデックスをキーとした結合ができます。

次のコードでは、DataFrame「df4」を生成し、df4の「key」列とdf1のインデックスをキーとした左外部結合をしています。この場合は、join() メソッドの引数onにキーとなるdf4の列名を渡します。

```
df4 = pd.DataFrame(
    [["a", 1.4, 10.4], ["b", 2.4, 20.4]], columns=["key", "F", "G"]
)
display(df4, df1)
```

▼

	key	F	G
0	a	1.4	10.4
1	b	2.4	20.4

	A	B	C
a	1	10	100
b	2	20	200
c	3	30	300

```
df4.join(df1, on="key")
```

▼

	key	F	G	A	B	C
0	a	1.4	10.4	1	10	100
1	b	2.4	20.4	2	20	200

3-1-5 merge() 関数によるDataFrameの結合

DataFrameのmerge() 関数の第1引数（left）および第2引数（right）に、結合対象のDataFrameを渡して実行すると、2つのDataFrameを結合して返します。

出席番号	名前
1	寺田
2	辻
3	神沢

出席番号	点数
1	50
2	60
4	70

merge()

how = "inner"

出席番号	名前	点数
1	寺田	50
2	辻	60

how = "outer"

出席番号	名前	点数
1	寺田	50
2	辻	60
3	神沢	NaN
4	NaN	70

how = "left"

出席番号	名前	点数
1	寺田	50
2	辻	60
3	神沢	NaN

how = "right"

出席番号	名前	点数
1	寺田	50
2	辻	60
4	NaN	70

図3-7　merge()関数によるDataFrameの結合

merge()関数の結合方法は、デフォルトで内部結合（"inner"）です。結合方法は、引数howで指定します。主な結合方法は、次のとおりです。

- left　：左外部結合
- right：右外部結合
- inner：内部結合
- outer：外部結合

merge()関数は、デフォルトでは引数onに渡した**列をキー**として結合します※2。
次のコードでは、2つのDataFrameを内部結合しています。

```
pd.merge(df1, df2, on="A")
```

▼

	A	B	C_x	C_y	D
0	2	20	200	20	200
1	3	30	300	30	400

次のコードでは、2つのDataFrameを左外部結合しています。

```
pd.merge(df1, df2, on="A", how="left")
```

▼

	A	B	C_x	C_y	D
0	1	10	100	NaN	NaN
1	2	20	200	20.0	200.0
2	3	30	300	30.0	400.0

キーとなる列名が異なる場合には、merge()関数の引数left_onおよび引数right_onにそれぞれ

※2　インデックスをキーとして結合する場合は、引数left_index、引数right_indexにTrueを渡します。

列名を指定します。

```
pd.merge(df1, df2, left_on="C", right_on="D")
```

▼

	A_x	B	C_x	A_y	C_y	D
0	1	10	100	4	10	100
1	2	20	200	2	20	200

merge()関数で結合したDataFrameの同じ列名は、末尾に_xおよび_yが付きます。merge()関数の引数suffixesに接尾辞となる文字列をlist-likeで渡すと、列名の接尾辞を設定できます。

```
pd.merge(
    df1,
    df2,
    on="A",
    suffixes=("_df1", "_df2"),
)
```

▼

	A	B	C_df1	C_df2	D
0	2	20	200	20	200
1	3	30	300	30	400

NOTE

list-like

list-likeとは、リストのようなオブジェクトを指し、Python組み込みのリスト型／タプル型／集合（set）型、NumPyの配列Seriesなどがあります。list-likeであるかを確認するには、pandas.api.types.is_list_like()関数の引数に、対象のオブジェクトを渡して実行します。

merge()関数の引数indicatorにTrueを渡すことにより、「_merge」列が追加され、データがどちらに含まれているかを確認できます。

```
pd.merge(
    df1,
    df2,
    on="A",
    how="outer",
    indicator=True,
)
```

▼

	A	B	C_x	C_y	D	_merge
0	1	10.0	100.0	NaN	NaN	left_only
1	2	20.0	200.0	20.0	200.0	both
2	3	30.0	300.0	30.0	400.0	both
3	4	NaN	NaN	10.0	100.0	right_only

merge()関数の引数howに"cross"を渡した場合は、すべての列を組み合わせて結合します。したがって、引数onは指定しません。

```
pd.merge(
    df1,
    df2,
    how="cross",
    suffixes=("_df1", "_df2"),
)
```

▼

	A_df1	B	C_df1	A_df2	C_df2	D
0	1	10	100	4	10	100
1	1	10	100	2	20	200
2	1	10	100	3	30	400
3	2	20	200	4	10	100
4	2	20	200	2	20	200
5	2	20	200	3	30	400
6	3	30	300	4	10	100
7	3	30	300	2	20	200
8	3	30	300	3	30	400

NOTE

merge() 関数の注意点

キーとなる列に欠損値が含まれている場合、merge() 関数は互いに欠損値であるキーもマッチさせます。この動作はSQL 文の結合と異なるため、注意が必要です。

```
import numpy as np

pd.merge(
    pd.DataFrame({"a": [np.nan, 1, 2]}),
    pd.DataFrame({"a": [1, 3, np.nan, np.nan]}),
)
```

▼

	a
0	NaN
1	NaN
2	1.0

重複したキーの検証

DataFrameを結合する際にキーとなる列に重複がないことを確認できます。merge()関数の引数validateに"one_to_one"を渡すと、キーの値が1：1であることを検証します。

次のコードでは、df5のキーとなる「A」列に重複があるため、MergeError例外が送出されます。

```
df5 = pd.DataFrame(
    [
        [1, 10, 100],
```

```
        [2, 20, 200],
        [2, 20, 200],
    ],
    index=list("abc"),
    columns=list("ABC"),
)
df5
```

▼

	A	B	C
a	1	10	100
b	2	20	200
c	2	20	200

```
pd.merge(df1, df5, on="A", validate="one_to_one")
```

▼

```
---------------------------------------------------------------------------
MergeError                                Traceback (most recent call last)
Cell In[22], line 1
----> 1 pd.merge(df1, df5, on="A", validate="one_to_one")

File ~/.local/lib/python3.11/site-packages/pandas/core/reshape/merge.py:148, in merge(left,
right, how, on, left_on, right_on, left_index, right_index, sort, suffixes, copy, indicator,
validate)
    131 @Substitution("\nleft : DataFrame or named Series")
    132 @Appender(_merge_doc, indents=0)
    133 def merge(
   (...)
    146     validate: str | None = None,
    147 ) -> DataFrame:
--> 148     op = _MergeOperation(
    149         left,
    150         right,
    151         how=how,
    152         on=on,
    153         left_on=left_on,
    154         right_on=right_on,
    155         left_index=left_index,
    156         right_index=right_index,
    157         sort=sort,
    158         suffixes=suffixes,
    159         indicator=indicator,
    160         validate=validate,
...
   1586         )
   1588 elif validate in ["one_to_many", "1:m"]:
   1589     if not left_unique:

MergeError: Merge keys are not unique in right dataset; not a one-to-one merge
```

merge()関数の引数validateに"one_to_many"を渡すと、キーの値が1 ： n（マージ元のキーが一意）であることを検証します。

次のコードでは、df1の「A」列に重複がないため、DataFrameが正常に結合されます。

```
pd.merge(
    df1,
    df5,
    on="A",
    validate="one_to_many",
)
```

▼

	A	B_x	C_x	B_y	C_y
0	1	10	100	10	100
1	2	20	200	20	200
2	2	20	200	20	200

近い値での結合

merge_asof()関数は、引数onで指定した列の値が近い要素を結合します。引数toleranceに結合するための公差（基準値と許容される範囲の最大値と最小値の差）を指定できます。

次のコードでは、時系列データのDataFrameを生成し、「timestamp」列から2秒以内の値の要素を結合したDataFrameを生成しています。

```
rng = np.random.default_rng(1)


def generate_date_range(size):
    return pd.date_range(
        "2022-01-01",
        freq="1s",
        periods=size,
    ) + pd.Series(rng.integers(0, 1000, size=size)).map(
        lambda x: pd.Timedelta(x, "ms")
    )


ts_df1 = pd.DataFrame(
    {
        "timestamp": generate_date_range(10),
        "data": rng.random(size=10),
    }
)
ts_df2 = pd.DataFrame(
    {
        "timestamp": generate_date_range(10),
```

```
        "data": rng.random(size=10),
    }
)
display(ts_df1, ts_df2)
```

	timestamp	data
0	2022-01-01 00:00:00.473	0.423326
1	2022-01-01 00:00:01.511	0.827703
2	2022-01-01 00:00:02.755	0.409199
3	2022-01-01 00:00:03.950	0.549594
4	2022-01-01 00:00:04.034	0.027559
5	2022-01-01 00:00:05.144	0.753513
6	2022-01-01 00:00:06.822	0.538143
7	2022-01-01 00:00:07.948	0.329732
8	2022-01-01 00:00:08.249	0.788429
9	2022-01-01 00:00:09.311	0.303195

	timestamp	data
0	2022-01-01 00:00:00.124	0.750365
1	2022-01-01 00:00:01.453	0.280409
2	2022-01-01 00:00:02.976	0.485191
3	2022-01-01 00:00:03.134	0.980737
4	2022-01-01 00:00:04.383	0.961657
5	2022-01-01 00:00:05.403	0.724790
6	2022-01-01 00:00:06.903	0.541227
7	2022-01-01 00:00:07.203	0.276891
8	2022-01-01 00:00:08.502	0.160652
9	2022-01-01 00:00:09.262	0.969925

```
pd.merge_asof(
    ts_df1,
    ts_df2,
    on="timestamp",
    tolerance=pd.Timedelta("2s"),
)
```

	timestamp	data_x	data_y
0	2022-01-01 00:00:00.473	0.423326	0.750365
1	2022-01-01 00:00:01.511	0.827703	0.280409
2	2022-01-01 00:00:02.755	0.409199	0.280409
3	2022-01-01 00:00:03.950	0.549594	0.980737
4	2022-01-01 00:00:04.034	0.027559	0.980737
5	2022-01-01 00:00:05.144	0.753513	0.961657
6	2022-01-01 00:00:06.822	0.538143	0.724790
7	2022-01-01 00:00:07.948	0.329732	0.276891
8	2022-01-01 00:00:08.249	0.788429	0.276891
9	2022-01-01 00:00:09.311	0.303195	0.969925

COLUMN DataFrame結合時の関数／メソッドの選び方

本節で解説した `concat()` 関数、`join()` メソッド、`merge()` 関数は、DataFrameの構造や結合条件に応じて使い分けます。

▶ concat() 関数

DataFrameのインデックスがキーとして使える場合は、`concat()` 関数を検討します。インデックスをキーとすることで、高速な処理が期待できます。`concat()` 関数に渡すリストには3つ以上のDataFrameを入れられるため、多数のデータをまとめて処理する場合にも使えます。

▶ join() メソッド

DataFrameのインデックスがキーとして使え、より複雑な条件で結合処理をする場合は `join()` メソッドを検討します。また、キーが列とインデックスの組み合わせの場合も `join()` メソッドが使えます。

▶ merge() 関数

DataFrameの列をキーとして結合する場合は、`merge()` 関数が使えます。

3-2 データの変形

データは、さまざまな形状で提供されています。データを処理する際には、第1章の整然データ p.12 で解説したように、一般的に整然データに変形します。また、整然データから人間が読みやすいような形状に変形したり、利用するフレームワークやライブラリに適した形状に変形する作業も発生します。本節では、データの形状を目的に合わせて変形する方法を解説します。

3-2-1 ピボットとアンピボット

ピボットは、表形式データの列の値に基づいてデータを再形成する処理です。アンピボットは、ピボットされたデータを解除する処理です。図3-8の例では、「名前」を行にとり、「科目」を列にとって変形した処理が「ピボット」になり、その逆の処理が「アンピボット」になります。

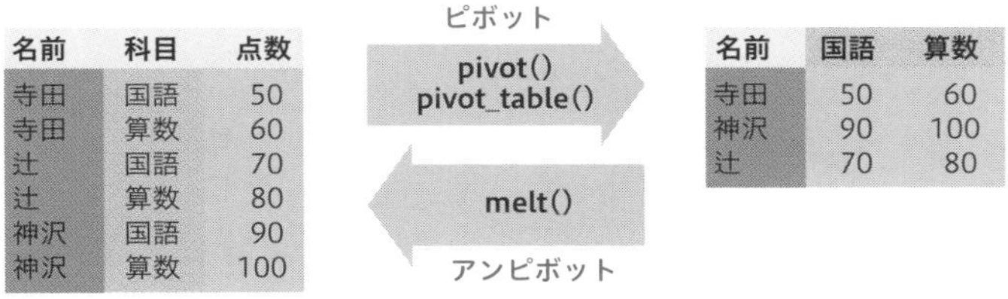

名前	科目	点数
寺田	国語	50
寺田	算数	60
辻	国語	70
辻	算数	80
神沢	国語	90
神沢	算数	100

名前	国語	算数
寺田	50	60
神沢	90	100
辻	70	80

図3-8 ピボットとアンピボット

ピボット

ピボット処理は、pivot()メソッドやpivot_table()メソッドから行えます。ここでは、データセットtips[※3]から「smoker」列と「time」列をもとに集計します。「smoker」列は「Yes」と「No」、「time」列は「Lunch」と「Dinner」のカテゴリーデータ[※4]です。

```
import pandas as pd

tips = pd.read_csv(
    "https://raw.githubusercontent.com/plotly/datasets/master/tips.csv",
    dtype={
        "sex": "category",
        "smoker": "category",
        "day": "category",
        "time": "category",
    },
)
tips.head()
```

▼

	total_bill	tip	sex	smoker	day	time	size
0	16.99	1.01	Female	No	Sun	Dinner	2
1	10.34	1.66	Male	No	Sun	Dinner	3
2	21.01	3.50	Male	No	Sun	Dinner	3
3	23.68	3.31	Male	No	Sun	Dinner	2
4	24.59	3.61	Female	No	Sun	Dinner	4

次のコードでは、「smoker」と「time」の組み合わせで集計しています。DataFrameのpivot_table()メソッドは、引数indexに渡した列名を行、引数columnsに渡した列名を列として、引数valuesに渡した列名の値で集計します。引数aggfuncを省略すると、平均値（numpy.mean）を算出します。

```
tips.pivot_table(
    index="smoker",
    columns="time",
    values="total_bill",
)
```

▼

time	**Dinner**	**Lunch**
smoker		
No	20.095660	17.050889
Yes	21.859429	17.399130

※3　Tipping data
https://rdrr.io/cran/reshape2/man/tips.html

※4　カテゴリーデータについては、3-3 カテゴリーデータの処理 p.100 を参照してください。

pivot_table()メソッドの引数aggfuncに関数名を渡すと、指定した関数で集計します。

次のコードでは、前のコードの組み合わせから中央値を算出しています。

```
tips.pivot_table(
    index="smoker",
    columns="time",
    values="total_bill",
    aggfunc="median",
)
```

▼

time	Dinner	Lunch
smoker		
No	18.265	15.95
Yes	20.695	16.00

pivot_table()メソッドの引数marginsにTrueを渡すと、各行、各列ごとの集計結果を「All」行、「All」列として追加します。次のコードではピボット処理で平均値を集計した結果に「time」と「smoker」それぞれの集計結果を「All」に追加しています。

```
tips.pivot_table(
    index="time",
    columns="smoker",
    values="size",
    margins=True,
)
```

▼

smoker	No	Yes	All
time			
Dinner	2.735849	2.471429	2.630682
Lunch	2.511111	2.217391	2.411765
All	2.668874	2.408602	2.569672

複数の列や値を集計対象にする場合は、リストに入れて渡します。

次のコードでは、「day」と「time」を行にとり、「smoker」と「sex」を列にとって集計をしています。値は、「size」の度数（データの数）を算出しています[※5]。

※5　集計対象が複数となるDataFrameのインデックスは、階層構造を持つMultiIndexとなります。詳細については、3-5 階層型インデックス（MultiIndex）p.119 を参照してください。

```
tips.pivot_table(
    index=["day", "time"],
    columns=["smoker", "sex"],
    values=["size"],
    aggfunc="count",
)
```

▼

		size			
	smoker	No		Yes	
	sex	Female	Male	Female	Male
day	time				
Fri	Dinner	1	2	4	5
	Lunch	1	0	3	3
Sat	Dinner	13	32	15	27
	Lunch	0	0	0	0
Sun	Dinner	14	43	4	15
	Lunch	0	0	0	0
Thur	Dinner	1	0	0	0
	Lunch	24	20	7	10

crosstab()関数は、pivot_table()メソッドと同様の処理を行えます。引数index、columns、valuesにarray-likeを渡すことで集計します。

NOTE　**array-like**

array-likeとは、配列のようなオブジェクトを指します。numpy.arrayが引数として受け取れるオブジェクトは、array-likeになります。

```
# 下記のコードと同じ処理
# tips.pivot_table(
#     index="day", columns="time", values="tip", aggfunc="count"
# )
pd.crosstab(
    index=tips.loc[:, "day"],
    columns=tips.loc[:, "time"],
    values=tips.loc[:, "tip"],
    aggfunc="count",
)
```

▼

time	Dinner	Lunch
day		
Fri	12	7
Sat	87	0
Sun	76	0
Thur	1	61

crosstab()関数の引数valuesを省略すると、度数を集計します。引数normalizeにTrueを渡すと、正規化（すべての値を値の合計で割る）した値を算出します。

```
pd.crosstab(
    index=tips.loc[:, "day"],
    columns=tips.loc[:, "time"],
    normalize=True,
)
```

▼

time day	Dinner	Lunch
Fri	0.049180	0.028689
Sat	0.356557	0.000000
Sun	0.311475	0.000000
Thur	0.004098	0.250000

アンピボット

アンピボットは、ピボットされたデータを解除する処理です。ここでは、本節のピボット p.90 でピボットしたDataFrameを整然データに変形します。

```
pivoted_tips = tips.pivot_table(
    index="smoker",
    columns="time",
    values="total_bill",
).reset_index()
pivoted_tips
```

▼

time	smoker	Dinner	Lunch
0	No	20.095660	17.050889
1	Yes	21.859429	17.399130

ピボットされたデータをアンピボットするには、DataFrameからmelt()メソッドに表3-2の引数を渡して実行します。

```
pivoted_tips.melt(
    id_vars=["smoker"],
    value_vars=["Dinner", "Lunch"],
    var_name=["time"],
    value_name="total_bill",
)
```

▼

	smoker	time	total_bill
0	No	Dinner	20.095660
1	Yes	Dinner	21.859429
2	No	Lunch	17.050889
3	Yes	Lunch	17.399130

表3-2　melt()メソッドの引数

引数名	説明
id_vars	列として識別する列名
value_vars	ピボットを解除する列名、指定しない場合はすべての列を使用する
var_name	value_varsに付ける列名
value_name	値の列に付ける列名、省略すると"value"が付けられる

3-2-2 スタックとアンスタック

スタックは、複数列から構成されるデータを1次元に積み上げる処理です。アンスタックは、階層化されたインデックスを列に展開する処理です。図3-9のようにスタックしたデータはアンスタックすると、元のデータに戻ります。

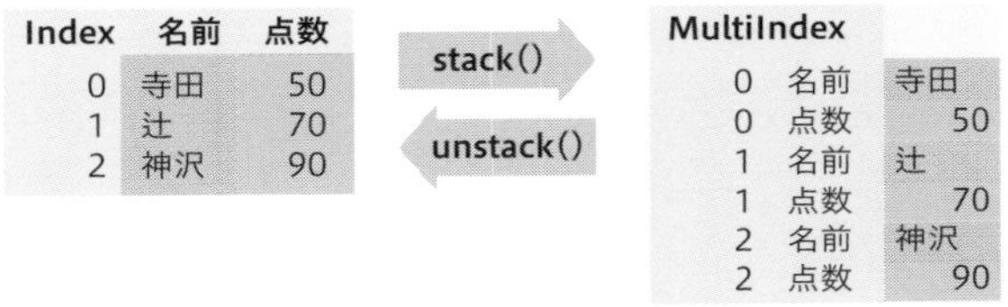

図3-9　スタックとアンスタック

スタック

データをスタックするには、DataFrameのstack()メソッドを実行します。列名が各要素のインデックスになり、元のインデックスを親階層に持つMultiIndexになります※6。

```
tips_stacked = tips.stack()
tips_stacked.head(14)
```

▼

```
0  total_bill     16.99
   tip             1.01
   sex           Female
   smoker            No
   day              Sun
   time          Dinner
   size               2
1  total_bill     10.34
   tip             1.66
   sex             Male
   smoker            No
```

※6　MultiIndexについては、3-5 階層型インデックス（MultiIndex）p.119 を参照してください。

```
    day                Sun
    time            Dinner
    size                 3
dtype: object
```

```
tips_stacked.index[:14]
```

```
MultiIndex([(0, 'total_bill'),
            (0,        'tip'),
            (0,        'sex'),
            (0,     'smoker'),
            (0,        'day'),
            (0,       'time'),
            (0,       'size'),
            (1, 'total_bill'),
            (1,        'tip'),
            (1,        'sex'),
            (1,     'smoker'),
            (1,        'day'),
            (1,       'time'),
            (1,       'size')],
           )
```


アンスタック

データをアンスタックするには、DataFrameのunstack()メソッドを実行します。

```
tips_stacked.unstack()
```

	total_bill	tip	sex	smoker	day	time	size
0	16.99	1.01	Female	No	Sun	Dinner	2
1	10.34	1.66	Male	No	Sun	Dinner	3
2	21.01	3.5	Male	No	Sun	Dinner	3
3	23.68	3.31	Male	No	Sun	Dinner	2
4	24.59	3.61	Female	No	Sun	Dinner	4
...	...	...	...	...	...	...	...
239	29.03	5.92	Male	No	Sat	Dinner	3
240	27.18	2.0	Female	Yes	Sat	Dinner	2
241	22.67	2.0	Male	Yes	Sat	Dinner	2
242	17.82	1.75	Male	No	Sat	Dinner	2
243	18.78	3.0	Female	No	Thur	Dinner	2

244 rows × 7 columns

MultiIndexのスタックとアンスタック

ここでは、DataFrameをグループ化[※7]し、MultiIndexを持つDataFrameを生成します。

```
groupby_time = tips.groupby("time")[  # time列でグループ化
    # グループ化したオブジェクトから列を選択
    ["total_bill", "tip"]                                      ←①
].agg(
    ("mean", "median")
)  # 平均値と中央値を算出
groupby_time.columns.names = (
    "value",
    "agg",                                                     ←②
)  # インデックスに名前を設定
groupby_time
```

▼

value agg time	total_bill mean	 median	tip mean	 median
Dinner	20.797159	18.390	3.102670	3.00
Lunch	17.168676	15.965	2.728088	2.25

①の処理では、DataFrameを「total_bill」列と「tip」列でグループ化し、平均値と中央値を算出しています。②の処理では、MultiIndex[※8]の各階層に名前を付けています。

MultiIndexの列を持つDataFrameをスタックする際に、スタック対象の階層（レベル）を指定するには、stack()メソッドの引数に、階層の順序またはインデックスの名前を渡します。

```
# level=0がvalue、level=1がagg
groupby_time.columns.names
```

▼

```
FrozenList(['value', 'agg'])
```

```
groupby_time.stack(0)  # インデックスの順序
```

▼

time	agg value	mean	median
Dinner	**tip**	3.102670	3.000
	total_bill	20.797159	18.390
Lunch	**tip**	2.728088	2.250
	total_bill	17.168676	15.965

※7　データのグループ化については、3-4 データのグループ化 p.112 を参照してください。
※8　MultiIndex については、3-5 階層型インデックス（MultiIndex） p.119 を参照してください。

```
groupby_time.stack("agg")  # インデックスの名前
```

▼

	value	total_bill	tip
time	agg		
Dinner	mean	20.797159	3.102670
	median	18.390000	3.000000
Lunch	mean	17.168676	2.728088
	median	15.965000	2.250000

同様に、MultiIndexの行を持つDataFrameをアンスタックする際に、スタック対象の階層（レベル）を指定するには、unstack()メソッドの引数に、階層の順序またはインデックスの名前を渡します。

```
groupby_time_stack = groupby_time.stack("value")
groupby_time_stack
```

▼

	agg	mean	median
time	value		
Dinner	tip	3.102670	3.000
	total_bill	20.797159	18.390
Lunch	tip	2.728088	2.250
	total_bill	17.168676	15.965

```
# level=0がtime、level=1がvalue
groupby_time_stack.index.names
```

▼

```
FrozenList(['time', 'value'])
```

```
groupby_time_stack.unstack(1)
```

▼

agg	mean	total_bill	median	
value	tip		tip	total_bill
time				
Dinner	3.102670	20.797159	3.00	18.390
Lunch	2.728088	17.168676	2.25	15.965

```
groupby_time_stack.unstack("time")
```

▼

agg	mean		median	
time	Dinner	Lunch	Dinner	Lunch
value				
tip	3.102670	2.728088	3.00	2.250
total_bill	20.797159	17.168676	18.39	15.965

3-2-3 ダミー変数

ダミー変数とは、カテゴリーデータ（質的変数）※9をTrue（1）またはFalse（0）の2値に変換した変数です。ダミー変数はカテゴリー数に応じて増加し、pandasから利用する場合は各変数が列に展開されます。機械学習などのフレームワークやライブラリ（scikit-learnなど）によっては、カテゴリーデータをダミー変数に変換して入力します。

get_dummies()関数は、カテゴリーデータをダミー変数に変換します。次のコードは、Seriesをダミー変数に変換しています。

```
pd.get_dummies(tips.loc[:, "day"])
```

▼

	Fri	Sat	Sun	Thur
0	FALSE	FALSE	TRUE	FALSE
1	FALSE	FALSE	TRUE	FALSE
2	FALSE	FALSE	TRUE	FALSE
3	FALSE	FALSE	TRUE	FALSE
4	FALSE	FALSE	TRUE	FALSE
...	...	...	...	...
237	FALSE	TRUE	FALSE	FALSE
238	FALSE	TRUE	FALSE	FALSE
239	FALSE	TRUE	FALSE	FALSE
240	FALSE	TRUE	FALSE	FALSE
241	FALSE	TRUE	FALSE	FALSE
242	FALSE	TRUE	FALSE	FALSE
243	FALSE	FALSE	FALSE	TRUE

get_dummies()関数にDataFrameを渡すと、カテゴリーデータの列がすべてダミー変数に変換されます。特定の列をダミー変数に変換する場合は、引数columnsにダミー変数化する列名を入れたリストで渡します。

```
pd.get_dummies(tips, columns=["smoker", "time"]).head()
```

▼

	total_bill	tip	sex	day	size	smoker_No	smoker_Yes	time_Dinner	time_Lunch
0	16.99	1.01	Female	Sun	2	True	False	True	False
1	10.34	1.66	Male	Sun	3	True	False	True	False
2	21.01	3.50	Male	Sun	3	True	False	True	False
3	23.68	3.31	Male	Sun	2	True	False	True	False
4	24.59	3.61	Female	Sun	4	True	False	True	False

※9 カテゴリーデータについては、3-3 カテゴリーデータの処理 p.100 を参照してください。

3-2-4 要素の展開

explode()メソッドは、ネストされた（各要素がリストやタプルなどの複数要素を持つ）データを展開して1次元のデータに変換します。ここでは、リスト型の要素を持ったDataFrameを生成します。

```
students = pd.DataFrame(
    {
        "名前": ["寺田", "辻"],
        "履修科目": [
            ["国語", "英語", "数学"],
            ["英語", "物理"],
        ],
        "得点": [[78, 65, 89], [90, 82]],
    }
)
students
```

▼

	名前	履修科目	得点
0	寺田	[国語, 英語, 数学]	[78, 65, 89]
1	辻	[英語, 物理]	[90, 82]

次のコードでは、Seriesのexplode()メソッドを実行し、要素を展開しています。

```
students.loc[:, "得点"].explode()
```

▼

```
0    78
0    65
0    89
1    90
1    82
Name: 得点, dtype: object
```

DataFrameのexplode()メソッドを実行する場合は、引数に対象の列名を入れたリストを渡します。

```
students.explode(["履修科目", "得点"])
```

▼

	名前	履修科目	得点
0	寺田	国語	78
0	寺田	英語	65
0	寺田	数学	89
1	辻	英語	90
1	辻	物理	82

3-3 カテゴリーデータの処理

本節では、pandasを利用したカテゴリーデータの処理方法を解説します。後述する質的変数をcategory型で処理することで、次のような利点があります。

- カテゴリー上は存在するが、データには存在しない値の処理が行える
- 順序尺度の処理（比較、ソートなど）が行える
- グループ化処理が高速化する

3-3-1 尺度水準

データは、質的変数（カテゴリー変数）、量的変数（連続変数）に分類されます（表3-3）。

表3-3　データの分類

分類	説明	
質的変数	質的変数は離散的な値をとり、数値では表現できない変数	
	名義尺度	血液型や性別など、和や差、比率に意味がなく、比較ができない尺度
	順序尺度	震度や企業格付けなど、比較できるが、和や差、比率に意味がない尺度
量的変数	数や量で測れる変数	
	間隔尺度	気温や暦年など、和や差に意味があるが比率には意味がない尺度
	比例尺度	身長や重さなど、和や差、比率に意味がある尺度

3-3-2 カテゴリーデータの生成

SeriesおよびDataFrameでは、コンストラクタの引数dtypeに"category"を渡すことで、category型を生成できます。

> **NOTE　カテゴリーデータ**
> **本節では、category 型で生成されたデータを「カテゴリーデータ」と表記します。**

次のコードでは、「非常に満足、満足、普通、不満、非常に不満」の5段階の満足度を示す、category型のSeries「survey_ser」を生成しています。この時点では、「非常に満足」はカテゴリーに含まれていません。

```
import pandas as pd
```

```
survey_data = [
    "満足",
    "普通",
    "普通",
    "非常に不満",
    "不満",
]
survey_ser = pd.Series(survey_data, dtype="category")
survey_ser
```

▼

```
0       満足
1       普通
2       普通
3    非常に不満
4       不満
dtype: category
Categories (4, object): ['不満', '普通', '満足', '非常に不満']
```


3-3-3 カテゴリーデータへの型変換

Seriesをcategory型に変換するには、astype()メソッドの引数に"category"を渡して実行します。

```
pd.Series(survey_data).astype("category").dtype
```

▼

```
CategoricalDtype(categories=['不満', '普通', '満足', '非常に不満'], ordered=False)
```

3-3-4 カテゴリーデータの順序付け

satisfaction_serをソートすると、str型と同じ基準でソートされます。

```
survey_ser.sort_values()
```

▼

```
4       不満
1       普通
2       普通
0       満足
3    非常に不満
dtype: category
Categories (4, object): ['不満', '普通', '満足', '非常に不満']
```

次のコードでは、value_counts()メソッドでカテゴリーごとの度数を集計しています。この時点では、「非常に満足」は存在しません。

```
survey_ser.value_counts()
```

▼

```
普通        2
不満        1
満足        1
非常に不満    1
dtype: int64
```

次に、データに存在しなかった「非常に満足」を含めたカテゴリーデータを生成します。CategoricalDtypeクラスは、あらかじめカテゴリーを設定し、さらに順序付けできるcategory型を定義できます。引数categoriesにカテゴリー変数となる一意でかつNULL値を含まないシーケンス型※10を渡します。引数orderedにTrueを渡すことで、カテゴリーを引数categoriesの要素の順序で順序付けできます。

```
rating = pd.CategoricalDtype(
    categories=[
        "非常に不満",
        "不満",
        "普通",
        "満足",
        "非常に満足",
    ],
    ordered=True,
)
new_survey_ser = pd.Series(survey_data, dtype=rating)
new_survey_ser
```

▼

```
0        満足
1        普通
2        普通
3     非常に不満
4        不満
dtype: category
Categories (5, object): ['非常に不満' < '不満' < '普通' < '満足' < '非常に満足']
```

※10 シーケンス型
https://docs.python.org/ja/3/library/stdtypes.html#sequence-types-list-tuple-range

.cat.ordered属性から、順番が設定されているかを確認できます。

```
new_survey_ser.cat.ordered
```

▼

```
True
```


sort_values()メソッドの実行結果から、カテゴリーを設定した順序でソートされたことが確認できます。

```
new_survey_ser.sort_values()
```

▼

```
3       非常に不満
4       不満
1       普通
2       普通
0       満足
dtype: category
Categories (5, object): ['非常に不満' < '不満' < '普通' < '満足' < '非常に満足']
```

順序付けされたカテゴリーデータは、min()メソッドでカテゴリーの先頭を取り出し、max()メソッドでカテゴリーの末尾を取り出せます。

```
new_survey_ser.min()
```

▼

```
'非常に不満'
```

```
new_survey_ser.max()
```

▼

```
'満足'
```

value_counts()メソッドで集計した場合に、データが存在しないカテゴリーは度数が0となります。

```
new_survey_ser.value_counts()
```

▼

```
普通        2
非常に不満    1
不満        1
満足        1
非常に満足    0
dtype: int64
```

describe() メソッドを実行すると、category 型に適した記述統計量が算出されます。

```
new_survey_ser.describe()
```

▼

```
count       5
unique      4
top        普通
freq        2
dtype: object
```

カテゴリーのインデックス（数値）を取得するには、.cat.codes 属性にアクセスします。

```
new_survey_ser.cat.codes
```

▼

```
0    3
1    2
2    2
3    0
4    1
dtype: int8
```

欠損値（NaN）が含まれたカテゴリーは、カテゴリーのインデックス値が -1 になります。

```
import numpy as np

survey_data.append(np.nan)
missing_suvey_data = pd.Series(survey_data, dtype="category")
missing_suvey_data.cat.codes
```

▼

```
0    2
1    1
2    1
```

```
3    3
4    0
5   -1
dtype: int8
```

3-3-5 データの離散化によるカテゴリーデータの生成

cut()関数、qcut()関数[※11]は量的変数を離散化し、質的変数（カテゴリーデータ）に変換します。第1引数xには、データとなる配列を渡し、引数binsにはビン（区間のしきい値）の数を定義します。返り値はcategory型になり、順序付けされます。

次のコードでは、cut()関数を利用して、満足度を示す1から100までの数値（「score」列）と、これを5段階に分割したデータ（「satisfaction」列）を列としたDataFrame（survey_df）を生成しています。

```
rng = np.random.default_rng(1)
score = rng.integers(low=0, high=100, size=10)
satisfaction = pd.cut(
    score,
    bins=[0, 20, 40, 60, 80, 101],  ←──── ①
    right=False,  ←──── ②
    labels=[  ←──── ③
        "非常に不満",
        "不満",
        "普通",
        "満足",
        "非常に満足",
    ],
)
survey_df = pd.DataFrame({"satisfaction": satisfaction, "score": score})
survey_df
```

▼

	satisfaction	score
0	普通	47
1	普通	51
2	満足	75
3	非常に満足	95
4	非常に不満	3
5	非常に不満	14
6	非常に満足	82
7	非常に満足	94
8	不満	24
9	不満	31

※11　分位点ベースで離散化する関数
https://pandas.pydata.org/docs/reference/api/pandas.qcut.html

①では、ビンの分割位置を指定しています。②では、引数`right`に`False`を渡し、ビンの右端を含まないようにします。③では、引数`labels`にビンのラベルを指定しています。ラベルを指定しない場合、最初のビンは`[0, 20)`のように割り当てられます。

次のコードのように、`dtype`属性から`cut()`関数で生成したオブジェクトは`category`型であること、`.cat.ordered`属性から順序付けされていることが確認できます。

```
survey_df.dtypes
```

▼

```
satisfaction    category
score              int64
dtype: object
```

```
survey_df.loc[:, "satisfaction"].cat.ordered
```

▼

```
True
```

離散化したデータは、グループ化処理※12が行えます。次のコードでは「satisfaction」列で`DataFrame`をグループ化し、カテゴリーごとの平均値を算出しています。

```
survey_df.groupby("satisfaction").mean()
```

▼

	score
satisfaction	
非常に不満	8.500000
不満	27.500000
普通	49.000000
満足	75.000000
非常に満足	90.333333

3-3-6 .catアクセサ

`Series`には、アクセサと呼ばれる、各要素に簡潔にアクセスできる仕組みがあります。`.cat`アクセサは、`category`型の要素にアクセスするアクセサです。`category`型の順序付けを解除するには`.cat.as_unordered()`メソッド、順序を指定するには`.cat.as_ordered()`メソッドを実行します。

※12 グループ化処理については、3-4 データのグループ化 p.112 を参照してください。

```
unordered_satisfaction = survey_df.loc[:, "satisfaction"].cat.as_unordered()
unordered_satisfaction
```

▼

```
0        普通
1        普通
2        満足
3     非常に満足
4     非常に不満
5     非常に不満
6     非常に満足
7     非常に満足
8        不満
9        不満
Name: satisfaction, dtype: category
Categories (5, object): ['非常に不満', '不満', '普通', '満足', '非常に満足']
```

```
unordered_satisfaction.cat.as_ordered()
```

▼

```
0        普通
1        普通
2        満足
3     非常に満足
4     非常に不満
5     非常に不満
6     非常に満足
7     非常に満足
8        不満
9        不満
Name: satisfaction, dtype: category
Categories (5, object): ['非常に不満' < '不満' < '普通' < '満足' < '非常に満足']
```

指定した順に順序付けする際には、.cat.reorder_categories() メソッド、または .cat.set_categories() メソッドの第1引数にIndex-likeオブジェクト（一意の配列）を渡します。

```
unordered_satisfaction.cat.reorder_categories(
    [
        "非常に満足",
        "満足",
        "普通",
        "不満",
        "非常に不満",
    ],
    ordered=True,
```

```
)
```

▼

```
0        普通
1        普通
2        満足
3     非常に満足
4     非常に不満
5     非常に不満
6     非常に満足
7     非常に満足
8        不満
9        不満
Name: satisfaction, dtype: category
Categories (5, object): ['非常に満足' < '満足' < '普通' < '不満' < '非常に不満']
```

`.cat.reorder_categories()` メソッドはカテゴリーを追加できないため、カテゴリーを追加したうえで順序付けを行うには `.cat.set_categories()` メソッドを使います。

```
unordered_satisfaction.cat.set_categories(
    [
        "非常に満足",
        "満足",
        "少し満足",
        "普通",
        "少し不満",
        "不満",
        "非常に不満",
    ],
    ordered=True,
)
```

▼

```
0        普通
1        普通
2        満足
3     非常に満足
4     非常に不満
5     非常に不満
6     非常に満足
7     非常に満足
8        不満
9        不満
Name: satisfaction, dtype: category
Categories (7, object): ['非常に満足' < '満足' < '少し満足' < '普通' < '少し不満' < '不満' < '非常に不
満']
```

3-3-7 CategoricalIndex

CategoricalIndexは、CategoricalDtype型のインデックスです。インデックスに重複した要素を持つデータをカテゴリー化することで、重複したインデックスを効率よく処理できます。また、順序付けされたcategory型を利用することで、インデックスからソートした場合にカテゴリーの順序でソートできます。

次のコードでは、survey_dfからset_index()メソッドを実行し、「satisfaction」列をインデックスに設定しています。「satisfaction」列がcategory型のため、インデックスはCategoricalIndexとなります。

```
new_survey_df = survey_df.set_index("satisfaction")
new_survey_df
```

▼

	score
satisfaction	
普通	47
普通	51
満足	75
非常に満足	95
非常に不満	3
非常に不満	14
非常に満足	82
非常に満足	94
不満	24
不満	31

```
new_survey_df.index
```

▼

```
CategoricalIndex(['普通', '普通', '満足', '非常に満足', '非常に不満', '非常に不満', '非常に満足',
                  '非常に満足', '不満', '不満'],
                 categories=['非常に不満', '不満', '普通', '満足', '非常に満足'], ordered=True,
dtype='category', name='satisfaction')
```

CategoricalIndexにすることで、.locインデクサによるアクセスが高速になります。これは、重複した要素がカテゴリー化されているためです。

```
new_survey_df.loc["非常に満足", :]
```

▼

	score
satisfaction	
非常に満足	95
非常に満足	82
非常に満足	94

インデックスのソート処理は、カテゴリーの順序に従います。

```
new_survey_df.sort_index()
```

▼

satisfaction	score
非常に不満	3
非常に不満	14
不満	24
不満	31
普通	47
普通	51
満足	75
非常に満足	95
非常に満足	82
非常に満足	94

3-3-8 カテゴリーデータの結合

類似した複数のカテゴリーデータを統合する場合があります。カテゴリーデータを結合するには、union_categoricals()関数を実行します。引数にカテゴリーデータを要素にしたリストを渡します。

```
from pandas.api.types import (
    union_categoricals,
)

cat1 = pd.Categorical(
    [
        "普通",
        "満足",
        "非常に満足",
    ]
)
cat2 = pd.Categorical(
    [
        "非常に不満",
        "不満",
        "普通",
    ]
)
union_categoricals([cat1, cat2])
```

▼

```
['普通', '満足', '非常に満足', '非常に不満', '不満', '普通']
Categories (5, object): ['普通', '満足', '非常に満足', '不満', '非常に不満']
```

次のコードのように、順序付けされたカテゴリーデータのすべての要素が合致しない場合は、TypeError例外を送出します。

```
ordered_cat1 = pd.Categorical(
    [
        "普通",
        "満足",
        "非常に満足",
    ],
    ordered=True,
)
ordered_cat2 = pd.Categorical(
    [
        "非常に不満",
        "不満",
        "普通",
    ],
    ordered=True,
)
union_categoricals([ordered_cat1, ordered_cat2])
```

▼

```
---------------------------------------------------------------------------
TypeError                                 Traceback (most recent call last)
Cell In[27], line 17
      1 ordered_cat1 = pd.Categorical(
      2     [
      3         "普通",
   (...)
      7     ordered=True,
      8 )
      9 ordered_cat2 = pd.Categorical(
     10     [
     11         "非常に不満",
   (...)
     15     ordered=True,
     16 )
---> 17 union_categoricals([ordered_cat1, ordered_cat2])

File ~/.local/lib/python3.11/site-packages/pandas/core/dtypes/concat.py:280, in union_
categoricals(to_union, sort_categories, ignore_order)
    278     if all(c.ordered for c in to_union):
    279         msg = "to union ordered Categoricals, all categories must be the same"
--> 280         raise TypeError(msg)
    281     raise TypeError("Categorical.ordered must be the same")
    283 if ignore_order:

TypeError: to union ordered Categoricals, all categories must be the same
```

次のコードのように、union_categoricals()関数の引数ignore_orderにTrueを渡し、順序付けをしないカテゴリーデータにすることで結合できます。

```
union_categoricals(
    [ordered_cat1, ordered_cat2],
    ignore_order=True,
)
```

▼

```
['普通', '満足', '非常に満足', '非常に不満', '不満', '普通']
Categories (5, object): ['普通', '満足', '非常に満足', '不満', '非常に不満']
```

3-4 データのグループ化

データによっては、分類して集計する場合があります。たとえば、学力テストの点数が学年や学級に分類されているケースが挙げられます。本節では、データをカテゴリーごとにグループ化し、グループ化されたデータを処理する方法について解説します。

3-4-1 GroupByオブジェクト

SeriesおよびDataFrameのgroupby()メソッドを実行すると、SeriesGroupByオブジェクトおよびDataFrameGroupByオブジェクトを生成します。

NOTE **GroupByオブジェクト**

本節では、SeriesGroupByオブジェクトおよびDataFrameGroupByオブジェクトを総称して「GroupByオブジェクト」と表記します。

次のコードでは、データセットtips※13から「time」列でグループ化したGroupByオブジェクトを生成しています。

```
import pandas as pd

tips = pd.read_csv(
    "https://raw.githubusercontent.com/plotly/datasets/master/tips.csv",
```

※13 Tipping data
https://rdrr.io/cran/reshape2/man/tips.html

```
    dtype={
        "sex": "category",
        "smoker": "category",
        "day": "category",
        "time": "category",
    },
)
tips.head()
```

	total_bill	tip	sex	smoker	day	time	size
0	16.99	1.01	Female	No	Sun	Dinner	2
1	10.34	1.66	Male	No	Sun	Dinner	3
2	21.01	3.50	Male	No	Sun	Dinner	3
3	23.68	3.31	Male	No	Sun	Dinner	2
4	24.59	3.61	Female	No	Sun	Dinner	4

```
tips_groupby_time = tips.groupby("time")
type(tips_groupby_time)
```

```
pandas.core.groupby.generic.DataFrameGroupBy
```

```
total_bill_groupby_time = tips.loc[:, "total_bill"].groupby(
    tips.loc[:, "time"]
)
type(total_bill_groupby_time)
```

```
pandas.core.groupby.generic.SeriesGroupBy
```

DataFrameを複数列でグループ化するには、groupby()メソッドの引数に列名を入れたリストを渡します。

```
tips.groupby(["day", "time"])
```

```
<pandas.core.groupby.generic.DataFrameGroupBy object at 0x7efe6be8b940>
```

GroupByオブジェクトのget_group()メソッドを実行すると、第1引数に指定されたキーに該当する要素を返します。

次のコードでは、tipsから「time」列の値が"Dinner"のデータを取得しています。

```
tips_groupby_time.get_group("Dinner").head()
```

▼

	total_bill	tip	sex	smoker	day	time	size
0	16.99	1.01	Female	No	Sun	Dinner	2
1	10.34	1.66	Male	No	Sun	Dinner	3
2	21.01	3.50	Male	No	Sun	Dinner	3
3	23.68	3.31	Male	No	Sun	Dinner	2
4	24.59	3.61	Female	No	Sun	Dinner	4

GroupByオブジェクトから、head()メソッドを実行することで、各要素の先頭行にアクセスできます。

```
tips_groupby_time.head(2)
```

▼

	total_bill	tip	sex	smoker	day	time	size
0	16.99	1.01	Female	No	Sun	Dinner	2
1	10.34	1.66	Male	No	Sun	Dinner	3
77	27.2	4.0	Male	No	Thur	Lunch	4
78	22.76	3.0	Male	No	Thur	Lunch	2

同様に、GroupByオブジェクトから、tail()メソッドを実行することで、各要素の最終行にアクセスできます。

```
tips_groupby_time.tail(2)
```

▼

	total_bill	tip	sex	smoker	day	time	size
225	16.27	2.5	Female	Yes	Fri	Lunch	2
226	10.09	2.0	Female	Yes	Fri	Lunch	2
242	17.82	1.75	Male	No	Sat	Dinner	2
243	18.78	3.0	Female	No	Thur	Dinner	2

GroupByオブジェクトから、nth()メソッドを実行することで、各要素のn行目にアクセスできます。

```
tips_groupby_time.nth(3)
```

▼

	total_bill	tip	sex	smoker	day	time	size
3	23.68	3.31	Male	No	Sun	Dinner	2
80	19.44	3.0	Male	Yes	Thur	Lunch	2

複数列でグループ化したGroupByオブジェクトから、get_group()メソッドを実行する際には、引数にグループ化した列の要素を入れたタプルを渡します。

次のコードでは、「day」列が"Fri"、「time」列が"Dinner"のデータを抽出しています。

```
tips.groupby(["day", "time"]).get_group(("Fri", "Dinner")).head()
```

	total_bill	tip	sex	smoker	day	time	size
90	28.97	3.00	Male	Yes	Fri	Dinner	2
91	22.49	3.50	Male	No	Fri	Dinner	2
92	5.75	1.00	Female	Yes	Fri	Dinner	2
93	16.32	4.30	Female	Yes	Fri	Dinner	2
94	22.75	3.25	Female	No	Fri	Dinner	2

3-4-2 データの集約

GroupByオブジェクトから、記述統計量などを算出するメソッドを実行すると、グループごとの算出結果を返します。代表的なメソッド※14を表3-4に示します。

表3-4　GroupByオブジェクトの代表的な集約メソッド

メソッド	機能概要	メソッド	機能概要
mean()	平均	sem()	標準誤差
sum()	合計	describe()	要約統計量
size()	行数（データ数）	first()	最初の値
count()	欠損値を除いた度数	last()	最後の値
nunique()	一意の要素の数	nth()	n番目の値
std()	標準偏差	min()	最小値
var()	分散	max()	最大値

次のコードでは、GroupByオブジェクトのsum()メソッドを実行して、「time」列のカテゴリー値ごとに合計値を算出しています。数値データの列だけを集約するには、引数numeric_onlyにTrueを渡します。

```
tips_groupby_time.sum(numeric_only=True)
```

▼

	total_bill	tip	size
time			
Dinner	3660.30	546.07	463
Lunch	1167.47	185.51	164

GroupByオブジェクトから特定の列を抽出するには、添え字に列名を渡します。複数列を指定する場合は、リストに入れます。

```
tips_groupby_time[["tip", "total_bill"]].mean()
```

▼

※14 Computations / descriptive stats
https://pandas.pydata.org/pandas-docs/stable/reference/groupby.html#computations-descriptive-stats

	tip	total_bill
time		
Dinner	3.102670	20.797159
Lunch	2.728088	17.168676

aggregate()メソッドは、引数に渡した任意の関数を適用した結果を返します。複数の関数を適用するには、リストに入れます。引数に渡す関数の代わりに、Seriesに属するメソッドやNumPyの関数を文字列で指定できます。次のコードのagg()メソッドは、aggregate()メソッドの別名です。

```
tips_groupby_time["tip"].aggregate(["sum", "mean"])
# or
tips_groupby_time["tip"].agg(["sum", "mean"])
```

▼

	sum	mean
time		
Dinner	546.07	3.102670
Lunch	185.51	2.728088

ユーザーが定義した関数も適用できます。

次のコードでは、定義したmy_funcを適用しています。

```
def my_func(x):
    """2σを算出する関数"""
    return x.std() * 2


tips_groupby_time["total_bill"].aggregate(my_func)
```

▼

```
time
Dinner    18.284058
Lunch     15.427764
Name: total_bill, dtype: float64
```

列ごとに適用する関数を指定する場合は、aggregate()メソッドの引数に、列名をキー、関数を値とした辞書を渡します。

```
tips_groupby_time.aggregate({"total_bill": min, "tip": max})
```

▼

	total_bill	tip
time		
Dinner	3.07	10.0
Lunch	7.51	6.7

apply()メソッドは、aggregate()メソッドと同等な処理を行えます。

次のコードでは、GroupByオブジェクトから定義したmy_func()関数を適用しています。

```
tips_groupby_time["tip"].apply(my_func)
```

```
time
Dinner    2.872486
Lunch     2.410691
Name: tip, dtype: float64
```

apply()メソッドは、より柔軟な関数を扱えるメソッドです。引数には、値やSeriesやDataFrameを返り値に持つ関数を渡せます。

次のコードでは、最小値と最大値を格納するSeriesを返す関数を定義し、apply()メソッドで適用しています。

```
def min_max_ser(x):
    return pd.Series(
        [x.min(), x.max()],
        index=["min", "max"],
    )


tips_groupby_time["tip"].apply(min_max_ser)
```

```
time
Dinner  min     1.00
        max    10.00
Lunch   min     1.25
        max     6.70
Name: tip, dtype: float64
```

```
def min_max_df(x):
    return pd.DataFrame(
        {
            "min": [x.min()],
            "max": [x.max()],
        },
        index=["min", "max"]
    )

tips_groupby_time["tip"].apply(min_max_df)
```

▼

		min	max
time			
Dinner	min	1	10
	max	1	10
Lunch	min	1.25	6.7
	max	1.25	6.7

3-4-3 GroupByオブジェクトのフィルタリング

GroupByオブジェクトの`filter()`メソッドの引数に`bool`型を返す関数を渡すことで、グループ化したデータに対してフィルタリングを行えます。

次のコードでは、「day」列でグループ化し、この中から「tip」列の平均値が3より大きいデータを抽出しています。

```
over3 = tips.groupby("day").filter(lambda x: x["tip"].mean() > 3)
over3.head()
```

▼

	total_bill	tip	sex	smoker	day	time	size
0	16.99	1.01	Female	No	Sun	Dinner	2
1	10.34	1.66	Male	No	Sun	Dinner	3
2	21.01	3.50	Male	No	Sun	Dinner	3
3	23.68	3.31	Male	No	Sun	Dinner	2
4	24.59	3.61	Female	No	Sun	Dinner	4

`unique()`メソッドの結果から、フィルタリングされたデータは日曜日のみであることが確認できます。

```
over3.loc[:, "day"].unique()
```

▼

```
['Sun']
Categories (4, object): ['Fri', 'Sat', 'Sun', 'Thur']
```

3-4-4 GroupByオブジェクトのデータの可視化

GroupByオブジェクトには、グループ化したデータを可視化するメソッドが用意されています。

次のコードは、`tips`を「time」列でグループ化し、GroupByオブジェクトの`boxplot()`メソッドを実行して箱ひげ図[※15]を描画しています。

※15　箱ひげ図については、第5章の箱ひげ図 p.174 を参照してください。

```
tips.groupby("time").boxplot();
```

▼

3-5 階層型インデックス（MultiIndex）

本節では、階層構造を持つインデックスであるMultiIndexの生成や操作方法について解説します。データをグループ化したり、変形した場合には、データが階層構造を持ち、インデックスもMultiIndexとなります。MultiIndexにアクセスする方法を理解することで、階層構造を持つデータ処理が行えます。

3-5-1 MultiIndexの生成

MultiIndexは、pandasのインデックスの１つで、階層構造を持ちます。本節では、次のような作業を行った際に生成された階層構造を持つインデックスオブジェクトをMultiIndexと表記します。

- `MultiIndex`クラスから生成
- データを変形
- 複数要素をグループ化

NOTE

MultiIndex の目的

MultiIndex を持つ `Series` および `DataFrame` は、主にデータの加工結果をレポートする目的で生成されます。そのため、MultiIndex を前提としたデータ生成は一般的には行いません。本項では、MultiIndex の構造を理解するために、MultiIndex の生成方法を解説しています。

次のコードではMultiIndexクラスのfrom_tuples()メソッドを実行してMultiIndexを生成しています。引数には、タプルまたはリストを渡します。ここでは各要素に2つの要素を持つリストを渡しているため、2つの階層を持つMultiIndexが生成されます。また、引数namesに各階層の名前を指定できます。

```
import pandas as pd

pd.MultiIndex.from_tuples(
    [
        ["1年", "A組"],
        ["1年", "B組"],
        ["2年", "A組"],
        ["2年", "B組"],
    ],
    names=["学年", "学級"],
)
```

▼

```
MultiIndex([('1年', 'A組'),
            ('1年', 'B組'),
            ('2年', 'A組'),
            ('2年', 'B組')],
           names=['学年', '学級'])
```

次のコードでは、MultiIndexクラスのfrom_product()メソッドを実行して、指定した要素を組み合わせたMultiIndexを生成しています。引数には組み合わせを生成するためのイテラブルオブジェクトを渡します。

```
ix = pd.MultiIndex.from_product(
    [
        ["1年", "2年", "3年"],
        ["A組", "B組", "C組"],
    ],
    names=["学年", "学級"],
)
ix
```

▼

```
MultiIndex([('1年', 'A組'),
            ('1年', 'B組'),
            ('1年', 'C組'),
            ('2年', 'A組'),
            ('2年', 'B組'),
            ('2年', 'C組'),
            ('3年', 'A組'),
            ('3年', 'B組'),
```

```
           ('3年', 'C組')],
          names=['学年', '学級'])
```

ほかのインデックスと同様に、MultiIndexはSeriesおよびDataFrameのラベルとして利用できます。

次のコードでは、Seriesのコンストラクタの引数indexにMultiIndexを渡して、MultiIndexを持つSeriesを生成しています。

```
import numpy as np

rng = np.random.default_rng(1)
ser = pd.Series(rng.integers(0, 100, size=9), index=ix)
ser
```

▼

```
学年  学級
1年  A組   47
     B組   51
     C組   75
2年  A組   95
     B組    3
     C組   14
3年  A組   82
     B組   94
     C組   24
dtype: int64
```

pandas.display.multi_sparse属性をFalseにすることで、スパース（疎）なデータを埋めて出力できます。

```
pd.options.display.multi_sparse = False
ser
```

▼

```
学年  学級
1年  A組   47
1年  B組   51
1年  C組   75
2年  A組   95
2年  B組    3
2年  C組   14
3年  A組   82
3年  B組   94
3年  C組   24
dtype: int64
```

次のコードでは、DataFrameのコンストラクタの引数indexにMultiIndexを渡して、MultiIndexを持つDataFrameを生成しています。

```
df = pd.DataFrame(
    {
        "国語": rng.integers(0, 100, size=9),
        "数学": rng.integers(0, 100, size=9),
    },
    index=ix,
)
df
```

▼

		国語	数学
学年	学級		
1年	A組	31	8
1年	B組	86	2
1年	C組	42	86
2年	A組	27	75
2年	B組	82	83
2年	C組	25	53
3年	A組	40	81
3年	B組	64	32
3年	C組	54	45

MultiIndexのnames属性から、各階層の名前にアクセスできます。

```
ix.names
```

▼

```
FrozenList(['学年', '学級'])
```

set_names()メソッドは、name属性を引数に渡した値に変更して返します。

```
ix.set_names(["grade", "class"])
```

▼

```
MultiIndex([('1年', 'A組'),
            ('1年', 'B組'),
            ('1年', 'C組'),
            ('2年', 'A組'),
            ('2年', 'B組'),
            ('2年', 'C組'),
            ('3年', 'A組'),
            ('3年', 'B組'),
            ('3年', 'C組')],
           names=['grade', 'class'])
```

MultiIndexの階層ごとのラベルにアクセスするには、get_level_values()メソッドを実行します。引数には、階層の順序（0が親階層）または名前を渡します。

次のコードでは、MultiIndexの親階層（学年）のラベルにアクセスしています。

```
ix.get_level_values(0)
# or
ix.get_level_values("学年")
```

▼

```
Index(['1年', '1年', '1年', '2年', '2年', '2年', '3年', '3年', '3年'], dtype='object', name='学年')
```

次のコードでは、MultiIndexの子階層（学級）のラベルにアクセスしています。

```
ix.get_level_values(1)
# or
ix.get_level_values("学級")
```

▼

```
Index(['A組', 'B組', 'C組', 'A組', 'B組', 'C組', 'A組', 'B組', 'C組'], dtype='object', name='学級')
```

MultiIndexのラベルを変更するには、set_levels()メソッドを実行します。引数にラベルとなるデータを渡し、引数levelsに階層を指定します。

```
ix.set_levels(
    [
        ["1年", "2年", "3年"],
        ["1組", "2組", "3組"],
    ]
)
# or
ix.set_levels(["1組", "2組", "3組"], level=1)
```

▼

```
MultiIndex([('1年', '1組'),
            ('1年', '2組'),
            ('1年', '3組'),
            ('2年', '1組'),
            ('2年', '2組'),
            ('2年', '3組'),
            ('3年', '1組'),
            ('3年', '2組'),
            ('3年', '3組')],
           names=['学年', '学級'])
```

rename()メソッドによる変更もできます。引数に変更前のラベルをキー、変更後のラベルを値とした辞書を渡します。

```
df.rename({"A組": "1組", "B組": "2組", "C組": "3組"})
```

▼

		国語	数学
学年	学級		
1年	1組	31	8
1年	2組	86	2
1年	3組	42	86
2年	1組	27	75
2年	2組	82	83
2年	3組	25	53
3年	1組	40	81
3年	2組	64	32
3年	3組	54	45

SeriesおよびDataFrameのMultiIndexの階層名を変更するには、rename_axis()メソッドを実行します。行の場合は引数index、列の場合は引数columnsにlist-likeを渡します。

```
df.rename_axis(index=["grade", "class"])
```

▼

		国語	数学
grade	class		
1年	A組	31	8
1年	B組	86	2
1年	C組	42	86
2年	A組	27	75
2年	B組	82	83
2年	C組	25	53
3年	A組	40	81
3年	B組	64	32
3年	C組	54	45

3-5-2 MultiIndexを持つオブジェクトへのアクセス

MultiIndexを持つSeriesおよびDataFrameにアクセスするには、.locインデクサやxs()メソッドを使います。

.locインデクサの添え字に値を渡した場合は、親階層のラベルにアクセスします。次のコードでは、親階層が「1年」の要素にアクセスしています。

```
ser.loc["1年"]
```

▼

```
学級
A組    47
B組    51
C組    75
dtype: int64
```

```python
df.loc["1年", :]
```

▼

学級	国語	数学
A組	31	8
B組	86	2
C組	42	86

.locインデクサから複数の階層にアクセスするには、階層ごとのラベルを格納したタプルを渡します。

```python
ser.loc[("1年", "B組")]
```

▼

```
51
```

```python
df.loc[("1年", "B組"), :]
```

▼

```
国語    86
数学     2
Name: (1年, B組), dtype: int64
```

MultiIndexは、ほかのインデックスと同様に、スライスやリストによるアクセスができます。

```python
ser.loc["2年":]
```

▼

```
学年  学級
2年  A組    95
2年  B組     3
2年  C組    14
3年  A組    82
3年  B組    94
3年  C組    24
dtype: int64
```

```
df.loc[["1年", "3年"], :]
```

▼

		国語	数学
学年	学級		
1年	A組	31	8
1年	B組	86	2
1年	C組	42	86
3年	A組	40	81
3年	B組	64	32
3年	C組	54	45

タプル内の要素をスライス処理する場合、Pythonの構文上、`(:, :)`のようにタプル内には`:`を記述できません。

```
>>> (:, :)
    (:, :)
     ^
SyntaxError: invalid syntax
```

したがって、タプル内でスライス処理を行うには、組み込み関数の`slice()`を利用します。

```
ser.loc[(slice(None), slice("B組", None))]
```

▼

```
学年  学級
1年  B組    51
1年  C組    75
2年  B組     3
2年  C組    14
3年  B組    94
3年  C組    24
dtype: int64
```

```
df.loc[(slice(None), slice("B組", None)), :]
```

▼

		国語	数学
学年	学級		
1年	B組	86	2
1年	C組	42	86
2年	B組	82	83
2年	C組	25	53
3年	B組	64	32
3年	C組	54	45

`IndexSlice`クラスを利用することで、タプルの要素に対して`:`によるスライス記法が利用できます。

添え字の要素にIndexSliceクラスを渡し、IndexSliceクラスの添え字に:によるスライスを記述します。

```
ser.loc[
    (
        pd.IndexSlice[:],
        pd.IndexSlice["B組":],
    )
]
```

▼

```
学年  学級
1年   B組     51
1年   C組     75
2年   B組      3
2年   C組     14
3年   B組     94
3年   C組     24
dtype: int64
```

```
df.loc[
    (
        pd.IndexSlice[:],
        pd.IndexSlice["B組":],
    ),
    :,
]
```

▼

		国語	数学
学年	学級		
1年	B組	86	2
1年	C組	42	86
2年	B組	82	83
2年	C組	25	53
3年	B組	64	32
3年	C組	54	45

IndexSliceクラスの添え字には、boolインデックスが渡せます。

次のコードでは、親階層（学年）のラベルが「3年」でかつ、「国語」列の値が50より大きいデータを抽出しています。

```
df.loc[
    (
        "3年",
        pd.IndexSlice[df.loc[:, "国語"] > 50],
    ),
```

```
    :,
]
```

		国語	数学
学級	学年		
3年	B組	64	32
3年	C組	54	45

Seriesの場合は、.locインデクサの添え字に階層を「,」で区切ってラベルを渡せます。Seriesは1次元データのため、この記法が利用できます。この方法を利用することで、スライス処理を簡潔に記述できます。

```
ser.loc[:, "B組":]
```

```
学年  学級
1年  B組    51
1年  C組    75
2年  B組     3
2年  C組    14
3年  B組    94
3年  C組    24
dtype: int64
```

DataFrameの場合は、行または列を指定することにより、添え字の記述方法をSeriesと同じようにできます。行のラベルにするには引数axisに0を渡し、列のラベルにするには引数axisに1を渡します。

```
df.loc(axis=0)[:, "B組"]
```

		国語	数学
学級	学年		
1年	B組	86	2
2年	B組	82	83
3年	B組	64	32

SeriesおよびDataFrameからxs()メソッドを実行してMultiIndexにアクセスできます。第1引数にラベルを渡し、引数levelに階層（名前または順序）を渡します。デフォルトでは、行のラベルにアクセスします。列のラベルにアクセスするには、引数axisに1を渡します。

```
ser.xs("B組", level="学級")
```

```
学年
1年     51
2年      3
3年     94
dtype: int64
```

```
df.xs("B組", level="学級")
```

▼

	国語	数学
学年		
1年	86	2
2年	82	83
3年	64	32

複数の階層にアクセスするには、ラベルと階層をタプルで渡します。

```
ser.xs(
    ("3年", "B組"),
    level=("学年", "学級"),
    axis=0,
)
```

▼

```
学年  学級
3年  B組     94
dtype: int64
```

`xs()`メソッドの引数`level`を省略した場合には、親階層にアクセスします。

```
ser.xs("1年")
```

▼

```
学級
A組     47
B組     51
C組     75
dtype: int64
```

`xs()`メソッドの返り値は、デフォルトでは指定した階層のインデックスが割り当てられます（ほかの階層のインデックスは除外されます）。`xs()`メソッドの実行結果にすべての階層のインデックスを保持する場合には、引数`drop_level`に`False`を渡します。

```
df.xs(
    "B組",
    level="学級",
    axis=0,
    drop_level=False,
)
```

▼

		国語	数学
学級	学年		
1年	B組	86	2
2年	B組	82	83
3年	B組	64	32

3-5-3 MultiIndexのグループ化とアライメント

MultiIndexの要素を基にグループ化するには、SeriesおよびDataFrameのgroupby()メソッドの引数levelにMultiIndexの階層の順序または名前を渡します。

```
group_by_mean = df.groupby(level="学年").mean()
group_by_mean
```

▼

	国語	数学
学年		
1年	53.000000	32.000000
2年	44.666667	70.333333
3年	52.666667	52.666667

SeriesおよびDataFrameのreindex()メソッドの引数には、MultiIndexが渡せます。その際に引数levelに階層を指定すると、その階層の値がブロードキャストされます。

```
group_by_mean.reindex(ix, level="学年")
```

▼

		国語	数学
学年	学級		
1年	A組	53.000000	32.000000
1年	B組	53.000000	32.000000
1年	C組	53.000000	32.000000
2年	A組	44.666667	70.333333
2年	B組	44.666667	70.333333
2年	C組	44.666667	70.333333
3年	A組	52.666667	52.666667
3年	B組	52.666667	52.666667
3年	C組	52.666667	52.666667

同様な処理をalign()メソッドからも行えます。align()メソッドは、メソッドを実行したDataFrameと引数に渡したDataFrameのインデックスを揃えて、それぞれのDataFrameを入れたタプルで返します。MultiIndexを利用する場合は、引数levelに階層を指定します。

```
align1, align2 = df.align(group_by_mean, level="学年")
align1
```

▼

学年	学級	国語	数学
1年	A組	31	8
1年	B組	86	2
1年	C組	42	86
2年	A組	27	75
2年	B組	82	83
2年	C組	25	53
3年	A組	40	81
3年	B組	64	32
3年	C組	54	45

```
align2
```

▼

学年	学級	国語	数学
1年	A組	53.000000	32.000000
1年	B組	53.000000	32.000000
1年	C組	53.000000	32.000000
2年	A組	44.666667	70.333333
2年	B組	44.666667	70.333333
2年	C組	44.666667	70.333333
3年	A組	52.666667	52.666667
3年	B組	52.666667	52.666667
3年	C組	52.666667	52.666667

3-5-4 MultiIndexの階層の変更

swaplevel()メソッドは、MultiIndexの階層を入れ替えます。デフォルト（axis=0）では、行のインデックスに対して親と子の階層を入れ替えます。階層を明示して入れ替えるには引数に階層の順序または名前を渡します。

```
df.swaplevel("学年", "学級")
# or
df.swaplevel()
```

▼

		国語	数学
学年	学級		
A組	1年	31	8
B組	1年	86	2
C組	1年	42	86
A組	2年	27	75
B組	2年	82	83
C組	2年	25	53
A組	3年	40	81
B組	3年	64	32
C組	3年	54	45

`reorder_levels()`メソッドは、MultiIndexを引数に渡した要素順に並べ替えます。

```
school = pd.Series(
    [1, 2],
    index=pd.MultiIndex.from_tuples(
        [
            ["小学校", "1年", "A組"],
            ["中学校", "2年", "B組"],
        ],
        names=["学校", "学年", "学級"],
    ),
)
school
```

▼

```
学校    学年  学級
小学校  1年   A組     1
中学校  2年   B組     2
dtype: int64
```

```
school.reorder_levels(["学年", "学級", "学校"])
```

▼

```
学年  学級  学校
1年   A組   小学校     1
2年   B組   中学校     2
dtype: int64
```

3-5-5 MultiIndexのソート

MultiIndexを持つ`Series`および`DataFrame`から`sort_index()`メソッドでソートした場合、デフォルトでは親階層のラベルをもとにソートされます。MultiIndexのソート対象の階層を指定するには、引数`level`に階層の順序または名前を渡します。

```
grades = list(ix.get_level_values(0))
classes = list(ix.get_level_values(1))
rng.shuffle(grades)
rng.shuffle(classes)
shuffled_df = df.set_index(pd.MultiIndex.from_tuples(zip(grades, classes)))
shuffled_df
```

▼

		国語	数学
1年	A組	31	8
1年	C組	86	2
3年	A組	42	86
1年	B組	27	75
2年	A組	82	83
3年	C組	25	53
2年	B組	40	81
2年	B組	64	32
3年	C組	54	45

次のコードでは、親階層のインデックスでソートしています。

```
shuffled_df.sort_index()
# or
shuffled_df.sort_index(level=0)
```

▼

		国語	数学
1年	A組	31	8
1年	B組	27	75
1年	C組	86	2
2年	A組	82	83
2年	B組	40	81
2年	B組	64	32
3年	A組	42	86
3年	C組	25	53
3年	C組	54	45

次のコードでは、子階層のインデックスでソートしています。

```
shuffled_df.sort_index(level=1)
```

▼

		国語	数学
1年	A組	31	8
2年	A組	82	83
3年	A組	42	86
1年	B組	27	75
2年	B組	40	81
2年	B組	64	32
1年	C組	86	2
3年	C組	25	53
3年	C組	54	45

COLUMN

多次元データと Xarray

3 次元データを扱う場合に pandas 0.20.0 以前までは、Panel クラスが利用できました。これは pandas の名前の由来（panel data※1）でもありましたが、現行のバージョンでは廃止されています。代わりに MultiIndex または Xarray パッケージ※2 の利用を推奨しています。

本コラムでは、多次元データの例として、右表のような MultiIndex を持つ DataFrame（df）を扱います。pressure と temperature は、当日の平均気圧と平均気温を指しています。

date	city	pressure	temperature
2023-07-23	札幌	1011.4	24.6
	仙台	1011.5	25.5
2023-07-24	札幌	1008.3	25.7
	仙台	1009.5	26.2

本章で解説したように、仙台のデータにアクセスする場合は、次のようなコードを記述します。

```
df.loc[(slice(None), "仙台"), :]
```

▶

date	city	pressure	temperature
2023-07-23	仙台	1011.5	25.5
2023-07-24	仙台	1009.5	26.2

MultiIndex でデータを扱う場合は、いくつかの課題が挙げられます。たとえば、本章で扱った「学年、学級」のようなインデックスは階層を持っていることに意味がありますが、「date、city」には上下関係はありません。MultiIndex にアクセスするときに、常に階層の順序を意識するのも煩雑です。

Xarray は多次元データにラベルを付けて、より直感的に扱えるサードパーティ製パッケージです。pandas との互換性があり、DataFrame からは to_xarray() メソッドを使って Xarray の Dataset 型に変換できます。

```
ds = df.to_xarray()
print(ds)
```

▶

```
<xarray.Dataset>
Dimensions:      (date: 2, city: 2)
Coordinates:
  * date         (date) datetime64[ns] 2023-07-23 2023-07-24
  * city         (city) object '仙台' '札幌'
Data variables:
    pressure     (date, city) float64 1.012e+03 1.011e+03
1.01e+03 1.008e+03
    temperature  (date, city) float64 25.5 24.6 26.2 25.7
```

同様に仙台のデータにアクセスします。次のコードのように、より簡潔に記述できます。

```
print(ds.sel(city="仙
台"))
```

▶

```
<xarray.Dataset>
Dimensions:      (date: 2)
Coordinates:
  * date         (date) datetime64[ns] 2023-07-23 2023-07-24
    city         <U2 '仙台'
Data variables:
    pressure     (date) float64 1.012e+03 1.01e+03
    temperature  (date) float64 25.5 26.2
```

※1　pandas: a Foundational Python Library for Data Analysis and Statistics
https://www.dlr.de/sc/Portaldata/15/Resources/dokumente/pyhpc2011/submissions/pyhpc2011_submission_9.pdf

※2　Xarray
http://xarray.pydata.org

第4章

NumPyと数値データ

NumPyのndarray型は、配列の計算に欠かせないデータ型です。また、NumPyで数値を扱うためのデータ型は、Pythonの組み込み型と比べると多くの種類があります。本章では、ndarrayを使った多次元配列の構造とブロードキャスト演算、さらに数値データの型について解説します。

4-1 配列の構造とブロードキャスト

NumPyのndarray型を使って数値の配列データを扱うとき、その構造を正確に把握しておくことは重要です。特にブロードキャスト演算※1など便利で高速な処理を実行するときは、配列の構造を適切に変更する必要があります。

4-1-1 配列の形状を変える

配列は、データが順序を持って並んだデータ構造です。NumPyで配列を扱うには、ndarray型を使います。まずは、簡単な配列を作成してその形を変更します。ndarray型のデータの形状はshape属性で確認でき、reshape()メソッドで変えられます。次のコードは、12個の数字が並んだ1次元配列を作成し、3×4（3行4列）の2次元配列に変換しています。

```
import numpy as np

elm_12 = np.arange(12)
elm_12
```

▼

```
array([ 0,  1,  2,  3,  4,  5,  6,  7,  8,  9, 10, 11])
```

```
elm_12.reshape(3, 4)
```

▼

```
array([[ 0,  1,  2,  3],
       [ 4,  5,  6,  7],
       [ 8,  9, 10, 11]])
```

※1　ブロードキャスト演算については、次項 4-1-2 ブロードキャスト p.139 で解説します。

この例でreshape()メソッドの引数に3と4を別々に渡しているところは、リストやタプルなどのシーケンス型でまとめて渡してもかまいません。また、numpy.reshape()関数でも同じことができますが、こちらは1つ目の引数に配列を、2つ目の引数に変更後の形を指定するリストやタプルをまとめて渡します。

```
np.reshape(elm_12, (2, 6))
```

▼

```
array([[ 0,  1,  2,  3,  4,  5],
       [ 6,  7,  8,  9, 10, 11]])
```

元の配列が、reshape()メソッドで渡された引数の形に変形できない場合は、エラーになります。

```
# 12個の要素があるので、2×5には変形できない
elm_12.reshape(2, 5)
```

▼

```
---------------------------------------------------------------------------
ValueError                                Traceback (most recent call last)
Input In [5], in <cell line: 2>()
      1 # 12個の要素があるので、2×5には変形できない
----> 2 elm_12.reshape(2, 5)

ValueError: cannot reshape array of size 12 into shape (2,5)
```

配列の形状を指定する引数に−1を指定すると、NumPyがその次元の要素の個数を配列全体でつじつまが合うように計算します。この例では、元の配列の要素数は12個なので、1つ目の次元に3を指定すると、2つ目の次元は4に決まります。この4の代わりに−1を指定できます。

```
elm_12.reshape(3, -1)
```

▼

```
array([[ 0,  1,  2,  3],
       [ 4,  5,  6,  7],
       [ 8,  9, 10, 11]])
```

次の例では、2×2×3の配列が得られます。

```
elm_12.reshape(-1, 2, 3)
```

▼

```
array([[[ 0,  1,  2],
        [ 3,  4,  5]],

       [[ 6,  7,  8],
        [ 9, 10, 11]]])
```

reshape()の引数に1を指定すると、新たな次元が追加されます。

```
elm_12.reshape(-1, 1)
```

▼

```
array([[ 0],
       [ 1],
       [ 2],
       [ 3],
       [ 4],
       [ 5],
       [ 6],
       [ 7],
       [ 8],
       [ 9],
       [10],
       [11]])
```

```
elm_12.reshape(1, 12)
```

▼

```
array([[ 0,  1,  2,  3,  4,  5,  6,  7,  8,  9, 10, 11]])
```

要素が1つだけの次元を作りたい場所に1を指定すればよいので、次のような変形も可能です。

```
elm_12.reshape(2, 1, 6)
```

▼

```
array([[[ 0,  1,  2,  3,  4,  5]],
       [[ 6,  7,  8,  9, 10, 11]]])
```

配列の形状を変えず、新たな次元を追加するだけであれば、numpy.newaxisを使った書き方が便利です。

```
elm_12[np.newaxis]
```

```
array([[ 0,  1,  2,  3,  4,  5,  6,  7,  8,  9, 10, 11]])
```

スライス記法と組み合わせると、次元を追加する位置を変更できます。

```
elm_12[:, np.newaxis]
```

```
array([[ 0],
       [ 1],
       [ 2],
       [ 3],
       [ 4],
       [ 5],
       [ 6],
       [ 7],
       [ 8],
       [ 9],
       [10],
       [11]])
```

ちなみに、numpy.newaxisの実体はNoneです。np.newaxisと書くべきところをNoneと記述することもできます。

```
np.newaxis is None
```

```
True
```

4-1-2 ブロードキャスト

NumPyのブロードキャストは強力です。短いコードで単純な繰り返し計算を置き換えられ、実行速度の向上にもつながります。ただし、演算の目的に応じて配列の形状を適切に変更する必要があります。

NumPyの演算の基本は、対応する要素どうしの計算です。要素数が3の簡単な配列でこれを確かめてみます。

```
a = np.array([0, 1, 2])
b = np.array([3, 4, 5])
a + b
```

```
array([3, 5, 7])
```

計算結果は、aとbの各要素の足し算0+3、1+4、2+5になっています。これは、aとbの要素数が同じであるため可能な演算です。要素数が違う場合にはエラーになります。

```
c = np.array([-1, -2])
a + c
```

```
---------------------------------------------------------------------------
ValueError                                Traceback (most recent call last)
Cell In[10], line 2
      1 c = np.array([-1, -2])
----> 2 a + c

ValueError: operands could not be broadcast together with shapes (3,) (2,)
```

スカラー（1つの数値）は、どのような形の配列に対してもブロードキャスト可能です。次のコードでは、aの各要素に2が足されます。

```
a + 2
```

```
array([2, 3, 4])
```

要素数が同じ配列どうし、また任意の配列とスカラーの演算が可能なことがわかりました。この2つの条件を部分的に満たしていれば、形状が違う配列どうしの演算も可能です。次の例では、3×4の配列に要素数が4の配列を足し算しています（図4-1）。

```
# [[ 0,  1,  2,  3],
#  [ 4,  5,  6,  7], + [0, 1, 2, 3]
#  [ 8,  9, 10, 11]]
elm_12.reshape(3, 4) + np.array([0, 1, 2, 3])
```

```
array([[ 0,  2,  4,  6],
       [ 4,  6,  8, 10],
       [ 8, 10, 12, 14]])
```

2つの配列の形状が違うにもかかわらず、計算結果が返ります。これは、3×4の配列の各要素数（4）と足し算する配列の要素数（4）が同じになっているためです。

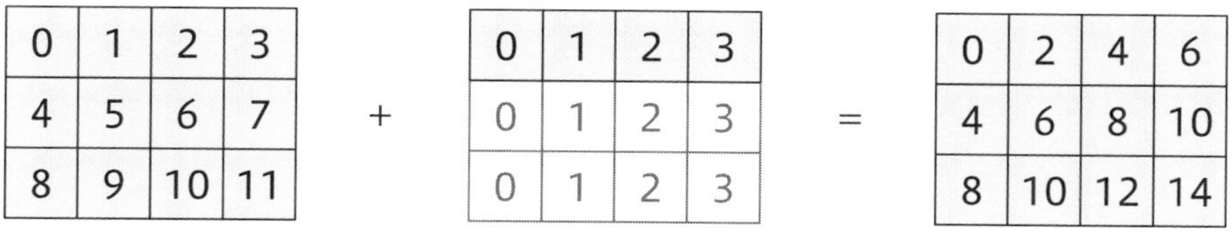

図4-1　3×4の配列と要素数4の配列の足し算

2つの配列の演算でブロードキャストが可能かどうかは、次のような手順で判断できます。まず、shape属性を右揃えで縦に並べます。各要素を列ごとに見て数字が2つ以上ある場合、それらが同じ（要素数が同じ）か、どちらかが1になっていればブロードキャスト可能です。

(3, 4)と(4,)を右揃えで2行に並べると、次のようになります。

shape属性	右揃え
(3, 4)	3, 4
(4,)	4

最も右側の列が4で揃っているので、ブロードキャスト可能です。要素数が3の配列では、エラーになります。

```
elm_12.reshape(3, 4) + np.array([0, 1, 2])
```

▼

```
---------------------------------------------------------------------------
ValueError                                Traceback (most recent call last)
Cell In[13], line 1
----> 1 elm_12.reshape(3, 4) + np.array([0, 1, 2])

ValueError: operands could not be broadcast together with shapes (3,4) (3,)
```

(3, 4)と(3,)を右揃えで2行に並べると次のようになり、一番右の列の数字が合っていません。

shape属性	右揃え
(3, 4)	3, 4
(3,)	3

要素数が3の配列を足し算したい場合は、配列の形状を変更する必要があります。3×4の配列とブロードキャスト可能にするためには、3×1の形にする必要があるので次元を1つ追加します（図4-2）。

```
# [[ 0,  1,  2,  3],    [0]
#  [ 4,  5,  6,  7], + [1]
#  [ 8,  9, 10, 11]]    [2]
elm_12.reshape(3, 4) + np.array([0, 1, 2]).reshape(-1, 1)
```

▼

```
array([[ 0,  1,  2,  3],
       [ 5,  6,  7,  8],
       [10, 11, 12, 13]])
```

計算結果の一番左の列は、0+0、4+1、8+2が縦1列に並んでいます。

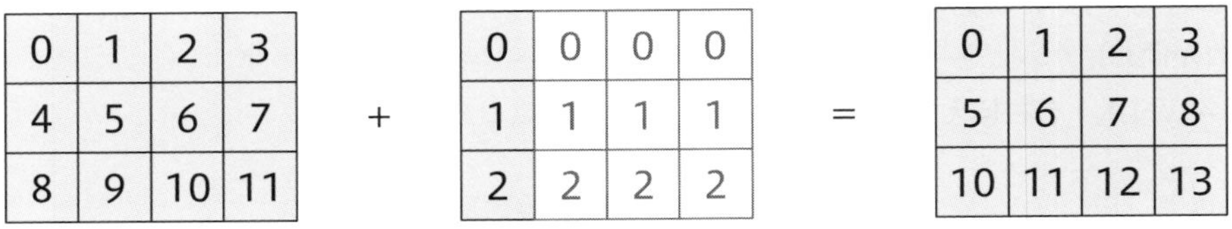

図4-2　3×4の配列と3×1の配列の足し算

配列の形状(3, 4)と(3, 1)を右揃えで並べます。右側の列は4と1になっているため、どちらかが1という条件を満たし、左側の列は3と3で等しくなっているため、全体としてブロードキャスト演算が可能な条件を満たしています。

shape属性	右揃え
(3, 4)	3, 4
(3, 1)	3, 1

演算の結果は、次元ごとに最も大きな要素数を並べた配列になるため、3×4の配列が得られます。次の例は、1×3の配列と3×1の配列の足し算なので、3×3の配列が計算結果になります。

```
# a -> [[0, 1, 2]]
# b -> [[3], [4], [5]]
a[np.newaxis, :] + b[:, np.newaxis]
```

▼

```
array([[3, 4, 5],
       [4, 5, 6],
       [5, 6, 7]])
```

配列の形状を確認します。

shape 属性	右揃え
(1, 3)	1, 3
(3, 1)	3, 1

各次元を列ごとに見ると、どちらかが1になっているという条件を満たしているのでブロードキャスト演算が可能です。また、計算結果は各次元の最大値を並べるので、3×3になります。図4-3に、この演算の詳細を示します。

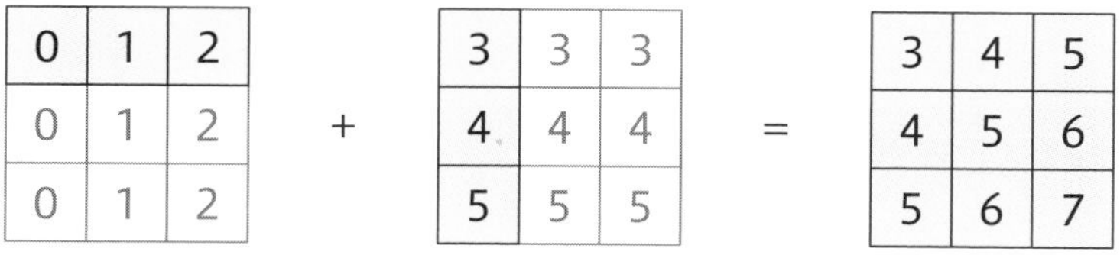

図4-3　1×3の配列と3×1の配列の足し算

4-2 数値データの型

NumPyの数値データの型とPythonに組み込まれた数値データの型は違います。本節では、これらの違いと演算の際の注意点をまとめます。

4-2-1 NumPyの数値データ型

数値を表現するPythonの組み込み型は、整数型（`int`）と浮動小数点型（`float`）、複素数型（`complex`）の3種類です。NumPyにはこの3種類をさらに細かく分類したデータ型が用意されています。整数、小数、複素数それぞれが、数値の表現に使われるビット数で分けられます。また、整数は符号があるかないかでさらに2つに分かれます。NumPyでデータ型が細分化されている大きな理由の1つに、演算の効率化があります。Pythonのリスト型は可変長配列ですが、NumPyのndarray型は配列を作成するときにサイズとデータ型を決める必要があります。これは、配列の保持に必要なメモリ領域をあらかじめ確保するためです。たとえば、8ビットの符号なし整数を3つ保持する配列を作成すると、この配列のために必要なメモリ領域が決まります。Pythonのリストのように、後から気軽に要素を追加できる便利さは失われますが、高速な演算が可能になります。

データ型を指定して配列を作成するには、ndarrayを生成するメソッドや関数のdtype引数を使います。Pythonのリスト型とは異なり、要素はすべて同じデータ型になります。8ビットの符号付き整数を格納する配列は、次のコードで作れます。

```
import numpy as np

np.array([1, 2, 3], dtype=np.byte)
```

▼

```
array([1, 2, 3], dtype=int8)
```

データ型にはエイリアス（別名）が用意されていて、numpy.byteはnumpy.int8としても同じです。また、型の部分だけを文字列として指定しても同じ結果が得られます。

```
np.array([1, 2, 3], dtype=np.int8)
```

▼

```
array([1, 2, 3], dtype=int8)
```

```
np.array([1, 2, 3], dtype="byte")
```

▼

```
array([1, 2, 3], dtype=int8)
```

```
np.array([1, 2, 3], dtype="int8")
```

▼

```
array([1, 2, 3], dtype=int8)
```

1文字で指定できる略称も用意されています。ただし、コードがわかりにくくなることもあり、公式ドキュメント※2では使用は非推奨になっています。

```
np.array([1, 2, 3], dtype="b")
```

▼

```
array([1, 2, 3], dtype=int8)
```

このように、同じデータ型をいくつかの方法で指定できます。NumPyに用意されている数値データの型を表4-1～表4-4にまとめます。表4-1は符号付き整数、表4-2は符号なし整数です。表4-3は浮動小数点数で、これをもとにした複素数は表4-4にまとめます。

※2 https://numpy.org/doc/stable/reference/arrays.scalars.html#built-in-scalar-types

表4-1　符号付き整数

NumPyデータ型	エイリアス	文字列指定	最小	最大	説明
numpy.byte	numpy.int8	"byte", "int8"	-128	127	8ビット符号付き整数
numpy.short	numpy.int16	"short", "int16"	-32768	32767	16ビット符号付き整数
numpy.intc	numpy.int32	"intc", "int32"	-2147483648	2147483647	32ビット符号付き整数
numpy.int_	numpy.int64、numpy.intp	"int_", "int64"	-9223372036854775808	9223372036854775807	64ビット符号付き整数

表4-2　符号なし整数

NumPyデータ型	エイリアス	文字列指定	最小	最大	説明
numpy.ubyte	numpy.uint8	"ubyte", "uint8"	0	255	8ビット符号なし整数
numpy.ushort	numpy.uint16	"ushort", "uint16"	0	65535	16ビット符号なし整数
numpy.uintc	numpy.uint32	"uintc", "uint32"	0	4294967295	32ビット符号なし整数
numpy.uint	numpy.uint64、numpy.uintp	"uint", "uint64", "uintp"	0	18446744073709551615	64ビット符号なし整数

表4-3　浮動小数点数

NumPyデータ型	エイリアス	文字列指定	最小	最大	説明
numpy.half	numpy.float16	"half", "float16"	-6.55040e+04	6.55040e+04	16ビット（半精度）浮動小数点数
numpy.single	numpy.float32	"single", "float32"	-3.4028235e+38	3.4028235e+38	32ビット（単精度）浮動小数点数
numpy.double	numpy.float64、numpy.float_	"double", "float64"	-1.7976931348623157e+308	1.7976931348623157e+308	64ビット（倍精度）浮動小数点数
numpy.longdouble	numpy.float128、numpy.longfloat	"longdouble", "float128", "longfloat"	-1.189731495357231765e+4932	1.189731495357231765e+4932	128ビット（拡張倍精度）浮動小数点数

表4-4　複素数

NumPyデータ型	エイリアス	文字列指定	説明
numpy.csingle	numpy.singlecomplex、numpy.complex64	"csingle", "singlecomplex", "complex64"	実部、虚部にそれぞれ32ビット浮動小数点数を使う複素数
numpy.cdouble	numpy.cfloat、numpy.complex_、numpy.complex128	"cdouble", "cfloat", "complex128"	実部、虚部にそれぞれ64ビット浮動小数点数を使う複素数
numpy.clongdouble	numpy.clongfloat、numpy.longcomplex、numpy.complex256	"clongdouble", "clongfloat", "complex256"	実部、虚部にそれぞれ128ビット浮動小数点数を使う複素数

NOTE

データ型はPC環境に依存する?

これらのデータ型は、利用しているCPUやOSなどの環境に依存する可能性があります。最近のCPUやOSのほとんどは、基本設計が64ビットになっています。また、これを拡張した128ビットの浮動小数点数も利用可能です。IoT用の小型のコンピュータや2000年代初頭までに製造されたコンピュータなどの特殊な環境では、数値データ型のために確保されるビット数が異なる可能性があるので注意が必要です。

スカラー（1つの数値）を用意するには、データ型のインスタンスを生成します。次の例では、8ビット符号なし整数型の数値（128）を1つ作成しています。データ型がnumpy.unit8になっていることがわかります。

```
i_num = np.uint8(128)
print(
    i_num,
    type(i_num),
    i_num.dtype,
    sep="\n",
)
```

▼

```
128
<class 'numpy.uint8'>
uint8
```

次の例は、文字列を使って32ビット浮動小数点数（0.25）を1つ作成しています。

```
f_num = np.single("0.25")
print(
    f_num,
    type(f_num),
    f_num.dtype,
    sep="\n",
)
```

▼

```
0.25
<class 'numpy.float32'>
float32
```

numpy.iinfo()関数を使うと、整数型の数値データに関する詳しい情報が得られます。

```
# 32ビット符号付き整数の最大値と最小値
print(np.iinfo(np.intc))
```

```
Machine parameters for int32
---------------------------------------------------------------
min = -2147483648
max = 2147483647
---------------------------------------------------------------
```

浮動小数点数と複素数には、numpy.finfo()関数を使います。

```
# 64ビット浮動小数点数の情報
print(np.finfo(np.double))
```

```
Machine parameters for float64
---------------------------------------------------------------
precision =  15   resolution = 1.0000000000000001e-15
machep =    -52   eps =        2.2204460492503131e-16
negep =     -53   epsneg =     1.1102230246251565e-16
minexp =  -1022   tiny =       2.2250738585072014e-308
maxexp =   1024   max =        1.7976931348623157e+308
nexp =       11   min =        -max
smallest_normal = 2.2250738585072014e-308   smallest_subnormal = 4.9406564584124654e-324
---------------------------------------------------------------
```


4-2-2 数値の演算と型の変換

Pythonの組み込み型を使ってNumPyの数値データを作成する場合は、暗黙的な型の変換（キャスト）が行われます。組み込み型のfloatは、64ビット浮動小数点数なので、numpy.doubleが対応します。同じく組み込み型のcomplexには、numpy.complex128が対応します。整数型は注意が必要です。Pythonのint型は、メモリが許す限りビット数の制限なしに整数を表現できる仕様になっていますが、これに対応するNumPyのデータ型はありません。暗黙的な型の変換が起きる場合は、環境によって対応するデータ型が変わります。

```
# intにnumpy.int64が対応する例
i_array = np.array([1, 2, 3])
print(i_array.dtype)
```

```
int64
```

```
# 組み込み型のfloatはnumpy.float64
f_array = np.array([1.0, 2.0, 3.0])
print(f_array.dtype)
```

▼

```
float64
```

```
# 組み込み型のcomplexはnumpy.complex128
c_array = np.array([1j, 2j, 3j])
print(c_array.dtype)
```

▼

```
complex128
```

演算子を使った計算やデータ型の明示的な変換の際に、浮動小数点数を整数型に変換すると小数点以下が切り捨てられます。これは、Pythonの組み込み型を使った演算と同じです。明示的な型の変換には、astype()を使います。配列のastype()メソッドは、型を変換した新しい配列を返します。

```
f_array = np.array([0.5, -1.2, 8.9], dtype=np.double)
f_array.astype(np.int64)
```

▼

```
array([ 0, -1,  8])
```

それぞれのデータ型のビット数は決まっているので、扱える数値の大きさには制限があります。オーバーフローが起きると、予期しない計算結果になってしまう可能性があるため注意が必要です。たとえば、8ビット符号なし整数は0～255までしか扱えないので、0-1や255+1といった演算をすると、次のようなオーバーフローが起きたことを知らせるRuntimeWarning（警告）とともに予期しない結果が返ります。

```
# 0-1が255になってしまう
a = np.uint8(0)
b = np.uint8(1)
a - b
```

▼

```
/tmp/ipykernel_1629/2114708084.py:4: RuntimeWarning: overflow encountered in scalar subtract
  a - b

255
```

```
# 255+1が0になってしまう
a = np.uint8(255)
b = np.uint8(1)
a + b
```

```
/tmp/ipykernel_1629/140568556.py:4: RuntimeWarning: overflow encountered in scalar add
  a + b

0
```

次の例は、numpy.uint8のままでは結果が[255, 0]になりますが、型が変換されて正しい結果が得られます。これは計算結果のデータ型が、numpy.int32に変換されるためです。NumPyでは計算結果のデータ型は、入力のデータ型によって決められます。入力のデータ型が同じ場合は、そのデータ型が使われます。この例のように、異なるデータ型が入力として渡されると、より安全なデータ型が選択されます。つまり、同じint型やfloat型であれば、よりビット長が長いほうが使われることになります。

```
np.array([0, 255], dtype=np.uint8) + np.array([-1, 1], dtype=np.int32)
```

```
array([ -1, 256], dtype=int32)
```

Pythonの組み込み型intとNumPyの整数型の違いには、注意が必要です。組み込み型でできる計算がNumPyでは正しく実行できない可能性があります。

```
# 1の後ろに0が20個並ぶ数になる
10**20
```

```
100000000000000000000
```

```
# 正しい結果が得られない
np.power(10, 20, dtype=np.int64)
```

```
7766279631452241920
```

これは正しい計算結果である100000000000000000000が、numpy.int64の最大値9223372036854775807

より大きいために起こります。

32ビット以上の浮動小数点数は、表現できる最大値がnumpy.int64よりも大きいので、正しい結果が返ります。

```
np.power(10, 20, dtype=np.float32)
```

▼

```
1e+20
```

浮動小数点数の演算でオーバーフローが起きたり、不定な演算が実行されると、RuntimeWarning（警告）とともに無限大を表現するnumpy.infや非数を表現するnumpy.nanが返されます。

```
np.power(10, 100, dtype=np.float32)
```

▼

```
/tmp/ipykernel_1629/1215880753.py:1: RuntimeWarning: overflow encountered in power
  np.power(10, 100, dtype=np.float32)

inf
```

```
np.divide(np.inf, np.inf)
```

▼

```
/tmp/ipykernel_1629/3650871706.py:1: RuntimeWarning: invalid value encountered in divide
  np.divide(np.inf, np.inf)

nan
```

第5章

データの評価

データの加工と同時にデータの評価は重要です。加工するデータや分析するデータ、機械学習モデルに投入するデータの中身を把握することなく先に進むことはできません。本章では、表形式データの定量的および定性的なチェック方法と、外れ値や欠損値、値の重複への対処方法を解説します（図5-1）。

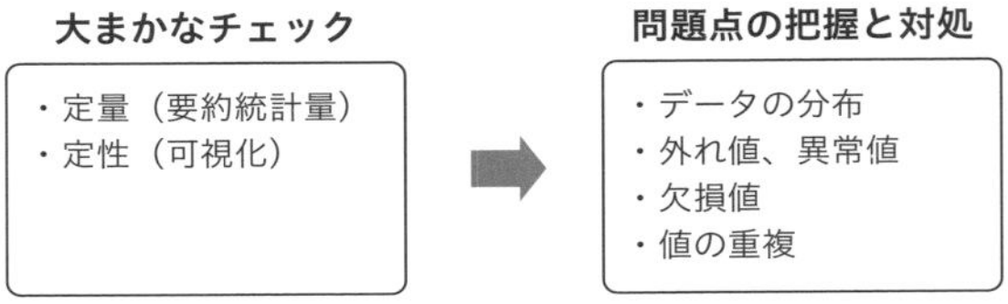

図5-1　データの評価のイメージ

5-1 使用するデータの紹介と読み込み

本節では、本章で使用するデータを紹介し、CSVファイルから読み込みます。

5-1-1 ペンギンデータの概要

データサイエンスの世界ではアヤメ（iris）のデータセットがよく使われてきましたが、それに代わるものとして近年普及している※1南極のペンギンに関するデータ（出典：NOTE参照）を例に解説します。これは南極半島に生息するペンギンの体格などを2007年から2009年にかけて調査したデータです※2。

NOTE **第5章で使用するデータ**

本章で使用する「南極のペンギンに関するデータ」の出典／データソース／ライセンスは、次のとおりです。

▶ 原出典

Gorman KB, Williams TD, Fraser WR (2014). Ecological Sexual Dimorphism and Environmental Variability within a Community of Antarctic Penguins（Genus *Pygoscelis*). PLoS ONE 9(3):e90081.
https://doi.org/10.1371/journal.pone.0090081

▶ データソース

- Adélie penguins: Palmer Station Antarctica LTER and K. Gorman. 2020. Structural size measurements and isotopic signatures of foraging among adult male and female Adélie penguins (*Pygoscelis adeliae*) nesting along the Palmer Archipelago near Palmer Station, 2007-2009 ver 5. Environmental Data Initiative.
https://doi.org/10.6073/pasta/98b16d7d563f265cb52372c8ca99e60f

※1　たとえば、Pythonでは TensorFlow や seaborn などのサードパーティ製パッケージにサンプルデータとして収載されています。

※2　このデータが南極のパーマー基地周辺で収集されたことにちなんで、パーマーペンギン（Palmer Penguins）のデータと呼ばれることがあります。ただし、そのようなペンギンの種は存在しません。

- Gentoo penguins: Palmer Station Antarctica LTER and K. Gorman. 2020. Structural size measurements and isotopic signatures of foraging among adult male and female gentoo penguins (*Pygoscelis papua*) nesting along the Palmer Archipelago near Palmer Station, 2007-2009 ver 7. Environmental Data Initiative.
  https://doi.org/10.6073/pasta/9fc8f9b5a2fa28bdca96516649b6599b
- Chinstrap penguins: Palmer Station Antarctica LTER and K. Gorman. 2020. Structural size measurements and isotopic signatures of foraging among adult male and female Chinstrap penguins (*Pygoscelis antarcticus*) nesting along the Palmer Archipelago near Palmer Station, 2007-2009 ver 8. Environmental Data Initiative.
  https://doi.org/10.6073/pasta/ce9b4713bb8c065a8fcfd7f50bf30dde

▶ ライセンス

CC-0（Palmer Station LTER Data Policy および LTER Data Access Policy for Type I data に基づく）

5-1-2 データ読み込み

前項で紹介したデータは、次のペンギンの種ごとに分かれています。その3つのCSVファイルを読み込み、1つにまとめます※3。

- Adelie penguin（*Pygoscelis adeliae*）　：アデリーペンギン
- Gentoo penguin（*Pygoscelis papua*）　：ジェンツーペンギン
- Chinstrap penguin（*Pygoscelis antarctica*）：ヒゲペンギン

```
# https://portal.edirepository.org/nis/mapbrowse?packageid=knb-lter-pal.219.5 にあるコードを改変
import pandas as pd

uris = [
    # Adelie
    "https://pasta.lternet.edu/package/data/eml/knb-lter-pal/219/5/002f3893385f710df69eeebe893144ff",
    # Gentoo
    "https://pasta.lternet.edu/package/data/eml/knb-lter-pal/220/7/e03b43c924f226486f2f0ab6709d2381",
    # Chinstrap
    "https://pasta.lternet.edu/package/data/eml/knb-lter-pal/221/8/fe853aa8f7a59aa84cdd3197619ef462",
]

def read_data(uri):
    return pd.read_csv(
        uri,
        sep=",",
        quotechar='"',
        usecols=[ ←①
            "Species",
            "Island",
            "Individual ID",
```

※3　このデータをインストールする palmerpenguins というサードパーティ製パッケージもありますが、本書では元のデータを使います。

```
            "Date Egg",
            "Culmen Length (mm)",
            "Culmen Depth (mm)",
            "Flipper Length (mm)",
            "Body Mass (g)",
            "Sex",
            "Comments",
        ],
        na_values=".",  # 追加で欠損値として扱う文字列を指定
    ).rename(  # ②
        columns={
            "Individual ID": "Individual_ID",
            "Date Egg": "Date_Egg",
            "Culmen Length (mm)": "Culmen_Length",
            "Culmen Depth (mm)": "Culmen_Depth",
            "Flipper Length (mm)": "Flipper_Length",
            "Body Mass (g)": "Body_Mass",
        }
    )

df = pd.concat([read_data(uri) for uri in uris], ignore_index=True)  # ③
```

元のCSVファイルは17列ありますが、一部の列だけ読み込むように引数`usecols`に列の名前を指定したリストを渡します（①）。さらに、Pythonで扱いやすいように、`DataFrame`の`rename()`メソッドを使って列の名前を変えます（②）。また、リスト内包表記と`concat()`関数を使って種ごとのデータを縦（行方向）に連結します（③）。

それぞれの列の簡単な説明は、表5-1のとおりです。なお、未知のデータを読み込むときには、列の内容やデータ型などデータの定義を記したメタデータが不可欠です※4。

表5-1　ペンギンデータ

列名	説明
Species	ペンギンの種
Island	データを収集した島の名前
Individual_ID	個体識別番号（異種間では重複あり）
Date_Egg	調査年月日（巣に卵が確認された日）
Culmen_Length	くちばしの長さ（単位：mm）
Culmen_Depth	くちばしの太さ（単位：mm）
Flipper_Length	ひれの長さ（単位：mm）
Body_Mass	体重（単位：g）
Sex	性別
Comments	特記事項

※4　このペンギンデータのメタデータは、以下のWebサイトで参照できます。
https://portal.edirepository.org/nis/metadataviewer?packageid=knb-lter-pal.219.5

5-1-3 読み込み結果の簡単なチェック

得られたDataFrameにおいてデータが意図どおりに読み込まれているかを、いくつかの観点から簡単にチェックします。

まず、DataFrameの行数と列数をshape属性を使って表示し、すべてのデータを読み込めているかを調べます。小さいサイズのデータであればエディタで開き、大きいデータであればデータ提供元に確認するなどして、事前に行数と列数を把握しておきます。

```
df.shape
```

▼

```
(344, 10)
```


また、読み込んだDataFrameの中身を部分的に表示して、意図したとおりに読み込めたかを大まかに確認します。列名がおかしくないか、各列の値に文字化けや想定外の欠損がないかをチェックします。部分的な表示だけでは完全にはチェックしきれませんが、まずは簡単に目視でチェックするだけでも異常を見つけられることがあります。

```
# 先頭を表示
df.head()
```

▼

	Species	Island	Individual_ID	Date_Egg	Culmen_Length	Culmen_Depth	Flipper_Length	Body_Mass	Sex	Comments
0	Adelie Penguin (Pygoscelis adeliae)	Torgersen	N1A1	2007-11-11	39.1	18.7	181.0	3750.0	MALE	Not enough blood for isotopes.
1	Adelie Penguin (Pygoscelis adeliae)	Torgersen	N1A2	2007-11-11	39.5	17.4	186.0	3800.0	FEMALE	NaN
2	Adelie Penguin (Pygoscelis adeliae)	Torgersen	N2A1	2007-11-16	40.3	18.0	195.0	3250.0	FEMALE	NaN
3	Adelie Penguin (Pygoscelis adeliae)	Torgersen	N2A2	2007-11-16	NaN	NaN	NaN	NaN	NaN	Adult not sampled.
4	Adelie Penguin (Pygoscelis adeliae)	Torgersen	N3A1	2007-11-16	36.7	19.3	193.0	3450.0	FEMALE	NaN

```
# 最後を表示
df.tail()
```

	Species	Island	Individual_ID	Date_Egg	Culmen_Length	Culmen_Depth	Flipper_Length	Body_Mass	Sex	Comments
339	Chinstrap penguin (Pygoscelis antarctica)	Dream	N98A2	2009-11-19	55.8	19.8	207.0	4000.0	MALE	NaN
340	Chinstrap penguin (Pygoscelis antarctica)	Dream	N99A1	2009-11-21	43.5	18.1	202.0	3400.0	FEMALE	Nest never observed with full clutch.
341	Chinstrap penguin (Pygoscelis antarctica)	Dream	N99A2	2009-11-21	49.6	18.2	193.0	3775.0	MALE	Nest never observed with full clutch.
342	Chinstrap penguin (Pygoscelis antarctica)	Dream	N100A1	2009-11-21	50.8	19.0	210.0	4100.0	MALE	NaN
343	Chinstrap penguin (Pygoscelis antarctica)	Dream	N100A2	2009-11-21	50.2	18.7	198.0	3775.0	FEMALE	NaN

さらに、各列が意図したデータ型（数値、文字、日付）に読み込めているかをチェックします。

```
df.dtypes
```

```
Species            object
Island             object
Individual_ID      object
Date_Egg           object
Culmen_Length     float64
Culmen_Depth      float64
Flipper_Length    float64
Body_Mass         float64
Sex                object
Comments           object
dtype: object
```

日付を表す列であるDate_Eggがobject型※5になっているので、to_datetime()関数を使って日付型に変換します。第1引数に変換対象のSeries、第2引数formatに日付の形式を表す文字列※6を渡します。なお、本節では読み込み後にデータ型を変換しますが、第2章で解説したようにread_csv()

※5　pandasのobject型は、文字列を含みます。詳しくは第7章の7-2 pandasによるテキストデータの処理 p.238 を参照してください。
※6　詳しくは、Python公式ドキュメントの「strftime()とstrptime()の書式コード」を参照してください。
https://docs.python.org/ja/3/library/datetime.html#strftime-and-strptime-format-codes

関数を使って読み込み時に変換することもできます。

```
df["Date_Egg"] = pd.to_datetime(df.loc[:, "Date_Egg"], format="%Y-%m-%d")
```

さらに、カテゴリー変数（質的変数）※7であるSpecies、Island、Sexをカテゴリー型に変換します。ここでは、Seriesのastype()メソッドを使います。

```
df["Species"] = df.loc[:, "Species"].astype("category")
df["Island"] = df.loc[:, "Island"].astype("category")
df["Sex"] = df.loc[:, "Sex"].astype("category")
```

また、Speciesについては、たとえばアデリーペンギンはAdelie Penguin (*Pygoscelis adeliae*)と一般名と学名が併記され長くなっているので、正規表現※8を使って種の略称（Adelie、Gentoo、Chinstrap）を抽出※9してSpecies_short列に格納します。

```
import re

RE_SHORT = re.compile(r"^\w+")  # 先頭から連続するUnicodeの単語文字にマッチ
df["Species_short"] = df.loc[:, "Species"].apply(
    lambda x: re.search(RE_SHORT, x)[0]
)
```

NOTE **カテゴリー型に変換するタイミング**

read_csv() 関数の引数 dtype に、列名がキーでそのデータ型を値に持つ辞書（例:{"Species": "category"}）を渡して読み込み時にデータ型を変換することもできます。ただし、異なるカテゴリーを持つカテゴリー型を concat() 関数で連結すると、元のデータ型に戻されてしまうので、本節では読み込み後にカテゴリー型に変換します。

あらためてデータ型をチェックすると、Date_Eggが日付型に、Species、Island、Sex、Species_shortがカテゴリー型になっています。

```
df.dtypes
```

▼

※7 カテゴリー変数については、第3章の3-3 カテゴリーデータの処理 p.100 を参照してください。

※8 正規表現については、第7章の7-1 Pythonを使った文字列処理 p.234 を参照してください。ここで使っている正規表現パターンの ^（キャレット）は、文字列の先頭、\w は単語に使われる文字と数字、アンダースコアにマッチします。詳しくは、Python公式ドキュメントの「正規表現のシンタックス」を参照してください。
https://docs.python.org/ja/3/library/re.html#regular-expression-syntax

※9 第7章の7-2-2 .str アクセサ p.239 で紹介する .split() メソッドを使って次のように抽出することもできます。

```
df.loc[:, "Species"].str.split(" ", expand=True).loc[:, 0]
```

```
Species                  category
Island                   category
Individual_ID              object
Date_Egg           datetime64[ns]
Culmen_Length             float64
Culmen_Depth              float64
Flipper_Length            float64
Body_Mass                 float64
Sex                      category
Comments                   object
Species_short            category
dtype: object
```

また、Species_shortは、Adelie、Chinstrap、Gentooという3つのカテゴリーを持っています。

```
df.loc[:, "Species_short"].cat.categories
```

▼

```
Index(['Adelie', 'Chinstrap', 'Gentoo'], dtype='object')
```

以上のチェックを通して、CSVファイルをDataFrameとして意図どおりに読み込めていることがわかりました。もし読み込み結果が意図どおりでなかったら、ファイルを読み込むコードもしくはCSVファイルそのものに問題があります。

5-1-4 読み込んだデータの保存

このデータは以降の節でも使うので、to_parquet()メソッドを使ってparquet形式のファイルに保存します。

```
df.to_parquet("data/penguins.parquet")
```

parquet形式のデータの読み書きについては、第2章の2-11 parquet形式 p.72を参照してください。また、parquet形式のデータを扱うには、pyarrowライブラリが必要です。インストール方法は、付録Bのpyarrow p.373を参照してください。

5-2 定量的評価（統計量）

本節では、データの中身を定量的に確認する方法を解説します。

5-2-1 要約統計量の確認

表5-2　主な要約統計量

種類	対応するpandasメソッド
件数	count()
最大値	max()
最小値	min()
平均値	mean()
中央値	median()
標準偏差	std()
ユニークな[※]値の数	nunique()
最頻値	mode()

※　同じ値（または値の組み合わせ）が1回だけ出現している状態のことです。「一意な」ともいいます。

上記を1つずつ使って要約統計量を求めてもよいですが、DataFrameやSeriesからdescribe()メソッドを使うと一度に計算できます。DataFrameでは、各列についての要約統計量を計算します。前節 p.152 で読み込んだ南極のペンギンに関するデータを使います。

```
import pandas as pd

df = pd.read_parquet("data/penguins.parquet")

df.describe()
```

▼

	Date_Egg	Culmen_Length	Culmen_Depth	Flipper_Length	Body_Mass
count	344	342.000000	342.000000	342.000000	342.000000
mean	2008-11-27 03:46:02.790697728	43.921930	17.151170	200.915205	4201.754386
min	2007-11-09 00:00:00	32.100000	13.100000	172.000000	2700.000000
25%	2007-11-28 00:00:00	39.225000	15.600000	190.000000	3550.000000
50%	2008-11-09 00:00:00	44.450000	17.300000	197.000000	4050.000000
75%	2009-11-16 00:00:00	48.500000	18.700000	213.000000	4750.000000
max	2009-12-01 00:00:00	59.600000	21.500000	231.000000	6300.000000
std	NaN	5.459584	1.974793	14.061714	801.954536

数値型だけでなく日付型の列も数値として扱われて要約統計量が計算されます※10。ただし、日付型の標準偏差は計算されずNaNになります。

また、引数includeに、計算対象とする列のデータ型を指定できます。"all"を渡すと、すべての列が対象になります。文字列型とカテゴリー型の列については、件数のほかに、ユニークな値の数unique、最頻値top、最頻値の度数（出現頻度）freqが計算されます。

```
df.describe(include="all")
```

▼

	Species	Island	Individual_ID	Date_Egg	Culmen_Length	Culmen_Depth	Flipper_ Length	Body_Mass	Sex	Comments	Species_ short
count	344	344	344	344	342.000000	342.000000	342.000000	342.000000	333	54	344
unique	3	3	190	NaN	NaN	NaN	NaN	NaN	2	10	3
top	Adelie Penguin (Pygoscelis adeliae)	Biscoe	N61A2	NaN	NaN	NaN	NaN	NaN	MALE	Nest never observed with full clutch.	Adelie
freq	152	168	3	NaN	NaN	NaN	NaN	NaN	168	34	152
mean	NaN	NaN	NaN	2008-11-27 03:46:02.790697728	43.921930	17.151170	200.915205	4201.754386	NaN	NaN	NaN
min	NaN	NaN	NaN	2007-11-09 00:00:00	32.100000	13.100000	172.000000	2700.000000	NaN	NaN	NaN
25%	NaN	NaN	NaN	2007-11-28 00:00:00	39.225000	15.600000	190.000000	3550.000000	NaN	NaN	NaN
50%	NaN	NaN	NaN	2008-11-09 00:00:00	44.450000	17.300000	197.000000	4050.000000	NaN	NaN	NaN
75%	NaN	NaN	NaN	2009-11-16 00:00:00	48.500000	18.700000	213.000000	4750.000000	NaN	NaN	NaN
max	NaN	NaN	NaN	2009-12-01 00:00:00	59.600000	21.500000	231.000000	6300.000000	NaN	NaN	NaN
std	NaN	NaN	NaN	NaN	5.459584	1.974793	14.061714	801.954536	NaN	NaN	NaN

Seriesについても同様にdescribe()メソッドを使って要約統計量を計算できます。

```
df.loc[:, "Body_Mass"].describe()
```

▼

```
count     342.000000
mean     4201.754386
std       801.954536
min      2700.000000
25%      3550.000000
50%      4050.000000
75%      4750.000000
max      6300.000000
Name: Body_Mass, dtype: float64
```

※10 バージョン1.5.3以下のpandasでは、デフォルトでは数値型の列だけが計算対象です。引数datetime_is_numericにTrueを渡すことで日付型の列を数値として扱い、数値型の列と同様に要約統計量を計算できます。なお、この引数はバージョン2.0で削除されました。

describe()メソッドがデフォルトで計算する最大値と最小値、四分位点（25%、50%、75%）の値だけでも大まかにデータの分布を把握できますが、より詳しく知りたい場合にはquantile()メソッドを使って任意の分位点[※11]の値を計算します[※12]。分位点を小数で表したリストを第1引数に渡します。たとえばこのデータでは、前の例のBody_Mass列は75%点（第3四分位点）の値4750と最大値6300にやや大きな差があり、最大値が外れ値[※13]である可能性があります。次のコードで75%点以上を細かく調べます。

```
df.loc[:, "Body_Mass"].quantile([0.75, 0.8, 0.85, 0.9, 0.95, 0.99, 1])
```

▼

```
0.75    4750.0
0.80    4950.0
0.85    5200.0
0.90    5400.0
0.95    5650.0
0.99    5979.5
1.00    6300.0
Name: Body_Mass, dtype: float64
```

カテゴリー値の列については、それぞれの値の出現頻度を計算するvalue_counts()メソッドを使って値の分布を確認します[※14]。例として、ペンギンの種を表すSpecies_short列の中身を確認します。

```
df.loc[:, "Species_short"].value_counts()
```

▼

```
Species_short
Adelie       152
Gentoo       124
Chinstrap     68
Name: count, dtype: int64
Name: Species, dtype: int64
```

アデリーペンギンAdelieが最も多く、その次にジェンツーペンギンGentooが多く、最も少ないのはヒゲペンギンChinstrapでアデリーペンギンの半分以下であることがわかります。

※11　分位点については、本章の分位点による外れ値の確認 p.182 を参照してください。

※12　describe()メソッドの引数percentilesを使っても計算できますが、ここでは特定の列について調べるためquantile()メソッドを使います。

※13　外れ値については、本章の5-5 外れ値、異常値 p.181 を参照してください。

※14　詳しくは、本章の5-4 データの分布の確認 p.175 を参照してください。

5-3 定性的評価（可視化）

本節では、グラフを描くことでデータの内容を視覚的に把握する方法について解説します。定量的な評価だけでは把握しにくい分布の形状や値の変化、複数の変数の関係などをとらえられます。

また、カラーユニバーサルデザインに対応しているDark2というカラーパレット[※15]を使い、さらに色以外の方法で情報を識別できるようにグラフの点の形や線や棒の模様を変えます。

> **NOTE　カラーユニバーサルデザイン**
>
> データの可視化におけるアクセシビリティに関して、カラーユニバーサルデザインは重要なテーマです。色の見え方は、人によって違います（色覚多様性）。多くの人はC型という色覚型を持っていますが、ほかの型を持つ人は全世界に約2億人いると推計[※16]されます。カラーユニバーサルデザインは、どの色覚型の人でも理解しやすいコンテンツを目指す概念で、さまざまなソフトウェアやWebサービスに取り入れられています。本書の範囲を超えるため、色覚多様性やカラーユニバーサルデザインについての詳しい解説は省きますが、「東京都カラーユニバーサルデザインガイドライン」[※17]などを参照してください。本章では、カラーユニバーサルデザイン機構（CUDO）[※18]が定める次の「カラーユニバーサルデザイン3つのポイント」にできる限り準拠しています。
>
> ①できるだけ多くの人に見分けやすい配色を選ぶ。
> ②色を見分けにくい人（場合）でも情報が伝わるようにする。
> ③色の名前を用いたコミュニケーションを可能にする。

5-3-1 データ可視化のためのライブラリ

Python環境でデータを可視化するために使われる主なライブラリとして、pandas、Matplotlib、Plotly[※19]があります。本項では、それらを簡単に紹介します。

pandas.DataFrameのplot()

pandasのAPIを使ってDataFrameの値を描画するには、DataFrameのplot()を使います。plot()は、第1引数xに横軸となる列の名前、第2引数yに縦軸となる列の名前、第3引数kindにグラフの種類を渡します。

これまでの節に続いて、例として南極のペンギンに関するデータを使い、ペンギンのくちばしの長さCulmen_Lengthとひれの長さFlipper_Lengthの関係を散布図に描画します。

※15　複数の色の組み合わせと順序を定義したもので、Matplotlibでは「カラーマップ」、Plotlyでは「カラーシーケンス」と呼ばれます。

※16　神奈川県保健福祉部地域保健福祉課『カラーバリアフリー 色使いのガイドライン』（2005）
https://www.nig.ac.jp/color/guideline_kanagawa.pdf

※17　https://www.fukushi.metro.tokyo.lg.jp/kiban/machizukuri/kanren/color.html

※18　http://cudo.jp/

※19　Plotlyを使ったデータ可視化については、@driller・小川英幸・古木友子『Pythonインタラクティブ・データビジュアライゼーション入門』（朝倉書店・2020、ISBN：978-4254122589）も参考にしてください。

```
import pandas as pd

df = pd.read_parquet("data/penguins.parquet")

# ペンギンのくちばしの長さ（横軸）とひれの長さ（縦軸）の散布図
df.plot(
    x="Culmen_Length",
    y="Flipper_Length",
    kind="scatter",
)
```

▼

```
<AxesSubplot: xlabel='Culmen_Length', ylabel='Flipper_Length'>
```

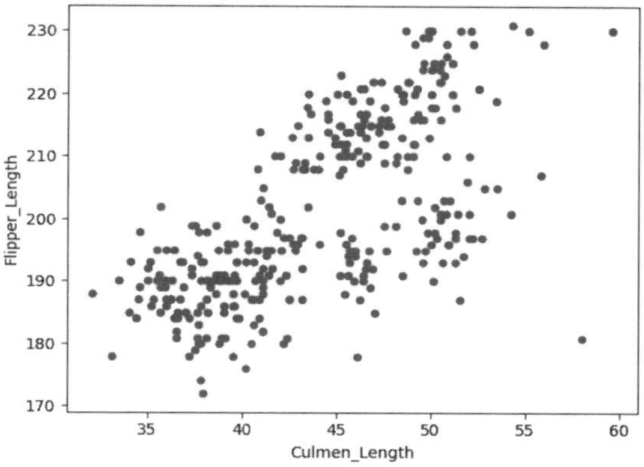

主なグラフの種類と、それに対応する引数kindの値は、表5-3のとおりです。

表5-3　pandasの主な描画機能

種類	引数 kind の値
散布図	"scatter"
折れ線グラフ	"line"（デフォルト）
棒グラフ	"bar"
ヒストグラム	"hist"
箱ひげ図	"box"

Matplotlibを使ったグラフ描画

Matplotlibは、Python環境におけるデータ可視化の代表的なライブラリです。Matplotlibを使ってDataFrameの値を描画するには、pyplotモジュールを使うことが一般的です。Axesインスタンスからグラフの種類に応じたメソッドを呼び出します。

pandasのplot()とは異なり、描画する配列そのもの（array-like）を引数に与えます。また、デフォルトでは軸のラベルは入りません。

```
import matplotlib.pyplot as plt

# 準備（subplotsコンストラクタを呼び出してAxesクラスのインスタンスを生成）
_, ax = plt.subplots()

# くちばしの長さ（横軸）とひれの長さ（縦軸）の散布図
ax.scatter(
    x=df.loc[:, "Culmen_Length"],
    y=df.loc[:, "Flipper_Length"],
)
plt.show()
```

▼

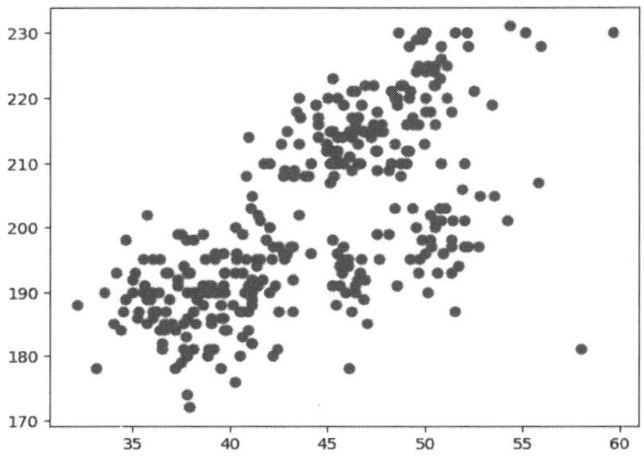

主なグラフの種類と、それに対応するメソッドは、表5-4のとおりです。

表5-4　Matplotlibの主な描画メソッド

種類	メソッド
散布図	scatter()
折れ線グラフ	plot()
棒グラフ	bar()
ヒストグラム	hist()
箱ひげ図	boxplot()

Plotlyを使ったグラフ描画

Plotlyは、簡潔なコードでインタラクティブなデータ可視化を実現できるライブラリです。ここでは、Plotly Expressというインタフェースを通してグラフの種類に応じた関数を使います。第1引数に描画するDataFrameを渡し、pandasのplot()と同様に引数xに横軸となる列の名前、引数yに縦軸となる列の名前を渡します。また、デフォルトで軸のラベルが入ります。Matplotlibと異なる点として、Plotly

ではマウスカーソルを図の点や線の上に乗せるとそれぞれの情報が動的に表示されます。

```
import plotly.express as px

# くちばしの長さ（横軸）とひれの長さ（縦軸）の散布図
px.scatter(
    df,
    x="Culmen_Length",
    y="Flipper_Length",
)
```

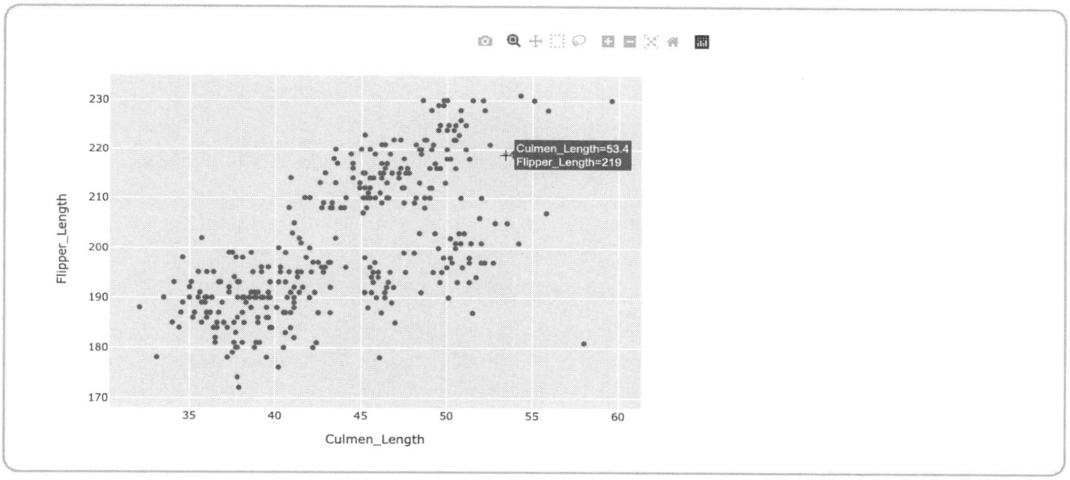

主なグラフの種類と、それに対応する関数は、表5-5のとおりです。

表5-5　Plotlyの主な描画関数

種類	関数
散布図	`scatter()`
折れ線グラフ	`line()`
棒グラフ	`bar()`
ヒストグラム	`histogram()`
箱ひげ図	`box()`

5-3-2 グラフの種類

データを可視化する際によく使う、散布図、折れ線グラフ、棒グラフ、ヒストグラム、箱ひげ図について、Plotlyを使って解説します。pandasやMatplotlibを使ったデータ可視化については、付録C pandasとMatplotlibによる可視化 p.378 を参照してください。

散布図

散布図は、2つの数値型の列どうしの関係を把握するために使います。先ほど例として描いたペンギンのくちばしの長さ（横軸）とひれの長さ（縦軸）の散布図（次図）を見ると、おおむね比例関係にあることがわかります。

```
# くちばしの長さ（横軸）とひれの長さ（縦軸）の散布図
px.scatter(
    df,
    x="Culmen_Length",
    y="Flipper_Length",
)
```

▼

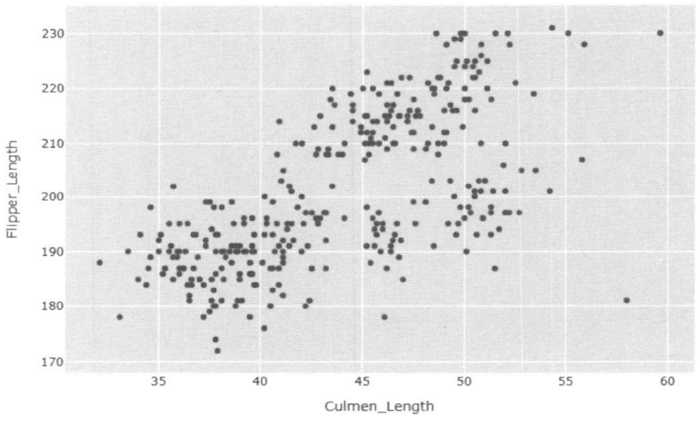

よく見ると3つのまとまりがあるように見えますが、それはペンギンの種（Adelie、Gentoo、Chinstrap）の違いを反映している可能性があります。それを確かめるために、ペンギンの種Species_shortに応じてそれぞれの点の色と形を変えます。scatter()関数に追加の引数として、点の色を変える（塗り分ける）元となる列の名前を引数colorに、点の形を変える元となる列の名前を引数symbolに渡します（この例ではどちらも"Species_short"）。また、塗り分けに使うカラーシーケンス（Dark2）を引数color_discrete_sequenceに渡します。

```
px.scatter(
    df,
    x="Culmen_Length",
    y="Flipper_Length",
    color="Species_short",
    color_discrete_sequence=px.colors.qualitative.Dark2,
    symbol="Species_short",
)
```

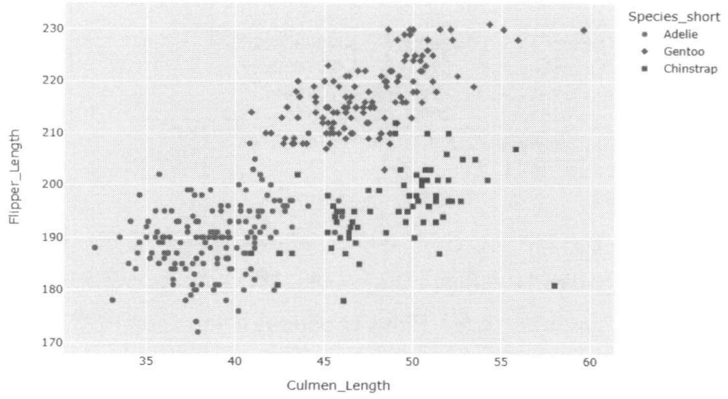

折れ線グラフ

折れ線グラフは、1つの数値型の列（縦軸）の値がもう1つの数値型もしくは日付型など時系列を表す列（横軸）の値に対して、どのように変化するかを把握するために使います。1本の折れ線グラフに関しては、横軸となる列には重複する値がないこと（たとえば日付）が前提となります。また、原則として、縦軸の最小値は0（データに負の値がある場合はその最小値）にします。例として、調査年ごとのペンギンの平均体重の変化をそれぞれの種について描画します。

平均体重の計算

調査年月日を表す`Date_Egg`列に`.dt`アクセサの`to_period()`メソッド※20を使って日付を年単位の`Period`型※21に変換し、種と年でグループ化して体重の平均値を計算します。

```
df_avg_weight_year = (
    df.assign(year=df.loc[:, "Date_Egg"].dt.to_period("Y"))
    .groupby(["Species_short", "year"], as_index=False)["Body_Mass"]
    .mean()
)
df_avg_weight_year
```

▼

※20　年は連続する整数と見なせます。そのため、年単位のデータを可視化する場合は、たとえば`.dt`アクセサの`year`属性を使って日付の年の部分を数値として取り出すと、日付型のままよりも楽に扱えることがあります。ただし、ここでは例として日付型のまま扱います。

※21　第6章の6-1 時系列データを扱うpandasのデータ型 p.210 を参照してください。

	Species_short	year	Body_Mass
0	Adelie	2007	3696.428571
1	Adelie	2008	3742.000000
2	Adelie	2009	3664.903846
3	Chinstrap	2007	3694.230769
4	Chinstrap	2008	3800.000000
5	Chinstrap	2009	3725.000000
6	Gentoo	2007	5070.588235
7	Gentoo	2008	5019.565217
8	Gentoo	2009	5140.697674

■ 折れ線グラフの描画

色の塗り分けについては、先ほどの散布図と同じです。さらに、線のスタイル（種類）を変える元となる列の名前（この例では"Species_short"）を引数line_dashに渡します。線が識別しやすくなるようにマーカーも一緒に描きます(引数symbol)。また、Plotlyはpandasの Period型を扱えないので、year列をto_timestamp()メソッドを使ってTimestamp型に変換して描画します。

```
fig_line = px.line(
    df_avg_weight_year.assign(
        year=lambda x: x.loc[:, "year"].dt.to_timestamp()
    ),
    x="year",
    y="Body_Mass",
    color="Species_short",
    color_discrete_sequence=px.colors.qualitative.Dark2,
    line_dash="Species_short",
    symbol="Species_short",
)

fig_line.update_yaxes(rangemode="tozero")  # 縦軸の最小値を0にする
fig_line.update_xaxes(
    tickformat="%Y", dtick="M12"
)  # 目盛に年だけを表示し、間隔を12か月に設定
fig_line.show()
```

▼

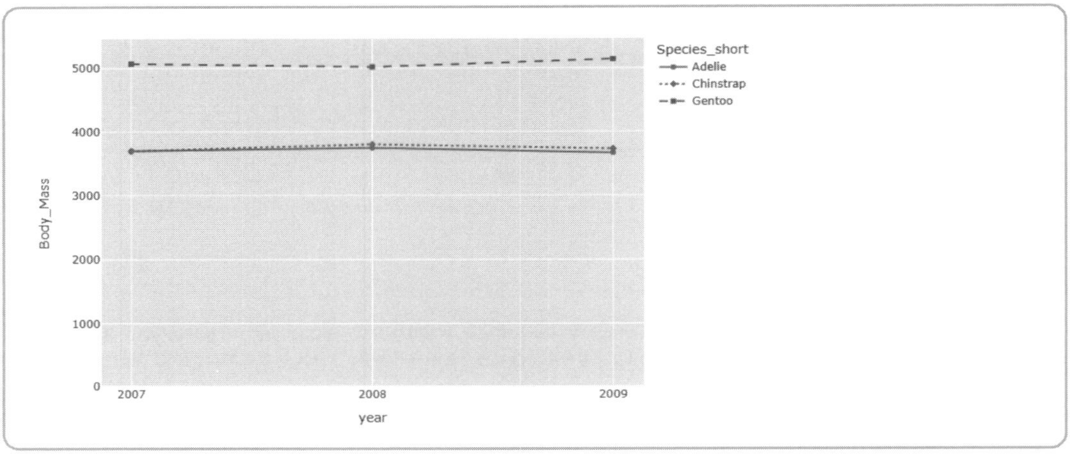

棒グラフ

棒グラフは、1つの数値型の列（縦軸）の値がもう1つのカテゴリー値の列（横軸）の値に応じて、どのように異なるかを比較するために使います。原則として、縦軸の最小値は0にします。例として、生息している島と種ごとのペンギンの平均体重を描画します。

■ 平均体重の計算

種と島でグループ化して体重の平均値を計算します。なお、Species_short列とIsland列はカテゴリー型なので、デフォルトではすべての組み合わせが計算されます※22。

```
df_avg_weight_island = df.groupby(["Species_short", "Island"], as_index=False)[
    "Body_Mass"
].mean()
df_avg_weight_island
```

▼

	Species_short	Island	Body_Mass
0	Adelie	Biscoe	3709.659091
1	Adelie	Dream	3688.392857
2	Adelie	Torgersen	3706.372549
3	Chinstrap	Biscoe	NaN
4	Chinstrap	Dream	3733.088235
5	Chinstrap	Torgersen	NaN
6	Gentoo	Biscoe	5076.016260
7	Gentoo	Dream	NaN
8	Gentoo	Torgersen	NaN

■ 棒グラフの描画

色の塗り分けについては、先ほどの散布図や折れ線グラフと同じです。さらに、棒のスタイル（模様）を変える元となる列の名前を引数pattern_shapeに渡します。また、デフォルトでは積み上げ棒グラフになるので、引数barmodeに"group"を渡します。

```
px.bar(
    df_avg_weight_island,
    x="Species_short",
    y="Body_Mass",
    color="Island",
    color_discrete_sequence=px.colors.qualitative.Dark2,
    pattern_shape="Island",
    barmode="group",
)
```

▼

※22 groupby() メソッドの引数 observed に True を渡すと、データに存在する組み合わせだけに絞られます。

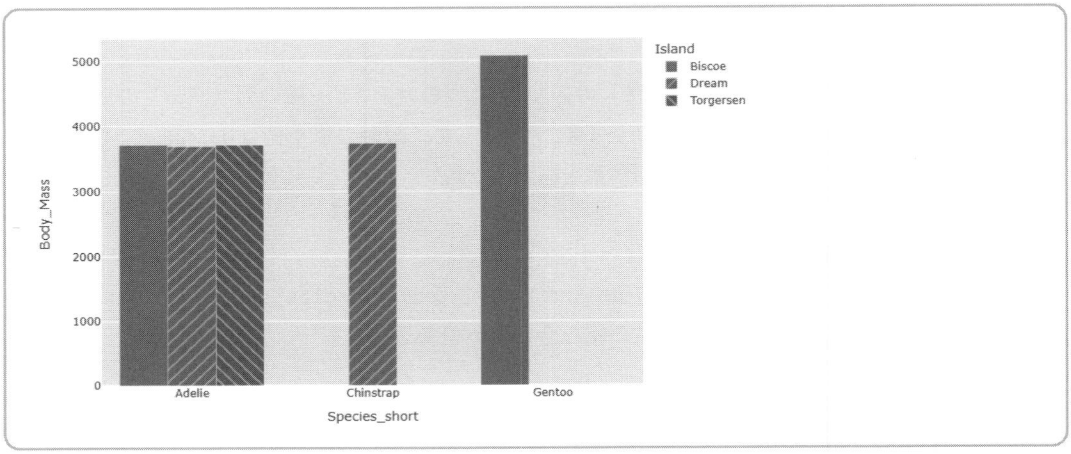

ヒストグラム

ヒストグラムは、1つの数値の列の値の度数分布を棒グラフとして表したものです。Plotlyでは(pandasやMatplotlibでも同様に)、ヒストグラムを描画する際に入力データから度数分布表が計算されます。もし、計算済みのデータを使う場合は、そのまま棒グラフとして描画します。例として、体重の分布をそれぞれの種について描画します。

色の塗り分けと棒のスタイルについては、先ほどの棒グラフと同じです。また、重なった部分が見やすいように、不透明度を`0`から`1`の間の値として引数`opacity`に渡します(`0`が完全に透明)。デフォルトでは積み上げ棒グラフと同じになるので、引数`barmode`に`"overlay"`を指定します。

```
px.histogram(
    df,
    x="Body_Mass",
    color="Species_short",
    color_discrete_sequence=px.colors.qualitative.Dark2,
    pattern_shape="Species_short",
    opacity=0.7,
    barmode="overlay",
)
```

▼

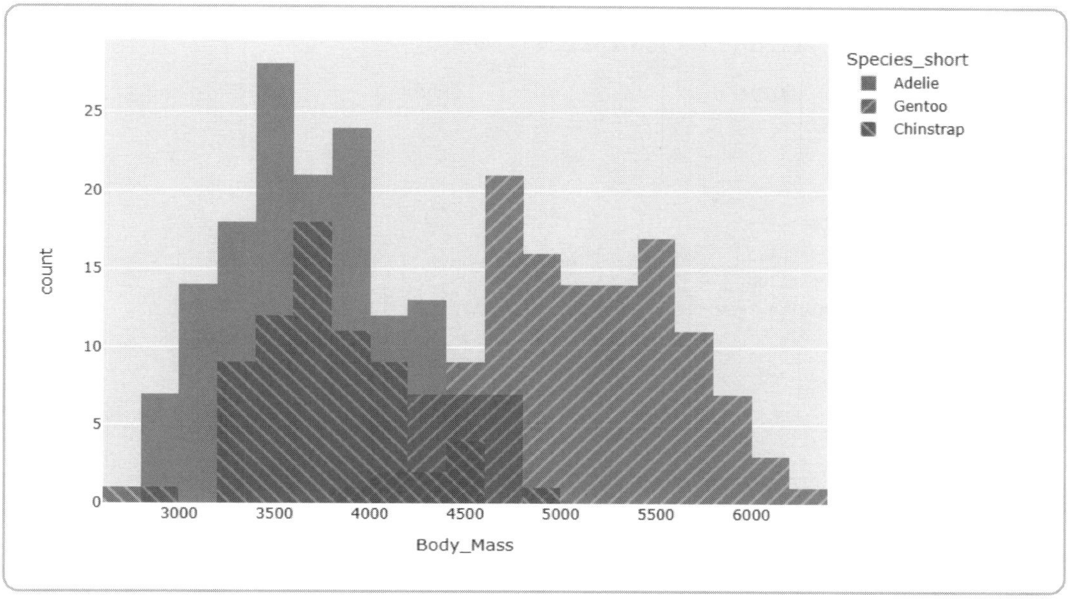

Gentooの体重がほかの2種よりも大きく、AdelieとChinstrapの体重はおおむね同じであることがわかります。

1つの図の中に複数のヒストグラムが重なっていると、詳細を把握しにくい場合があります。種ごとに別々の図にヒストグラムを描画するには、次のように引数`facet_col`または`facet_row`に列名を渡します。`facet_col`を使うと列方向（横）に、`facet_row`を使うと行方向（縦）に並べて描画されます。その1つ1つをファセット（facet）と呼びます※23。なお、種ごとに分けて描画しているので、棒の色や模様は変えません。

```
# 種ごとのヒストグラムを横に並べる
fig_col = px.histogram(
    df,
    x="Body_Mass",
    facet_col="Species_short",
)
```

なお、アデリーペンギンのファセットの見出しは、デフォルトでは`Species_short=Adelie`となり、そのままでは同じ表現が繰り返されて読みにくいです。そのため、正規表現※24を使って種の略称（Adelie、

※23　ヒストグラムだけでなく、ほかの種類のグラフもファセットに分けて描画できます。

※24　ここで使っている正規表現パターンは「肯定後読みアサーション」と呼ばれるものです。詳しくは、Python公式ドキュメントの「正規表現のシンタックス」を参照してください。
https://docs.python.org/ja/3/library/re.html#regular-expression-syntax
また、正規表現については第7章の7-1 Pythonを使った文字列処理 p.234 を参照してください。

Gentoo、Chinstrap）を抽出※25して見出しに設定します※26。

```
import re

RE_TITLE = re.compile(
    r"(?<=Species_short=).+"
)  # 「Species_short=」に続く任意の文字列にマッチ
fig_col.for_each_annotation(
    lambda a: a.update(text=re.search(RE_TITLE, a.text)[0])
)
fig_col.show()
```

▼

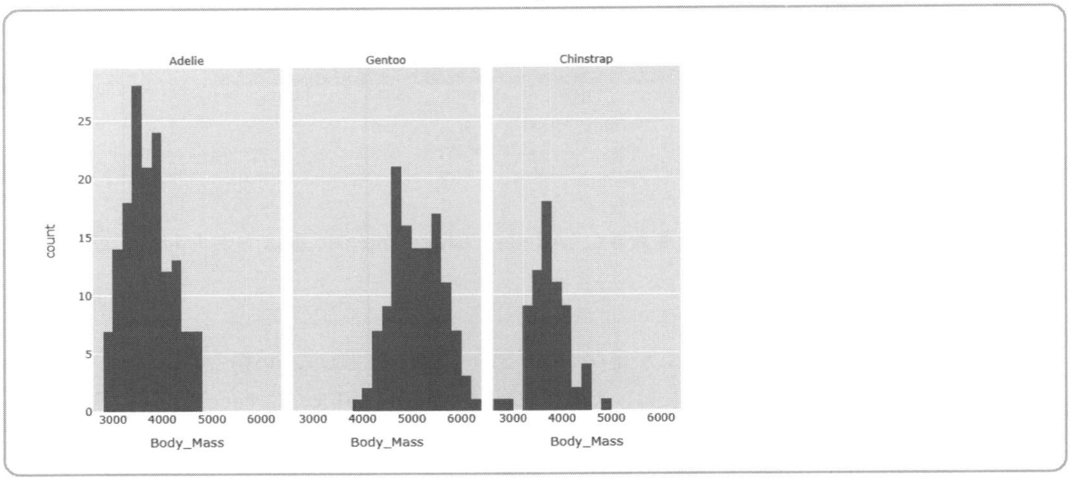

さらに、デフォルトでは軸の目盛の範囲は、ファセット間で共通です。それぞれのファセットに合わせるには、次のようにupdate_xaxes()メソッド（横軸）またはupdate_yaxes()メソッド（縦軸）の引数matchesにNoneを渡します。また、デフォルトでは縦軸の目盛は左端のファセットにしか表示されないので、すべてのファセットに表示されるようにupdate()メソッドの引数showticklabelsにTrueを渡します。

※25　Plotlyの公式ドキュメントの例にあるように、split()メソッドを使って抽出することもできます。

```
fig_col.for_each_annotation(
    lambda a: a.update(text=a.text.split("=")[-1])
)
```

https://plotly.com/python/facet-plots/#customizing-subplot-figure-titles

※26　または、棒の色と形を変えて凡例を表示すれば、見出しは不要になります。その場合にファセットの見出しを消すには、fig_col.update_annotations(visible=False)とします。

```
import plotly.graph_objects as go

fig_col_notshared = go.Figure(fig_col)  # 元のオブジェクトをコピー

fig_col_notshared.update_xaxes(matches=None)
fig_col_notshared.update_yaxes(matches=None)
fig_col_notshared.for_each_yaxis(lambda y: y.update(showticklabels=True))
fig_col_notshared.show()
```

▼

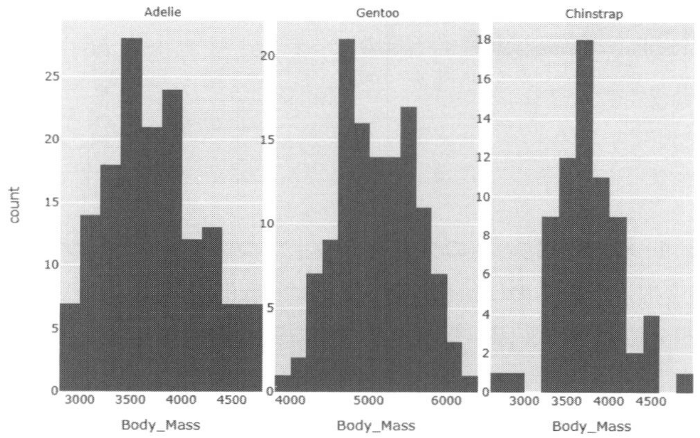

行方向（縦）にファセットを分けると、次のようになります。

```
fig_row = px.histogram(
    df,
    x="Body_Mass",
    facet_row="Species_short",
)
fig_row.for_each_annotation(
    lambda a: a.update(text=re.search(RE_TITLE, a.text)[0])
)
fig_row.update_xaxes(matches=None)
fig_row.update_yaxes(matches=None)
fig_row.for_each_xaxis(lambda x: x.update(showticklabels=True))
fig_row.show()
```

▼

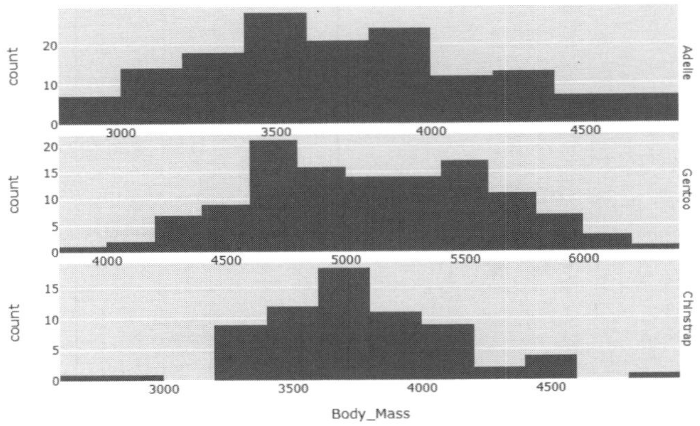

箱ひげ図

箱ひげ図は、ヒストグラムと同様に1つの数値列の値の分布を分位点について表したものです。ヒストグラムが分布の詳細（階級ごとの度数）を表すのに対し、箱ひげ図は第1四分位点（25%点）、中央値（第2四分位点、50%点）、第3四分位点（75%点）などを模式的に表します。

> NOTE **箱ひげ図の注意点**
>
> **分布の「山」が複数ある場合に箱ひげ図を使うと、誤った解釈につながりやすいです。その場合は、代わりにヒストグラムやバイオリン図を使うのが適切です。**

例として、体重の分布をそれぞれの種についてグラフにします。グループを分ける元となる列の名前を引数xに指定し、箱ひげ図の値の元となる列の名前を引数yに指定します。

```
px.box(df, x="Species_short", y="Body_Mass")
```

▼

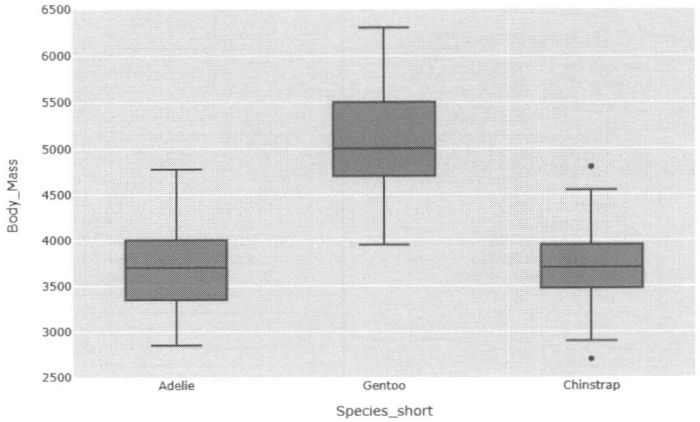

折れ線グラフやヒストグラムの項で確認したように、Gentooの体重がほかの2種よりも大きく、AdelieとChinstrapの体重はおおむね同じであることがわかります。箱ひげ図の詳しい見方は、本章の5-5-1 外れ値の確認 p.181 を参照してください。

5-4 データの分布の確認

本節では、データの分布を統計的、視覚的に把握する方法について解説します。

5-4-1 統計的な確認

value_counts() メソッドを使ってそれぞれの値の出現頻度を計算し、データの分布を定量的に確認します。例として、南極のペンギンに関するデータを使います。

```
import pandas as pd

df = pd.read_parquet("data/penguins.parquet")
df.shape  # 行数と列数
```

▼

```
(344, 11)
```

まずは、カテゴリー変数について調べます。例として、欠損値[※27]を含むSex列の中身を確認します。デフォルトでは欠損値は除かれるので、欠損値も数えるには引数dropnaにFalseを渡します。

```
df.loc[:, "Sex"].value_counts(dropna=False)
```

▼

```
MALE      168
FEMALE    165
NaN        11
Name: Sex, dtype: int64
```

オスとメスがほぼ同数で、欠損値が11件あることがわかります。デフォルトでは件数の降順（多い順）に表示されます。昇順（少ない順）にするには、引数ascendingにTrueを渡します。

※27 欠損値については、本章の5-6 欠損値 p.187 を参照してください。

```
df.loc[:, "Sex"].value_counts(ascending=True, dropna=False)
```

```
NaN        11
FEMALE    165
MALE      168
Name: Sex, dtype: int64
```

また、件数でソートしないようにするには、引数sortにFalseを渡します。

```
df.loc[:, "Sex"].value_counts(sort=False, dropna=False)
```

```
FEMALE    165
MALE      168
NaN        11
Name: Sex, dtype: int64
```

さらに、引数normalizeにTrueを渡すと、件数の代わりに構成比を計算します。

```
df.loc[:, "Sex"].value_counts(normalize=True, dropna=False)
```

```
MALE      0.488372
FEMALE    0.479651
NaN       0.031977
Name: Sex, dtype: float64
```

欠損値が約3%あることがわかります。

5-4-2 ヒストグラムによる分布の確認

前節のヒストグラム p.170 で解説したように、ヒストグラムは1つの数値もしくはカテゴリー値の列の値の度数分布を棒グラフとして表しています。ヒストグラムを描くことで、ある変数について分布の偏りやグループを見つけ出せます。

ペンギンのひれの長さのヒストグラム（次図）を見ると、「山」が2つあるように見えます。ヒストグラムの山が2つ以上あるデータを「多峰性」と呼び、特に山が2つのものを「二峰性」と呼びます。

```
import plotly.express as px
```

```
px.histogram(df, x="Flipper_Length")
```

▼

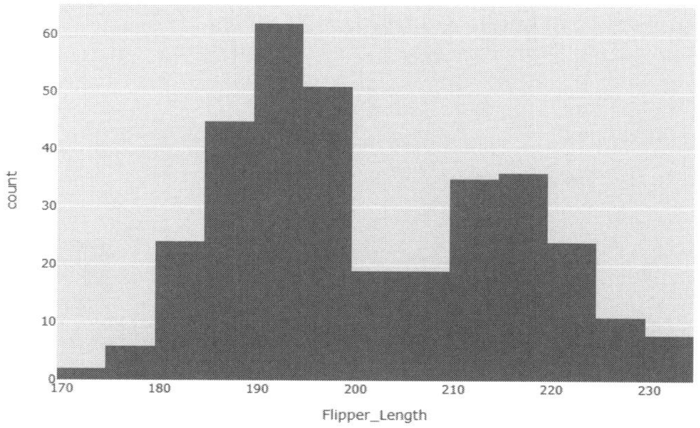

多峰性のデータは、山ごとに分けて扱うのが一般的です。ヒストグラムから205mmが境と見なせるので、pandasの`cut()`関数※28を使ってその上下の範囲に分割し、`value_counts()`メソッドを使って種の度数をそれぞれ集計します。`cut()`関数は、第1引数xに分割する列の値（pandas Series）を渡し、引数`bins`に区間のしきい値（両端含む）をリストで渡します※29。

```
flipper_ranges = pd.cut(
    df.loc[:, "Flipper_Length"],
    bins=[0, 205, 300],
)
df.groupby(flipper_ranges)["Species_short"].value_counts()
```

▼

```
Flipper_Length  Species_short
(0, 205]        Adelie           149
                Chinstrap         62
                Gentoo             1
(205, 300]      Gentoo           122
                Chinstrap          6
                Adelie             2
Name: count, dtype: int64
```


※28　第3章の3-3-5 データの離散化によるカテゴリーデータの生成 p.105 を参照してください。
※29　なお、データを等しい区間幅で分割するときは引数`bins`に分割数（区間の数）を整数値で渡します。

ペンギンのひれの長さが205mm以下の範囲ではAdelieとChinstrapがほとんどである一方、205mmを超える範囲ではGentooがほとんどとなっていて、ひれの長さの2つの山は種に由来するものであることがわかります。そこで、種ごとにひれの長さのヒストグラムを描くと、Gentooのひれの長さはほかの2種よりも長く、また、ChinstrapのほうがAdelieよりも値の大きい範囲に分布していることがわかります。

```
px.histogram(
    df,
    x="Flipper_Length",
    color="Species_short",
    color_discrete_sequence=px.colors.qualitative.Dark2,
    pattern_shape="Species_short",
    opacity=0.7,
    barmode="overlay",
)
```

▼

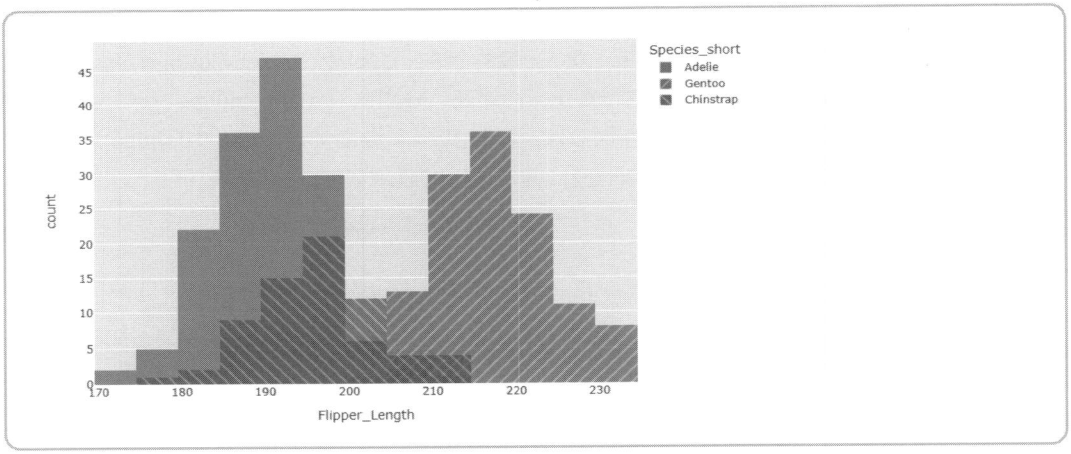

なお、ヒストグラムでは、階級の数や幅に注意します。極端な例として、次のように引数nbins（階級数）[※30]に4を渡すと、山が1つだけあるように見えます。

```
px.histogram(df, x="Flipper_Length", nbins=4)
```

▼

※30　厳密には階級数の上限値です。この値を超えない最適な階級数をPlotly独自のアルゴリズムで求めます。

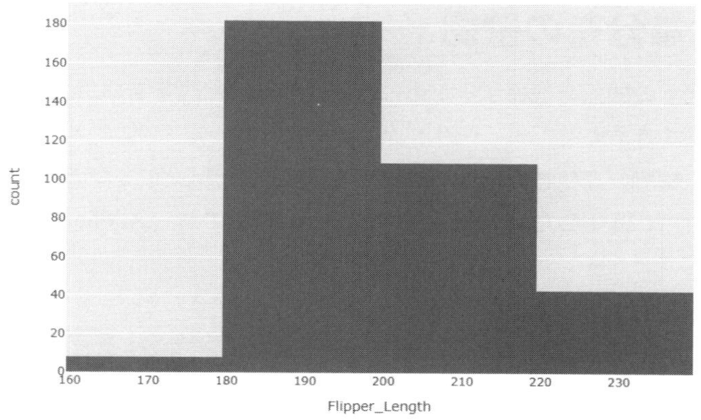

Plotlyは、デフォルトで独自のアルゴリズムを使って最適な区間幅を計算します。一方で、pandasの`plot()`を使う場合は、自分で決める必要があります。`plot()`の引数`bins`（階級数）のデフォルト値は`10`ですが、最適な階級数（区間幅）を求めるにはNumPyの`histogram_bin_edges()`関数を使います。この関数は、引数`bins`に文字列`"auto"`を渡す※31と、代表的な計算手法2つ（フリードマン=ダイアコニスの法則※32とスタージェスの法則※33）を使って区間幅を算出し、大きいほうの値に基づくしきい値の配列（最小値と最大値を含む）を返します。

```
import numpy as np

bin_edges = np.histogram_bin_edges(
    df.loc[:, "Flipper_Length"].dropna(),
    bins="auto",
)
print(len(bin_edges))  # 区間のしきい値の数（両端含む）
```

▼

```
11
```

この計算結果から、最適な階級数（区間の数）は11－1＝10となり、このデータについては`plot()`のデフォルト値`10`のままでよいとわかります。また、最初にPlotlyで描画したヒストグラムの階級数は13でしたが、あまり大きく違わず問題ない範囲であり、これはあくまで手法の違いによるものです。

※31　そのほかの計算手法については、公式ドキュメントを参照してください。
https://numpy.org/doc/stable/reference/generated/numpy.histogram_bin_edges.html

※32　サンプルサイズがnのとき区間幅$=2\frac{IQR}{n^{1/3}}$です。ただし、IQRは四分位範囲（75%点と25%点の差）です。

※33　階級数$=\log_2 n+1$

5-4-3 散布図による分布の確認

散布図は、2つの数値型の列どうしの関係を把握するために使います。散布図を描くことで、分布の偏りやグループを見つけ出すこともできます。

次のペンギンのくちばしの長さ（横軸）とひれの長さ（縦軸）の散布図を見ると、3つのグループがあります。前節の散布図 p.166 で確認したように、それらはペンギンの種（Adelie、Gentoo、Chinstrap）に対応しています。

```
px.scatter(
    df,
    x="Culmen_Length",
    y="Flipper_Length",
    color="Species_short",
    color_discrete_sequence=px.colors.qualitative.Dark2,
    symbol="Species_short",
)
```

▼

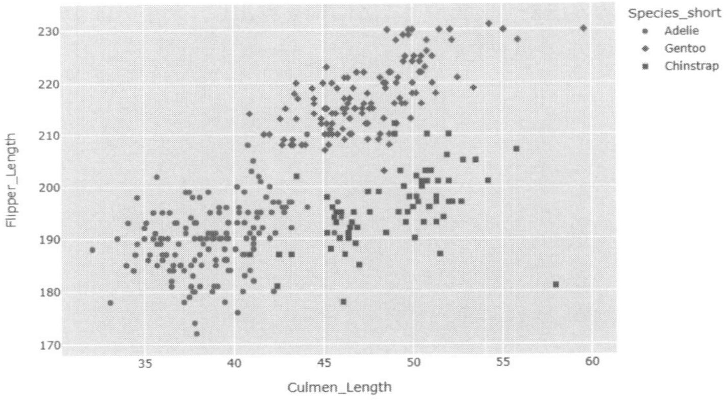

ペンギンの種によってくちばしの長さとひれの長さの分布が異なることがわかったので、分布を考慮してそれらの変数を扱います。たとえば、それぞれの種ごとにくちばしの長さとひれの長さが正の相関関係にあるように見えます。corr()メソッドを使って、種ごとの相関係数を計算します。

```
df.groupby("Species_short")[["Culmen_Length", "Flipper_Length"]].corr()
```

▼

		Culmen_Length	Flipper_Length
Species_short			
Adelie	Culmen_Length	1.000000	0.325785
	Flipper_Length	0.325785	1.000000
Chinstrap	Culmen_Length	1.000000	0.471607
	Flipper_Length	0.471607	1.000000
Gentoo	Culmen_Length	1.000000	0.661162
	Flipper_Length	0.661162	1.000000

いずれの種についても、相関係数は正ですが、値は大きく異なっています。先ほどのひれの長さのヒストグラムも考慮すると、もしひれの長さをくちばしの長さで説明するモデルを作る場合は、種ごとにモデルを分けるか、種を変数に加えるのがよさそうです。

このように、データの分布を把握すると、それに応じた適切な処置を考えられます。

5-5 外れ値、異常値

本節では、データの外れ値や異常値を、統計的、視覚的に把握する方法と対処方法について解説します。これらは、外れ値がデータ分析や機械学習モデル構築に影響を及ぼす要因をチェックするために、不可欠なステップです。

外れ値とは、データ全体の分布から見て、ほかの値から大きく外れた値のことです。一方、異常値とは、データの測定時や記録時のエラーによって発生した特異な値のことです※34。ただし、どちらもほかの値より離れた範囲に存在することが多いため、本書では区別せずに扱い、まとめて「外れ値」と呼びます。

5-5-1 外れ値の確認

箱ひげ図やヒストグラムを描画することで定性的に外れ値の存在を把握できます。さらに、定量的に確認するには次の方法があります。

- 分位点
- 正規分布と2σ範囲※35

※34 欠損値の場合は、次節の 5-6 欠損値 p.187 で解説します。

※35 σ（シグマ）は標準偏差を表す記号です。

箱ひげ図による外れ値の確認

箱ひげ図はその名前のとおり、「箱」と「ひげ」(箱から出る線)でデータの分布を簡単に表現した図です。箱は、第1四分位点(25%点)[※36]、中央値(第2四分位点、50%点)、第3四分位点(75%点)からなります。ひげの長さは、よく使われる指標で、Plotlyやpandas、Matplotlibの箱ひげ図では箱の長さの最大1.5倍です。箱ひげ図では、ひげの外側にある値を外れ値と見なします。なお、次の分位点による外れ値の確認 p.182 で解説するquantile()メソッドを使って第1四分位点と第3四分位点の値を求めると、箱ひげ図のひげの長さを計算できます。

例として、南極のペンギンに関するデータを使い、種ごとの体重の箱ひげ図を描画します。

```
import pandas as pd
import plotly.express as px

df = pd.read_parquet("data/penguins.parquet")
px.box(df, x="Species_short", y="Body_Mass")
```

▼

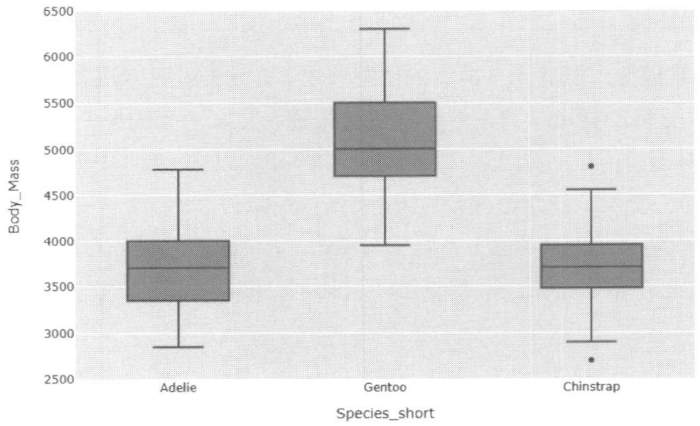

AdelieとGentooはすべての値がひげの内側にありますが、Chinstrapはひげの外側(上と下)に値があり(上図の丸印、2700gと4800g)、これらは外れ値である可能性があります。

分位点による外れ値の確認

外れ値を定量的に見つける代表的な手段として、分位点(%点)があります。分位点とは、データのサンプルサイズを100としたときに小さいほうから数えて何番目に当たるかを表したもので、最小値が0%点、中央値が50%点、最大値が100%点となります。また、100%を4等分した25%点を第1四分位

※36　四分位点については、次の分位点による外れ値の確認 p.182 を参照してください。

点、50%点を第2四分位点、75%点を第3四分位点と呼びます。

pandasのSeriesはquantile()メソッドを使って分位点の値を計算できます。計算したい分位点を0から1の範囲の値としてリストで第1引数qに渡します。また、指定した%点に該当する値が存在しないことがあります（たとえば、サンプルサイズが50の場合の3%点）。そのような場合には、前後に存在する値から補間します。それにはいくつかの手法があり[※37]、引数interpolationに指定します（デフォルトは線形補間"linear"）。

例として、ペンギンの種ごとに、体重の0、1、5、95、99、100の各%点を計算します。ただし、ここではデフォルトの線形補間を使い、引数interpolationは指定しません。

```
df.groupby("Species_short")["Body_Mass"].quantile(
    q=[0, 0.01, 0.05, 0.95, 0.99, 1]
)
```

▼

```
Species_short
Adelie        0.00    2850.0
              0.01    2875.0
              0.05    3000.0
              0.95    4487.5
              0.99    4712.5
              1.00    4775.0
Chinstrap     0.00    2700.0
              0.01    2834.0
              0.05    3250.0
              0.95    4432.5
              0.99    4632.5
              1.00    4800.0
Gentoo        0.00    3950.0
              0.01    4111.0
              0.05    4300.0
              0.95    5850.0
              0.99    6039.0
              1.00    6300.0
Name: Body_Mass, dtype: float64
```

もし外れ値がないとすると、0%点（最小値）と1%点と5%点、95%点と99%点と100%点（最大値）はほぼ同じ値のはずです。しかし、この場合、ChinstrapとGentooの95%点、99%点、100%点の値をそれぞれ比べると、100%点の値が大きく異なっていて、外れ値である可能性があります。

※37　公式ドキュメントを参照してください。
https://pandas.pydata.org/docs/reference/api/pandas.Series.quantile.html

正規分布と2σ範囲による外れ値の確認

分布の正規性を仮定できる場合、標準偏差σに基づいて外れ値を特定できます。正規分布において平均値から$\pm 2\sigma$の範囲には約95.5%のデータが含まれるので、この範囲外にある値は外れ値と考えて問題ないでしょう。なお、すべての列について正規性を検定して2σ範囲を計算するのは大変なので、実務上は（特に正規性を仮定できない場合は）分位点に基づいて外れ値を特定することがしばしばあります。

先ほどの箱ひげ図との比較のために、Chinstrapの体重のヒストグラムを描きます。

```
df_chinstrap = df.loc[df.loc[:, "Species_short"] == "Chinstrap", :]

px.histogram(df_chinstrap, x="Body_Mass")
```

▼

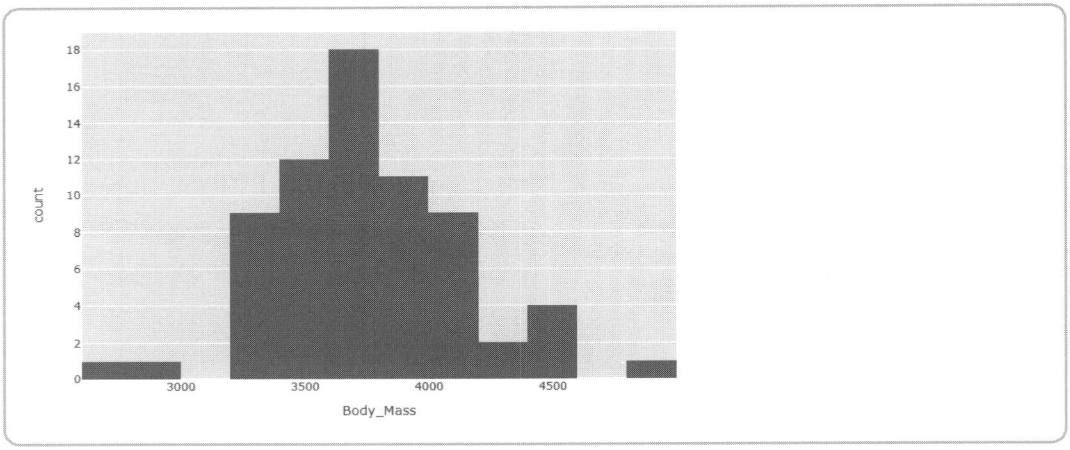

分布の両端に離れた値があることがヒストグラムでも確認できます。

まず、分布の正規性を統計的検定によって調べます。Chipstrapのサンプルサイズは68と小さいので、シャピロ－ウィルク検定※38を行います。SciPyパッケージ※39の`stats`モジュールにある`shapiro()`関数を使います。なお、サンプルサイズが大きい場合（たとえば1000以上）には、1標本コルモゴロフ-スミルノフ検定※40（`ks_1samp()`関数か`kstest()`関数）を行います。

```
import scipy.stats as stats
```

※38　シャピロ－ウィルク検定は、「標本が正規分布に従う母集団からサンプリングされた」という帰無仮説を検定します。帰無仮説とは、仮説が正しいかどうかの判断のために立てられ、検定において棄却（否定）したい仮説を指します。

※39　インストール方法は、付録BのSciPy p.372 を参照してください。

※40　1標本コルモゴロフ-スミルノフ検定は、標本の母集団が帰無仮説に示された確率分布（ここでは正規分布）と異なっているかどうかを検定します。

```
stats.shapiro(df_chinstrap.loc[:, "Body_Mass"])
```

▼

```
ShapiroResult(statistic=0.9844942688941956, pvalue=0.5605348944664001)
```

p値pvalueが十分に大きく、帰無仮説「データは正規分布に従う母集団からサンプリングされた」は棄却されません[※41]。そこで、Chinstrapの体重について標準偏差と平均を計算して2σ範囲の上限値と下限値を求めると、次のようになります。

```
sigma = df_chinstrap.loc[:, "Body_Mass"].std()  # 標準偏差
avg = df_chinstrap.loc[:, "Body_Mass"].mean()
print(f"下限値：{avg - 2 * sigma} 上限値：{avg + 2 * sigma}")
```

▼

```
下限値：2964.418072519735 上限値：4501.7583980685
```

比較のため、Chinstrapの体重について2.5%点と97.5%点（これらの間には全体の95%のデータが含まれる）を計算すると、2σ範囲の上限値と下限値と近い値であることがわかります。

```
df_chinstrap.loc[:, "Body_Mass"].quantile(q=[0.025, 0.975])
```

▼

```
0.025    3102.50
0.975    4516.25
Name: Body_Mass, dtype: float64
```

以上の考察から、Chinstrapの体重の2700g（最小値）と4800g（最大値）は外れ値であるといえます。

5-5-2 外れ値への対処方法

外れ値が特定できたら、次のいずれかの方法で処理します[※42]。

- データ（行）の削除
- 上限値と下限値の設定

※41 厳密には正規分布であると断定できませんが、実務上は正規分布と見なします。
※42 学術研究においては、外れ値をそのまま残して結果に対する影響を見きわめながら分析を進めることがあります。

データ（行）の削除

外れ値が何らかのエラーによるもの（異常値）と見なせる場合で、かつ、サンプルサイズが十分に大きい場合には、外れ値を含むデータ（行）を削除してよいでしょう。たとえば、表5-6のように、非常に大きいか小さい身長の値は、「データ記録時に0を1つ多くまたは少なく入力してしまった」など何らかのエラーが発生したと考えられます。原因が明らかである場合には、値そのものを修正することも対処方法の1つです。しかし、そもそもこのような外れ値が多い場合には、データそのものの品質が低く、データ分析や機械学習モデル構築に適していない可能性が高いです。あらためてデータの取得、入手から始めるほうが安全です。

表5-6　成人の身長（入力エラーが疑われる例）

id	身長
1	140
2	1700
3	180
4	19
…	…

上限値と下限値の設定

前述のように、2σ範囲のしきい値か分位点より大きいか小さい値を外れ値と見なせる場合、その外れ値をしきい値か分位点の値で置き換えることも、外れ値に対する有効な対処方法です。

たとえば、Seriesのclip()メソッドを使って、先ほどのChinstrapの体重の外れ値を2σ範囲のしきい値で置き換えます。引数lowerに下限値、引数upperに上限値を渡します。

```
df_chinstrap = df_chinstrap.assign(
    Body_Mass_clipped=df_chinstrap.loc[:, "Body_Mass"].clip(
        lower=avg - 2 * sigma,
        upper=avg + 2 * sigma,
    )
)
```

比較のため、上下限値設定前後のヒストグラムを描きます。

```
px.histogram(
    df_chinstrap.melt(
        id_vars="Individual_ID",
        value_vars=["Body_Mass", "Body_Mass_clipped"],
    ),
    x="value",
    facet_col="variable",
)
```

▼

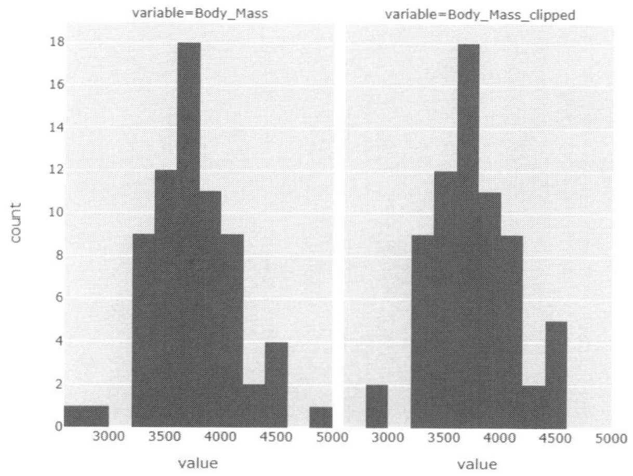

上下限値設定前（左）にあった両端の値が、設定後（右）は3000g付近と4500g付近にそれぞれ寄せられています。

5-6 欠損値

実務上、何らか値の欠損があるデータを扱うことがあります。欠損値のない入力データを前提としている機械学習モデルは多く[※43]、欠損値の取り扱いは最終的な分析結果やモデルに大きな影響を与えるので、とりうる手段を理解し適切に処理することが重要です。本節では、欠損値のデータ型の性質と、データの欠損値を把握して対処する方法について解説します。

5-6-1 欠損値の基礎知識

最初に、欠損値をpandasとNumPyで扱う場合のデータ型について解説します。

※43　たとえば、LightGBMのように、仮に入力データに欠損値があっても表面上はそれを受け付けて内部では自動的に欠損値を除いたり補完するなど「よしなに」処理している場合もあり、その場合は意図したとおりの結果になるとは限りません。

データ型

SeriesまたはDataFrameのデータ型に応じて欠損値として扱われるデータは、表5-7のとおりです。

表5-7　欠損値のデータ型

表記	データ型	クラス
NaN	float型	numpy.nan
NA	int型	pandas.NA※
NaT	datetime型	pandas.NaT

※pandas.NAクラスは、Experimentalという扱いであり、仕様が変わる可能性があります。

次のコードは、欠損値（NaN）を含むfloat型のSeriesを生成します。

```
import numpy as np
import pandas as pd

rng = np.random.default_rng(1)
float_ser = pd.Series(rng.random(4), index=range(0, 8, 2)).reindex(range(4))
float_ser
```

▼

```
0    0.511822
1         NaN
2    0.950464
3         NaN
dtype: float64
```

次のコードは、欠損値（NaT）を含むdatetime型のSeriesを生成します。

```
dt_ser = pd.Series(
    pd.date_range("2023-01-01", periods=4),
    index=range(0, 8, 2),
).reindex(range(4))
dt_ser
```

▼

```
0   2023-01-01
1          NaT
2   2023-01-02
3          NaT
dtype: datetime64[ns]
```

int型のSeriesは、欠損値が含まれるとfloat型に型変換されます。一方で、次のコードでは、引数dtypeにpandas.Int64Dtypeを渡すことで、欠損値（NA）を含むint型のSeriesを生成します。

NOTE

Series、DataFrame のコンストラクタ

Series および DataFrame のコンストラクタの引数に数値データを渡した場合、データ型は NumPy の float 型または int 型が自動的に割り当てられます。pandas のデータ型にする場合は、インスタンス生成時または astype() メソッドから pandas のデータ型を明示的に指定します。

```
int_ser = pd.Series(
    rng.integers(0, 10, 4),
    index=range(0, 8, 2),
    dtype=pd.Int64Dtype(),
).reindex(range(4))
int_ser
```

▼

```
0       2
1    <NA>
2       3
3    <NA>
dtype: Int64
```

```
int_ser.dtype
```

▼

```
Int64Dtype()
```

データの型変換

pandasでは、int型およびbool型のデータに欠損値が含まれている場合は、自動的に型変換が行われます（表5-8）。

表5-8　欠損値が含まれたデータの型変換

データ型	変換後のデータ型
int型	float型
bool型	object型
float型	float型
object型	object型

```
# int型
pd.Series([1, None, 3])
```

▼

```
0    1.0
1    NaN
2    3.0
dtype: float64
```

```
# bool型
pd.Series([True, None, False])
```

▼

```
0     True
1     None
2    False
dtype: object
```

```
# float型
pd.Series([1.0, None, 3.0])
```

▼

```
0    1.0
1    NaN
2    3.0
dtype: float64
```

```
# object型
pd.Series(["a", None, "c"])
```

▼

```
0       a
1    None
2       c
dtype: object
```

欠損値を含むデータの評価

NaNどうし、またはNaTどうしの比較演算は、Falseが返ります。

NOTE 欠損値の判定時の注意点

欠損値かどうかを判定するために欠損値のデータ型との比較をしてはいけません。

```
np.nan == np.nan
```

▼

```
False
```

```
np.nan > np.nan
```

```
False
```

```
pd.NaT == pd.NaT
```

```
False
```


NAどうしの比較演算は、NAが返ります。

```
pd.NA == pd.NA
```

```
<NA>
```

欠損値であるかどうかを確認するには、isna()またはisnull()関数（またはメソッド）を使います。

```
pd.isna(float_ser)
# or
pd.isnull(float_ser)
# or
float_ser.isna()
# or
float_ser.isnull()
```

```
0    False
1     True
2    False
3     True
dtype: bool
```

```
int_ser.isna()
```

```
0    False
1     True
2    False
3     True
dtype: bool
```

```
dt_ser.isna()
```

▼

```
0    False
1     True
2    False
3     True
dtype: bool
```

欠損値を含むデータの演算

欠損値を含むSeriesに対して、記述統計を行うメソッドを実行した場合やグループ化した場合は、次のような処理になります。

- データを集計する場合、欠損値は0として扱われる
- すべてのデータが欠損値の場合は0となる
- 累積演算（cumsum()、cumprod()など）では欠損値を無視する

```
int_ser.sum()
```

▼

```
5
```

```
int_ser.cumsum()
```

▼

```
0       2
1    <NA>
2       5
3    <NA>
dtype: Int64
```

メソッドの引数skipnaにFalseを渡すと、欠損値を含めて処理します。

```
int_ser.sum(skipna=False)
```

▼

```
<NA>
```

5-6-2 欠損値の発生パターン（メカニズム）と対処方法

本項では、実世界のデータに欠損値が生じるパターンと対処方法について解説します。ここでは、欠損値の発生は、次の3パターンに分けられるとします※44。

- MCAR（Missing Completely At Random）：完全にランダムに発生する場合
    - ある列の欠損値の発生がほかの列の値によらない場合です※45。欠損値が仮に欠損値ではなかった場合の分布がもともと欠損ではない値の分布と同じだと見なせます。つまり、この場合の欠損値は無視できます。
- MAR（Missing At Random）：条件はあるがランダムに発生する場合
    - ある条件下ではMCARである場合です。その条件についてのみ考える場合には欠損を無視できますが、そうでない場合には無視できません。
- NMAR（Not Missing At Random）：ランダムには発生しない場合
    - 系統的に欠損値が発生する場合、欠損値を無視できません。

実務上はMCARであることはあまりなく、MARまたはNMARであることが多いでしょう。

欠損値への対処方法としてまず考えるべきなのは、欠損値の発生そのものを抑えること、つまり、データ取得時に欠損値が発生しないよう工夫をすることです。たとえば、アンケートデータを収集する場合には、紙のアンケートに代えてタブレット端末上でWebフォームに入力してもらうことで、必須項目の未入力を避けられます。

一方で、すでにデータが取得済みまたは過去のデータを扱うのであれば、欠損値を削除または補完することを検討します。最も簡単な対処方法は、欠損値を含む行をすべて削除することです。ただし、その場合には、MCARである、つまり「削除前後ですべての列の値の分布が変わらない」という前提を置いていることになります。欠損値の発生がある特定の集団に偏っている場合（つまり、MCARではない場合）には、単純に欠損値のある行を削除してしまうと、その集団の多くを取り除くことになり、その後の分析やモデル構築の結果は本来意図していたものとは異なります。また、欠損値を含む列自体を削除する（使わない）ということも検討すべきです。

なお、何らかの基準やアルゴリズムに基づいて欠損値を補完することもできますが、どのような補完の手法を用いても**補完された値は真の値ではない**ことに留意する必要があります。たとえば、欠損値を

※44 高橋将宜・渡辺美智子『欠測データ処理』（共立出版・2017、ISBN：9784320112568）、p. 15-17

※45 欠損値の発生がランダムかどうかを定量的に評価することは難しいですが、ほかの列の値（たとえば、属性や日時）とは関係がなく発生している（欠損値の発生に偏りがない）場合はランダムと見なしてよいでしょう。

全体の平均値で一律に補完すると、補完後の分散の値は仮に欠損がなかった場合の値とは異なるものになります。また、欠損値の発生状況に応じた適切な補完方法を選択することが重要です。

したがって、欠損値を削除するにせよ、補完するにせよ、その発生原因を理解して対処することが重要です。

欠損値の確認

例として、南極のペンギンに関するデータを使用します。

```
df = pd.read_parquet("data/penguins.parquet")

print(df.isna().sum())
```

▼

```
Species            0
Island             0
Individual_ID      0
Date_Egg           0
Culmen_Length      2
Culmen_Depth       2
Flipper_Length     2
Body_Mass          2
Sex               11
Comments         290
Species_short      0
dtype: int64
```

Culmen_Length、Culmen_Depth、Flipper_Length、Body_Massは2個ずつ、Sexは11個、Commentsは290個の欠損値があることがわかります。

欠損値の発生が完全にランダム（MCAR）な場合

MCARの場合には、欠損値を無視する、つまり欠損値を含む**行**を次の2つの方法で削除できます※46。

- ペアワイズ：対象とする列のいずれかに欠損がある行を削除。
  - DataFrameのdropna()メソッドの引数subsetに列名をリストとして渡す。
- 完全セット（リストワイズ）：対象としないものも含めて、いずれかの列に欠損がある行を削除。
  - DataFrameのdropna()メソッドの引数subsetを指定しない（Noneを渡す）。

※46　削除する代わりに補完することもできますが、補完された値は真の値ではないということに留意してください。

元のデータは、344行あります。なお、ここでは、すべての欠損値がMCARであるとします。

```
print(df.shape)
```

▼

```
(344, 11)
```

そのうち、Culmen_Lengthが欠損のものを除くと、2つ減って342行が残ります。

```
print(df.dropna(subset=["Culmen_Length"]).shape)
```

▼

```
(342, 11)
```

Culmen_LengthとSexのいずれかが欠損のものを除くと、333行が残ります。

```
print(df.dropna(subset=["Culmen_Length", "Sex"]).shape)
```

▼

```
(333, 11)
```

さらに、すべての列に欠損値がないのは43行だけです。

```
print(df.dropna().shape)
```

▼

```
(43, 11)
```

欠損値が含まれている**列**を除外するには、dropna()メソッドの引数axisに1を渡します。ペンギンのデータでは、すべての値が欠損ではない列は5列あります。

```
print(df.dropna(axis=1).shape)
```

▼

```
(344, 5)
```

また、dropna()メソッドの引数howは、"any"（デフォルト、指定された列が**どれか1つでも**欠損なら削除）または"all"（指定された列が**すべて**欠損なら削除）の2種類の値をとります。

ペンギンのデータでは、Culmen_LengthとSexの両方が欠損のものを除くと、342行が残ります。

```
print(
    df.dropna(
        subset=["Culmen_Length", "Sex"],
        how="all",
    ).shape
)
```

```
(342, 11)
```

また、dropna()メソッドは、Seriesに対しても使えます。

```
df.loc[:, "Culmen_Length"].dropna()
```

```
0      39.1
1      39.5
2      40.3
4      36.7
5      39.3
       ...
339    55.8
340    43.5
341    49.6
342    50.8
343    50.2
Name: Culmen_Length, Length: 342, dtype: float64
```

欠損値の発生が何らかの原因による場合

MARやNMARの場合、欠損の発生が何らかの原因によるものと考えられるので、欠損値を補完することを検討します。

単変量補完と多変量補完

ここでは、単変量補完と多変量補完について簡単に解説します※47。

※47 scikit-learnのドキュメント『6.4. Imputation of missing values』に詳しくまとめられています。
https://scikit-learn.org/stable/modules/impute.html

最も手軽でよく使われる方法は、**単変量補完**です。これは、欠損値のある列の欠損ではない値に基づいて補完することです。たとえば、次の例に挙げる層化平均値代入を行います[※48]。pandasやNumPyで簡単に実装できますし、scikit-learnパッケージの`SimpleImputer`クラス[※49]も使えます。

例として、`Body_Mass`の欠損値を補完します。本章の5-3 定性的評価（可視化） p.162 で確認したように、種によって平均体重が異なるので、全体の平均値を使って補完してしまうと、種ごとの平均値から外れた値になってしまう恐れがあります。そこで、まずは欠損値の発生状況を種ごとに調べます。

```
# 種ごとの平均体重の確認
df.groupby("Species_short")["Body_Mass"].mean()
```

▼

```
Species_short
Adelie       3700.662252
Chinstrap    3733.088235
Gentoo       5076.016260
Name: Body_Mass, dtype: float64
```

```
# 種ごとの欠損値の件数
df.groupby("Species_short")["Body_Mass"].agg(lambda x: x.isna().sum())
```

▼

```
Species_short
Adelie       1
Chinstrap    0
Gentoo       1
Name: Body_Mass, dtype: int64
```

AdelieとGentooに1件ずつ欠損値があるので、それぞれ種の平均値で補完します。特定の値で欠損値を埋めるには、`fillna()`メソッドに値を渡します。次のコードでは、欠損値を平均値で埋めています[※50]。

```
# 種ごとに平均体重で補完
df.groupby("Species_short")["Body_Mass"].transform(
    lambda x: x.fillna(x.mean())
)
```

▼

※48 その列全体の平均値や最頻値で一律に置き換えることは避けるべきです。

※49 https://scikit-learn.org/stable/modules/generated/sklearn.impute.SimpleImputer.html

※50 ここで使っている`transform()`メソッドについては、公式ドキュメントを参照してください。
https://pandas.pydata.org/docs/reference/api/pandas.core.groupby.DataFrameGroupBy.transform.html

```
0      3750.000000
1      3800.000000
2      3250.000000
3      3700.662252
4      3450.000000
           ...
339    4000.000000
340    3400.000000
341    3775.000000
342    4100.000000
343    3775.000000
Name: Body_Mass, Length: 344, dtype: float64
```

一方で、もし補完したい欠損値のある列（変数）がほかの列と何らかの関係がある場合、欠損値を平均値など1つの値で置き換えることは必ずしもよいとはいえません。そのような場合には、**多変量補完**[※51]と呼ばれる手法を使い、より実際に近いと思われる値で補完することを目指します。補完したい列を目的変数として、それが連続値の場合は回帰モデル[※52]、離散値（カテゴリカルな値）の場合は分類モデルを構築して欠損値を推定し補完できます。k-近傍（k-nearest neighbor）法を使い、欠損値のあるサンプル（行）と似たほかの欠損値のないサンプルに基づいて補完することもできます。連続値の場合は、scikit-learnパッケージの`IterativeImputer`クラス[※53]や`KNNImputer`クラス[※54]も使えます。

また、欠損であること自体に意味がある場合もあります。たとえば、ユーザーの転居回数を表す列があり、システムの仕様ではユーザーが転居してはじめてその列に値「1」が入るため、転居したことがないユーザーは欠損値になっているとします。この場合には、平均値や最頻値で補完するのではなく、「0」で補完するのが正しいです。

NOTE

単一代入法と多重代入法

本節の補完方法は、いずれも値を1回だけ欠損値に代入するので、「単一代入法」と呼ばれます。一方で、最初に触れたように、補完された値は真の値ではないので、欠損値に代入する値によって最終的な分析結果やモデルが異なります。その影響を評価するのが「多重代入法」と呼ばれる手法[※55]です。

多重代入法では、同じデータに対して異なる値で欠損値を補完する操作を繰り返し、複数の補完済みデータを生成します。そのデータを1つずつ用いて分析やモデル構築を行い、得られた複数の結果（たとえば、モデルの精度）についての統計量を算出することで、補完の影響を調べます。多重代入法の解説は本書の範囲を超えるため、詳しく理解したい方は高橋将宜・渡辺美智子『欠測データ処理』（共立出版・2017、ISBN：9784320112568）を参照してください。

※51　多変量補完の具体例は、scikit-learnのドキュメント『6.4. Imputation of missing values』（以下）に詳しくまとめられています。
https://scikit-learn.org/stable/modules/impute.html

※52　「回帰代入」と呼ばれます。

※53　https://scikit-learn.org/stable/modules/generated/sklearn.impute.IterativeImputer.html

※54　https://scikit-learn.org/stable/modules/generated/sklearn.impute.KNNImputer.html

※55　そのほかに、完全情報最尤法や完全ベイズ代入法という手法で補完に使うモデルを評価できます。

行どうしに順序がある場合の補間

時系列データなど、欠損値のある行とその前後の行の値が何らかの関係性を持っていることを仮定できる場合、その関係性に基づいて欠損値を補間※56できます。欠損値を削除するよりも、合理的に多くのデータを分析やモデル構築に使えます。ただし、**欠損区間が長い場合は、最初にその原因を調査**します。

- 前後いずれかの行の値による補間
  - 前の行の値による補間をforward fillingと呼びます。
  - 後ろの行の値による補間をbackward fillingと呼びます。
- 線形補間
  - 欠損区間において、値の変化が単調であることを前提とします。
  - 欠損が1か所の場合は、前後の行の値の平均値と同等です。
  - 線形補間以外にも多項式補間など、さまざまな手法があります。

例として、本来は順序のないBody_Massを仮に順序のあるものと見なし、上記の方法で補間します。

```
df.loc[:, "Body_Mass"].head()
```

▼

```
0    3750.0
1    3800.0
2    3250.0
3       NaN
4    3450.0
Name: Body_Mass, dtype: float64
```

4行目に欠損値があります。欠損値を前の値で埋めるには、Seriesのfillna()メソッドの引数methodに"ffill"（または"pad"）を渡します。

```
df.loc[:, "Body_Mass"].fillna(method="ffill")
```

▼

```
0      3750.0
1      3800.0
2      3250.0
3      3250.0
4      3450.0
        ...
339    4000.0
340    3400.0
```

※56　一般的に欠損値を埋めることを「補完」と呼び、連続した値の系列中の欠損値を埋めることを特に「補間」と呼びます。

```
341    3775.0
342    4100.0
343    3775.0
Name: Body_Mass, Length: 344, dtype: float64
```

欠損値を後ろの値で埋めるには、引数methodに"bfill"（または"backfill"）を渡します。

```
df.loc[:, "Body_Mass"].fillna(method="bfill")
```

```
0      3750.0
1      3800.0
2      3250.0
3      3450.0
4      3450.0
        ...
339    4000.0
340    3400.0
341    3775.0
342    4100.0
343    3775.0
Name: Body_Mass, Length: 344, dtype: float64
```

欠損値を線形補間（一次補間）するには、Seriesのinterpolate()メソッドの引数methodに"linear"を渡します（デフォルト）。

```
df.loc[:, "Body_Mass"].interpolate(method="linear")
```

```
0      3750.0
1      3800.0
2      3250.0
3      3350.0
4      3450.0
        ...
339    4000.0
340    3400.0
341    3775.0
342    4100.0
343    3775.0
Name: Body_Mass, Length: 344, dtype: float64
```

Indexの値をもとに線形補間する場合は、引数methodに"index"または"values"を渡します（"index"と"values"は同じ結果になります）。"linear"ではすべてのデータが等間隔に並んでいるものとして補間されるのに対して、"index"と"values"ではIndexの値をもとにデータの間隔を計算して補間されます。ペンギンのデータでは違いがわかりにくいので、別の例を示します（2行目の欠損値を補間します）。

```
# "linear"の場合
pd.Series([1.0, None, 10], index=[1, 10, 100]).interpolate(method="linear")
```

▼

```
1       1.0
10      5.5
100    10.0
dtype: float64
```

```
# "index"の場合（"values"も同じ結果）
pd.Series([1.0, None, 10], index=[1, 10, 100]).interpolate(method="index")
```

▼

```
1       1.000000
10      1.818182
100    10.000000
dtype: float64
```

時系列データをDatetimeIndexをもとに線形補間する場合は、引数methodに"time"を渡します。

```
pd.Series(
    [1.0, None, 10.0],
    index=[
        pd.Timestamp("2023-01-01"),
        pd.Timestamp("2023-01-10"),
        pd.Timestamp("2023-04-10"),
    ],
).interpolate(method="time")
```

▼

```
2023-01-01     1.000000
2023-01-10     1.818182
2023-04-10    10.000000
dtype: float64
```

線形補間以外の手法については、公式ドキュメント[※57]を参照してください。

※57 https://pandas.pydata.org/docs/reference/api/pandas.DataFrame.interpolate.html

5-7 値の重複

さまざまな原因からデータの重複[※58]は発生します。本節では、考えられるパターンと対処方法について解説します。

5-7-1 重複の有無の確認方法

重複が発生しているかを調べるには、データ全体の行数と調べる対象の列に出現するユニークな[※59]値の数を比較します。それらが異なれば重複が発生しています。ユニークな値を数えるには、DataFrameもしくはSeriesのnunique()メソッドを使います。欠損値を除いて数えるかどうかは、引数dropnaに指定します（デフォルトはTrue）。例として、南極のペンギンに関するデータを使います（本節ではAdelieのみ）。

```
import pandas as pd

df = pd.read_parquet("data/penguins.parquet")
df_adelie = df.loc[df.loc[:, "Species_short"] == "Adelie"]  # Adelieのみ
print(df_adelie.shape)
```

▼

```
(152, 11)
```

```
df_adelie.nunique(dropna=False)
```

▼

```
Species            1
Island             3
Individual_ID    132
Date_Egg          33
Culmen_Length     79
Culmen_Depth      50
Flipper_Length    33
Body_Mass         56
Sex                3
Comments           8
Species_short      1
dtype: int64
```

※58　ここでは、意図の有無にかかわらず、同じ値（または値の組み合わせ）が複数回出現することを「重複」と呼びます。
※59　同じ値（または値の組み合わせ）が1回だけ出現している状態のことです。「一意な」ともいいます。

データ全体は152行ありますがユニークな値が152個ある列が1つもないので、すべての列に重複があることがわかります。たとえば、ペンギンの個体を識別するIndividual_ID※60のユニークな値は132個あるので、Individual_IDの値が同じ行（同じ個体についての行）が複数あるはずです。

具体的に調べるときは、DataFrameもしくはSeriesのduplicated()メソッドを使うと、重複の発生している箇所を特定できます。DataFrameについては、引数subsetに列名をリストで渡すと、対象の列の値がすべて重複している箇所を特定できます（デフォルトではすべての列）。また、重複箇所がDataFrameの中で離れていることがあるので、調べる対象の列についてソートすると確認しやすいです。DataFrameをソートするには、sort_values()メソッドを使い、引数byにソートの基準となる列の名前を渡します。

```
# データ全体
df_adelie.duplicated().sum()  # 単に重複の有無を調べる場合はany()メソッド
```

▼

```
0
```

まず、データ全体では値がまったく同じ行は存在していないことがわかりました。次に、引数subsetを指定して列ごとに調べます。

```
# subsetを指定する例
df_adelie.duplicated(
    subset=[
        "Individual_ID",
    ]
).sum()
```

▼

```
20
```

Individual_IDについては重複が20行あることがわかりました。duplicated()メソッドの引数keepにFalseを渡すと、すべての重複箇所を特定できます。また、Individual_IDについてソートします。

```
# Individual_IDが重複している箇所（すべて、先頭部分）
df_adelie.loc[
    df_adelie.loc[:, "Individual_ID"].duplicated(keep=False)
].sort_values(by="Individual_ID").head()
```

※60　厳密には、Individual_IDは種の間で重複があり、別の種の個体に同じIDが振られています。しかし本節では、Adelieのみを扱っているので、すべての個体に異なるIDが振られています。

▼

	Species	Island	Individual_ID	Date_Egg	Culmen_Length	Culmen_Depth	Flipper_Length	Body_Mass	Sex	Comments	Species_short
30	Adelie Penguin (Pygoscelis adeliae)	Dream	N21A1	2007-11-09	39.5	16.7	178.0	3250.0	FEMALE	None	Adelie
50	Adelie Penguin (Pygoscelis adeliae)	Biscoe	N21A1	2008-11-06	39.6	17.7	186.0	3500.0	FEMALE	None	Adelie
51	Adelie Penguin (Pygoscelis adeliae)	Biscoe	N21A2	2008-11-06	40.1	18.9	188.0	4300.0	MALE	None	Adelie
31	Adelie Penguin (Pygoscelis adeliae)	Dream	N21A2	2007-11-09	37.2	18.1	178.0	3900.0	MALE	None	Adelie
32	Adelie Penguin (Pygoscelis adeliae)	Dream	N22A1	2007-11-09	39.5	17.8	188.0	3300.0	FEMALE	None	Adelie

同じ個体の異なる年のデータがあるようです。

また、duplicated()メソッドの引数keepに"first"または"last"を渡すと、最初または最後の出現箇所は無視されます。

```
# Individual_IDが重複している箇所（最初の出現は含まない）
df_adelie.loc[
    df_adelie.loc[:, "Individual_ID"].duplicated(keep="first")
].sort_values(by="Individual_ID").head()
```

▼

	Species	Island	Individual_ID	Date_Egg	Culmen_Length	Culmen_Depth	Flipper_Length	Body_Mass	Sex	Comments	Species_short
50	Adelie Penguin (Pygoscelis adeliae)	Biscoe	N21A1	2008-11-06	39.6	17.7	186.0	3500.0	FEMALE	None	Adelie
51	Adelie Penguin (Pygoscelis adeliae)	Biscoe	N21A2	2008-11-06	40.1	18.9	188.0	4300.0	MALE	None	Adelie
52	Adelie Penguin (Pygoscelis adeliae)	Biscoe	N22A1	2008-11-09	35.0	17.9	190.0	3450.0	FEMALE	None	Adelie
53	Adelie Penguin (Pygoscelis adeliae)	Biscoe	N22A2	2008-11-09	42.0	19.5	200.0	4050.0	MALE	None	Adelie
54	Adelie Penguin (Pygoscelis adeliae)	Biscoe	N23A1	2008-11-09	34.5	18.1	187.0	2900.0	FEMALE	None	Adelie

5-7-2 重複の発生パターンと対処方法

重複が発生するパターンは、次のように分けられます。

- データ内にまったく同じ行が複数存在する（行全体の重複）
- 一部の列にのみ値の重複がある

なお、重複の発生がデータ結合に起因する場合があります。特に、結合キーの列に重複があるか、または結合キーから必要な列が漏れていて、一対多の結合になっている場合です。また、Indexを使った連結後に発生している場合は、Indexが重複している可能性があります。データを結合して作成したデータに重複が発生している場合は、本項で解説する対処方法をとる前に、**まずは結合条件を見直す**べきです[※61]。また、データ結合の前後で、行数と列数の変化が意図どおりになっているかをチェックします。

行全体の重複への対処

まったく同じ行が複数存在する場合、1つだけ残してほかは削除して問題ありません。ただし、キーとなる列が脱落しているなどの原因で、見かけ上、そうなっている場合もあるため、注意が必要です。すべての列の値が重複する行を削除するには、DataFrameのdrop_duplicates()メソッドを使います。

```
df_adelie_duplicated = pd.concat(
    [df_adelie, df_adelie]
)  # 重複のあるDataFrameを作成。
print(f"重複あり：{df_adelie_duplicated.shape}")

print(f"重複除去：{df_adelie_duplicated.drop_duplicates().shape}")  # 元と同じ
```

▼

```
重複あり：(304, 11)
重複除去：(152, 11)
```

一部の列の重複への対処

一部の列のみに値の重複がある場合、次のいずれかの方法で対処します。

- 特定の行を残す
- 値を集約する

特定の行を残す場合、DataFrameのdrop_duplicates()メソッドを使い、引数subsetに重複を判定する列をリストで渡します。引数keepに"first"（最初の出現を残す）か"last"（最後の出現を残

※61　第3章の3-1-5 merge()関数によるDataFrameの結合 p.82 を参照してください。

す）を渡します（デフォルトは"first"）。

```
# 最初の出現を残す
df_adelie.drop_duplicates(
    subset=[
        "Individual_ID",
    ],
    keep="first",
).head()
```

▼

	Species	Island	Individual_ID	Date_Egg	Culmen_Length	Culmen_Depth	Flipper_Length	Body_Mass	Sex	Comments	Species_short
0	Adelie Penguin (Pygoscelis adeliae)	Torgersen	N1A1	2007-11-11	39.1	18.7	181.0	3750.0	MALE	Not enough blood for isotopes.	Adelie
1	Adelie Penguin (Pygoscelis adeliae)	Torgersen	N1A2	2007-11-11	39.5	17.4	186.0	3800.0	FEMALE	None	Adelie
2	Adelie Penguin (Pygoscelis adeliae)	Torgersen	N2A1	2007-11-16	40.3	18.0	195.0	3250.0	FEMALE	None	Adelie
3	Adelie Penguin (Pygoscelis adeliae)	Torgersen	N2A2	2007-11-16	NaN	NaN	NaN	NaN	NaN	Adult not sampled.	Adelie
4	Adelie Penguin (Pygoscelis adeliae)	Torgersen	N3A1	2007-11-16	36.7	19.3	193.0	3450.0	FEMALE	None	Adelie

```
# 最後の出現を残す
df_adelie.drop_duplicates(
    subset=[
        "Individual_ID",
    ],
    keep="last",
).head()
```

▼

	Species	Island	Individual_ID	Date_Egg	Culmen_Length	Culmen_Depth	Flipper_Length	Body_Mass	Sex	Comments	Species_short
0	Adelie Penguin (Pygoscelis adeliae)	Torgersen	N1A1	2007-11-11	39.1	18.7	181.0	3750.0	MALE	Not enough blood for isotopes.	Adelie
1	Adelie Penguin (Pygoscelis adeliae)	Torgersen	N1A2	2007-11-11	39.5	17.4	186.0	3800.0	FEMALE	None	Adelie
2	Adelie Penguin (Pygoscelis adeliae)	Torgersen	N2A1	2007-11-16	40.3	18.0	195.0	3250.0	FEMALE	None	Adelie

3	Adelie Penguin (Pygoscelis adeliae)	Torgersen	N2A2	2007-11-16	NaN	NaN	NaN	NaN	NaN	Adult not sampled.	Adelie
4	Adelie Penguin (Pygoscelis adeliae)	Torgersen	N3A1	2007-11-16	36.7	19.3	193.0	3450.0	FEMALE	None	Adelie

ただし、どの行が残るかは、DataFrameの行の順番で決まるので、場合によってはあらかじめソートする必要があります。たとえば、各Individual_IDについて最新のデータ（行）を残す場合は、日時（Date_Egg）で降順ソートして各Individual_IDの最初に出現する行を残してほかを削除します※62。ソート順（昇順、降順）は sort_values()メソッドの引数ascendingに指定し※63、Trueが昇順（デフォルト）、Falseが降順です。

```
df_adelie.sort_values(by="Date_Egg", ascending=False).drop_duplicates(
    subset="Individual_ID", keep="first"
).head()
```

▼

	Species	Island	Individual_ID	Date_Egg	Culmen_Length	Culmen_Depth	Flipper_Length	Body_Mass	Sex	Comments	Species_short
131	Adelie Penguin (Pygoscelis adeliae)	Torgersen	N73A2	2009-11-23	43.1	19.2	197.0	3500.0	MALE	Nest never observed with full clutch.	Adelie
130	Adelie Penguin (Pygoscelis adeliae)	Torgersen	N73A1	2009-11-23	38.5	17.9	190.0	3325.0	FEMALE	Nest never observed with full clutch.	Adelie
118	Adelie Penguin (Pygoscelis adeliae)	Torgersen	N64A1	2009-11-22	35.7	17.0	189.0	3350.0	FEMALE	None	Adelie
119	Adelie Penguin (Pygoscelis adeliae)	Torgersen	N64A2	2009-11-22	41.1	18.6	189.0	3325.0	MALE	None	Adelie
127	Adelie Penguin (Pygoscelis adeliae)	Torgersen	N71A2	2009-11-21	41.5	18.3	195.0	4300.0	MALE	None	Adelie

値を集約することで重複を除く場合は、キーとなる列についてDataFrameのgroupby()メソッド、さらにGroupByオブジェクトのagg()メソッドなどを使って集約値を計算します。たとえば、各Individual_IDについて重複を含む複数の Flipper_Lengthの値がある場合、Individual_IDごとの平均値や最大値を計算してIndividual_IDに関してユニークなデータにできます。

※62　日時で昇順ソートして、各 Individual_ID の最後に出現する行を残しても同じ結果です。

※63　複数の列をソートするときに列ごとにソート順を変える場合は、リストを渡します。たとえば、ソートする 2 列のうち 1 つ目を昇順、2 つ目を降順にする場合は、ascending=[True, False] とします。

```
# 平均値に集約
df_adelie_agg = df_adelie.groupby("Individual_ID")["Flipper_Length"].mean()
df_adelie_agg.head()
```

```
Individual_ID
N10A1    184.0
N10A2    194.0
N11A1    174.0
N11A2    180.0
N12A1    189.0
Name: Flipper_Length, dtype: float64
```

```
df_adelie_agg.shape
```

```
(132,)
```

集約後のデータ数は、ユニークなIndividual_IDの数と同じです。

第6章

時系列データの処理

本章では、pandasを利用した時系列データの処理方法を解説します。次のようなpandasの機能を使うことで、SeriesやDataFrameを効率よく処理できます。

- 時系列データに特化した柔軟なインデックス
- アクセサを利用したdatetime型のデータ操作
- 時系列データを処理するための関数やメソッド

6-1 時系列データを扱うpandasのデータ型

本節では、pandasで時系列データを扱うときに使われる4つのデータ型（表6-1）について解説します。

表6-1　時系列でよく扱うpandasのデータ型

データ型	説明
Timestamp	タイムゾーンをサポートした特定の日付と時刻のデータ型。Python標準ライブラリのdatetime.datetimeに似ている
Period	時間の長さを定義できるデータ型。月や四半期など、時系列データ特有の期間を扱える
Timedelta	時間差を扱うデータ型。Python標準ライブラリのdatetime.timedeltaに似ている
DateOffset	カレンダー演算をもとにした相対時間を算出できるデータ型。サードパーティ製パッケージdateutilのdateutil.relativedelta.relativedeltaに似ている

6-1-1 Timestampクラス

Timestampクラスは、日時を扱う時系列データの最も基本的なデータ型です。コンストラクタの第1引数ts_inputには、文字列やdatetime型など、日時に変換できるデータ型を渡せます。

```
import datetime
import pandas as pd

pd.Timestamp(datetime.datetime(2023, 1, 2, 3, 4))
```

▼

```
Timestamp('2023-01-02 03:04:00')
```

```
pd.Timestamp("2023-01-02 03:04")
```

```
Timestamp('2023-01-02 03:04:00')
```

```
pd.Timestamp("2023/1")
```

```
Timestamp('2023-01-01 00:00:00')
```

Timestampクラスの位置専用引数は複数渡せます。「年、月、日、時、分、秒、マイクロ秒」の順に処理されます。この場合、第3引数まで（年、月、日）は必須となります。

```
pd.Timestamp(2023, 1, 2, 3, 4, 5, 6)
```

```
Timestamp('2023-01-02 03:04:05.000006')
```


前のコードをキーワード引数に書き直すと、次のコードになります。

```
pd.Timestamp(
    year=2023,
    month=1,
    day=2,
    hour=3,
    minute=4,
    second=5,
    microsecond=6,
)
```

```
Timestamp('2023-01-02 03:04:05.000006')
```

6-1-2 Periodクラス

Periodクラスは、時間の長さを表現するデータ型です。Timestampクラスが特定の日時を扱うのに対し、Periodクラスは特定の期間を扱います。会計データなど特定の期間ごとにデータがある場合に利用できます。

次のコードでは、Periodクラスから2023年第3四半期のインスタンスを生成しています。

```
period = pd.Period("3Q2023")
period
```

```
Period('2023Q3', 'Q-DEC')
```

start_time属性、end_time属性にアクセスすると、開始日時、終了日時をそれぞれを返します。

```
period.start_time, period.end_time
```

```
(Timestamp('2023-07-01 00:00:00'), Timestamp('2023-09-30 23:59:59.999999999'))
```

to_timestamp()メソッドを実行することで、Period型データをTimestamp型に変換できます。デフォルトでは開始日時が返され、引数howに"end"（"e"）を渡すことで終了日時を返します。

```
period.to_timestamp()
```

```
Timestamp('2023-07-01 00:00:00')
```

```
period.to_timestamp(how="end")
```

```
Timestamp('2023-09-30 23:59:59.999999999')
```

Timestamp型からPeriod型に変換するには、to_period()メソッド※1を実行します。
次のコードでは、年末に変換しています。

```
pd.Timestamp("2023-01-02 03:04").to_period(freq="A")
```

```
Period('2023', 'A-DEC')
```

※1　to_period()メソッドの引数freqに渡すデータについては、本章の6-1-4 DateOffsetクラス p.213 を参照してください。

6-1-3 Timedeltaクラス

Timedeltaクラスは、時間差を処理できるデータ型です。Python標準ライブラリのdatetime.timedeltaに似ていますが、引数に柔軟なデータ型を渡せます。

次のコードでは、第1引数に値、第2引数に単位を渡しています。生成されたインスタンスは、1日として処理されます。

```
pd.Timedelta(1, "d")
```

▼

```
Timedelta('1 days 00:00:00')
```

前のコードと同じ処理を、文字列や引数daysに数値を渡して行えます。

```
pd.Timedelta("1d")
# or
pd.Timedelta(days=1)
```

▼

```
Timedelta('1 days 00:00:00')
```

次のコードでは、Timestamp型のインスタンスから2時間3分後のタイムスタンプを算出しています。

```
pd.Timestamp("2023-01-01") + pd.Timedelta(hours=2, minutes=3)
```

▼

```
Timestamp('2023-01-01 02:03:00')
```

6-1-4 DateOffsetクラス

DateOffsetクラスは、カレンダー演算をもとにした相対的な時間を算出できるデータ型です。「月、曜日、営業日」などの時間差を処理できます。

次のコードでは、Timestamp型のインスタンスから2週間後のタイムスタンプを算出しています。

```
pd.Timestamp("2023-01-01") + pd.DateOffset(weeks=2)
```

▼

```
Timestamp('2023-01-15 00:00:00')
```

YearEndクラスは、DateOffsetクラスの関連クラスです。

次のコードでは、Timestamp型のインスタンスから年末のタイムスタンプを算出しています。

```
pd.Timestamp("2023-01-01") + pd.tseries.offsets.YearEnd()
```

▼

```
Timestamp('2023-12-31 00:00:00')
```

DateOffsetインスタンスは、date_range()関数[※2]などの関数に対して、頻度を意味する引数freqへ渡せます。

次のコードでは、BusinessMonthEndクラスを利用して、月末の営業日を基準とした1か月ごとのDatetimeIndexインスタンスを生成しています。

```
pd.date_range(
    "2023-01-01",
    periods=12,
    freq=pd.tseries.offsets.BusinessMonthEnd(),
)
```

▼

```
DatetimeIndex(['2023-01-31', '2023-02-28', '2023-03-31', '2023-04-28',
               '2023-05-31', '2023-06-30', '2023-07-31', '2023-08-31',
               '2023-09-29', '2023-10-31', '2023-11-30', '2023-12-29'],
              dtype='datetime64[ns]', freq='BM')
```

引数freqにはDateOffsetインスタンスの代わりに、エイリアス（別名）として文字列を渡せます。代表的なDateOffsetは、表6-2のとおりです。そのほかのエイリアスについては、pandas公式ドキュメントのUser Guide[※3]やAPI reference[※4]を参照してください。

※2　date_range()関数については、本章の6-2 時系列データのインデックス p.215 を参照してください。

※3　User Guide
https://pandas.pydata.org/pandas-docs/stable/user_guide/timeseries.html#dateoffset-objects

※4　API reference
https://pandas.pydata.org/pandas-docs/stable/reference/offset_frequency.html

表6-2　主要なDateOffset

DateOffset	エイリアス（別名）	概要
BDay、BusinessDay	B	営業日（月-金曜日）
Week	W	週（月曜日が週初）
MonthEnd	M	月末
MonthBegin	MS	月初
YearEnd	A	年末
YearBegin	AS、BYS	年初
Day	D	日
Hour	H	時
Minute	T、min	分
Second	S	秒

freqstr属性にアクセスしてDateOffsetの文字列を確認できます。次のコードから、BusinessMonthEndクラスの別名の文字列が"BM"であることが確認できます。

```
pd.tseries.offsets.BusinessMonthEnd().freqstr
```

▼

```
'BM'
```

```
pd.date_range("2023-01-01", periods=12, freq="BM")
```

▼

```
DatetimeIndex(['2023-01-31', '2023-02-28', '2023-03-31', '2023-04-28',
               '2023-05-31', '2023-06-30', '2023-07-31', '2023-08-31',
               '2023-09-29', '2023-10-31', '2023-11-30', '2023-12-29'],
              dtype='datetime64[ns]', freq='BM')
```

6-2 時系列データのインデックス

本節では、pandasの時系列に特化したインデックスについて解説します。DatetimeIndexはタイムスタンプを扱うデータに向いており、PeriodIndexは特定の期間ごとのデータに向いています。これらのインデックスを扱うことで、時系列データを効率よく処理できます。

6-2-1 DatetimeIndexクラス

DatetimeIndexクラスからDatetimeIndexインスタンス（以降、DatetimeIndexと表記）を生成できます。第1引数には、datetime型や文字列などを要素としたarray-likeオブジェクトを渡せます。

```
import datetime

import pandas as pd

# datetime型を要素としたリスト
pd.DatetimeIndex(
    [
        datetime.datetime(2023, 1, 1),
        datetime.datetime(2023, 1, 2),
    ]
)
```

▼

```
DatetimeIndex(['2023-01-01', '2023-01-02'], dtype='datetime64[ns]', freq=None)
```

```
# 文字列を要素としたリスト
pd.DatetimeIndex(["2023-01-01", "2023-01-02"])
```

▼

```
DatetimeIndex(['2023-01-01', '2023-01-02'], dtype='datetime64[ns]', freq=None)
```

6-2-2 date_range()関数

date_range()関数は、DatetimeIndexを生成するための便利な関数です（表6-3）。一定の周期（頻度）を持ったDatetimeIndexを簡潔なコードで生成できます。

表6-3　date_range()関数の引数

引数	説明
start	開始日時を文字列やdatetime型で指定
end	終了日時を文字列やdatetime型で指定
periods	期間（データの個数）をint型で指定
freq	周期（頻度）を文字列またはDateOffsetオブジェクトで指定※。デフォルトは1D（1日）

※詳細は、本章の6-1-4 DateOffsetクラス p.213 を参照してください。

次のコードでは、date_range()関数を実行し、2023年1月1日から2023年1月3日まで、1日ごとのDatetimeIndexを生成しています。

```
pd.date_range(start="2023-01-01", end="2023-01-03")
```

```
DatetimeIndex(['2023-01-01', '2023-01-02', '2023-01-03'], dtype='datetime64[ns]', freq='D')
```

```
pd.date_range(start="2023-01-01", periods=3)
```

```
DatetimeIndex(['2023-01-01', '2023-01-02', '2023-01-03'], dtype='datetime64[ns]', freq='D')
```

次のコードでは、date_range()関数を実行し、2023年1月1日9時0分0秒から2023年1月1日9時0分5秒まで、1秒ごとのDatetimeIndexを生成しています。

```
pd.date_range(
    "2023-01-01 9:00:00",
    periods=5,
    freq="1S",
)
```

```
DatetimeIndex(['2023-01-01 09:00:00', '2023-01-01 09:00:01',
               '2023-01-01 09:00:02', '2023-01-01 09:00:03',
               '2023-01-01 09:00:04'],
              dtype='datetime64[ns]', freq='S')
```

```
pd.date_range(
    "2022-01-01 9:00:00",
    periods=5,
    freq=pd.DateOffset(seconds=1),
)
```

```
DatetimeIndex(['2022-01-01 09:00:00', '2022-01-01 09:00:01',
               '2022-01-01 09:00:02', '2022-01-01 09:00:03',
               '2022-01-01 09:00:04'],
              dtype='datetime64[ns]', freq='<DateOffset: seconds=1>')
```

6-2-3 DatetimeIndexへのアクセス

ここでは、1時間ごと、1000時間分の時系列データを生成します。

```
import numpy as np

rng = np.random.default_rng(1)
ts_ser = pd.Series(
    rng.random(1000),
    index=pd.date_range(
        "2023-01-01",
        periods=1000,
        freq="1H",
    ),
)
ts_ser.head()
```

▼

```
2023-01-01 00:00:00    0.511822
2023-01-01 01:00:00    0.950464
2023-01-01 02:00:00    0.144160
2023-01-01 03:00:00    0.948649
2023-01-01 04:00:00    0.311831
Freq: H, dtype: float64
```

```
ts_ser.tail()
```

▼

```
2023-02-11 11:00:00    0.565484
2023-02-11 12:00:00    0.937429
2023-02-11 13:00:00    0.018766
2023-02-11 14:00:00    0.865663
2023-02-11 15:00:00    0.962473
Freq: H, dtype: float64
```

DatetimeIndexは、SeriesやDataFrameのインデックスとして扱えるため、コンストラクタの引数indexに渡すことでインデックスがDatetimeIndexになります。

```
ts_ser.index
```

▼

```
DatetimeIndex(['2023-01-01 00:00:00', '2023-01-01 01:00:00',
               '2023-01-01 02:00:00', '2023-01-01 03:00:00',
               '2023-01-01 04:00:00', '2023-01-01 05:00:00',
               '2023-01-01 06:00:00', '2023-01-01 07:00:00',
               '2023-01-01 08:00:00', '2023-01-01 09:00:00',
               ...
               '2023-02-11 06:00:00', '2023-02-11 07:00:00',
               '2023-02-11 08:00:00', '2023-02-11 09:00:00',
               '2023-02-11 10:00:00', '2023-02-11 11:00:00',
               '2023-02-11 12:00:00', '2023-02-11 13:00:00',
               '2023-02-11 14:00:00', '2023-02-11 15:00:00'],
              dtype='datetime64[ns]', length=1000, freq='H')
```

DatetimeIndexは、インデクサの添え字にdatetime型や文字列などを渡してアクセスできます。次のコードでは、2023年2月11日15時のデータにアクセスしています。

```
ts_ser.loc[datetime.datetime(2023, 2, 11, 15, 0)]
# or
ts_ser.loc["2023-02-11 15:00"]
```

```
0.9624731102430444
```

次のコードでは、時刻が10時0分のデータにアクセスしています。

```
ts_ser.loc[datetime.time(10, 0)].head()
```

```
2023-01-01 10:00:00    0.753513
2023-01-02 10:00:00    0.613003
2023-01-03 10:00:00    0.876537
2023-01-04 10:00:00    0.768517
2023-01-05 10:00:00    0.543669
Freq: 24H, dtype: float64
```

次のコードのように、文字列で指定して、2023年2月のデータにアクセスできます。

```
ts_ser.loc["2023-02"].head()
```

```
2023-02-01 00:00:00    0.141853
2023-02-01 01:00:00    0.595077
2023-02-01 02:00:00    0.819055
2023-02-01 03:00:00    0.193619
2023-02-01 04:00:00    0.913415
Freq: H, dtype: float64
```

期間を指定するには、インデクサにスライス記法で記述します。

```
ts_ser.loc["2023-01-10 3:00":"2023-01-10 5:00"]
```

▼

```
2023-01-10 03:00:00    0.570565
2023-01-10 04:00:00    0.158555
2023-01-10 05:00:00    0.952029
Freq: H, dtype: float64
```

between_time()メソッドでは、特定の時間帯を抽出できます。営業時間などが定められている場合に便利です。

次のコードでは、10時から17時までのデータを参照しています。

```
ts_ser.between_time("10:00", "17:00").head(10)
```

▼

```
2023-01-01 10:00:00    0.753513
2023-01-01 11:00:00    0.538143
2023-01-01 12:00:00    0.329732
2023-01-01 13:00:00    0.788429
2023-01-01 14:00:00    0.303195
2023-01-01 15:00:00    0.453498
2023-01-01 16:00:00    0.134042
2023-01-01 17:00:00    0.403113
2023-01-02 10:00:00    0.613003
2023-01-02 11:00:00    0.917298
dtype: float64
```

6-2-4 PeriodIndexクラス

PeriodIndexクラスからPeriodIndexインスタンス（以降、PeriodIndexと表記）を生成できます。第1引数には、datetime型や文字列などを要素としたarray-likeオブジェクトを渡せます。

```
# datetime型を要素としたリスト
pd.PeriodIndex(
    [
        datetime.datetime(2023, 1, 1),
        datetime.datetime(2023, 2, 2),
    ],
    freq="M",
)
```

▼

```
PeriodIndex(['2023-01', '2023-02'], dtype='period[M]')
```

```
# 文字列を要素としたリスト
pd.PeriodIndex(
    ["2023-01-01", "2023-02-01"],
    dtype="period[M]",  # freq="M"でも可
)
```

▼

```
PeriodIndex(['2023-01', '2023-02'], dtype='period[M]')
```


6-2-5 period_range()関数

period_range()関数は、PeriodIndexを生成するための便利な関数です。一定の期間（頻度）を持ったPeriodIndexを簡潔なコードで生成できます。引数はdate_range()関数と同様です。

次のコードでは、period_range()関数を実行し、2023年1月1日から2023年1月3日まで、1日ごとのPeriodIndexを生成しています。

```
pd.period_range(start="2023-01-01", end="2023-01-03")
```

▼

```
PeriodIndex(['2023-01-01', '2023-01-02', '2023-01-03'], dtype='period[D]')
```

```
pd.period_range(start="2023-01-01", periods=3)
```

▼

```
PeriodIndex(['2023-01-01', '2023-01-02', '2023-01-03'], dtype='period[D]')
```

次のコードでは、period_range()関数を実行し、2023年1月1日9時0分0秒から2023年1月1日9時0分4秒まで、1秒ごとのPeriodIndexを生成しています。

```
pd.period_range(
    "2023-01-01 9:00:00",
    periods=5,
    freq="1S",
)
```

▼

```
PeriodIndex(['2023-01-01 09:00:00', '2023-01-01 09:00:01',
             '2023-01-01 09:00:02', '2023-01-01 09:00:03',
             '2023-01-01 09:00:04'],
            dtype='period[S]')
```

ここでは、1四半期ごと、10期間分の時系列データを生成します。

```
pd_ser = pd.Series(
    rng.random(10),
    index=pd.period_range(
        "2023-01-01",
        periods=10,
        freq="1Q",
    ),
)
pd_ser
```

▼

```
2023Q1    0.542327
2023Q2    0.967883
2023Q3    0.704782
2023Q4    0.545225
2024Q1    0.463675
2024Q2    0.466399
2024Q3    0.681997
2024Q4    0.234505
2025Q1    0.715401
2025Q2    0.490990
Freq: Q-DEC, dtype: float64
```

PeriodIndexは、インデクサの添え字にdatetime型や文字列などを渡してアスセスできます。

次のコードでは、2023年10月1日と、2023年12月31日を指定していますが、ともに2023年第4四半期に含まれているため、同じデータが返ります。

```
pd_ser.loc[datetime.datetime(2023, 10, 1)]
```

▼

```
0.5452252080293496
```

```
pd_ser.loc[datetime.datetime(2023, 12, 31)]
```

▼

```
0.5452252080293496
```

次のコードでは、2023年第4四半期のデータにアクセスしています。

```
pd_ser.loc["2023Q4"]
```

▼

```
0.5452252080293496
```

次のコードのように、2023年のデータにアクセスする場合に文字列による指定もできます。

```
pd_ser.loc["2023"]
```

▼

```
2023Q1    0.542327
2023Q2    0.967883
2023Q3    0.704782
2023Q4    0.545225
Freq: Q-DEC, dtype: float64
```

次のコードのように、インデクサにスライス記法で記述して、期間を指定してアクセスできます。

```
pd_ser.loc["2023Q3":"2024Q2"]
```

▼

```
2023Q3    0.704782
2023Q4    0.545225
2024Q1    0.463675
2024Q2    0.466399
Freq: Q-DEC, dtype: float64
```

6-3 リサンプリング

本節では、時系列データをリサンプリングする方法について解説します。pandasは、時系列データをリサンプリングするためのシンプルで強力かつ効率的な機能を持っています。たとえば、日次のデータを月次に変換したり、四半期ごとにデータを集約したりできます。

6-3-1 resample()メソッド

DatetimeIndexを持つSeriesおよびDataFrameからresample()メソッドを実行すると、DatetimeIndexResamplerオブジェクトを返します。resample()メソッドの引数には、DateOffsetを渡します[※5]。ここでは、2023年1月1日から2023年1月21日までの日次データであるSeriesを生成します。

```
import pandas as pd

ser = pd.Series(
    range(21),
    index=pd.date_range("2023-01-01", periods=21),
)
ser.head()
```

▼

```
2023-01-01    0
2023-01-02    1
2023-01-03    2
2023-01-04    3
2023-01-05    4
Freq: D, dtype: int64
```

次のコードでは、resample()メソッドを実行して、日次のデータから1週間ごとの合計値を算出しています。ここでは、"1W"を渡しているため、月曜日から日曜日までを集計し、末日（日曜日）がインデックスになります。

```
ser.resample("1W").sum()
```

▼

※5　詳細は、本章の6-1-4 DateOffsetクラス p.213 を参照してください。

```
2023-01-01      0
2023-01-08     28
2023-01-15     77
2023-01-22    105
Freq: W-SUN, dtype: int64
```

ohlc()メソッドは、「open（始値）、high（高値）、low（安値）、close（終値）」※6を列に展開して算出し、DataFrameを返します。

```
ser.resample("1W").ohlc()
```

▼

	open	high	low	close
2023-01-01	0	0	0	0
2023-01-08	1	7	1	7
2023-01-15	8	14	8	14
2023-01-22	15	20	15	20

resample()メソッドの引数closedに"left"（デフォルト）を渡すと、データを左に閉じ（開始位置を含み、終了位置を含まない）、"right"を渡すと、データを右に閉じ（開始位置を含まず、終了位置を含む）ます。

次のコードでは、3日間にリサンプリングし、引数closedを"left"または"right"にし、データの先頭を確認するためにfirst()メソッドを実行して先頭の要素を抽出しています。

```
ser.resample("3D", closed="left").first()
```

▼

```
2023-01-01     0
2023-01-04     3
2023-01-07     6
2023-01-10     9
2023-01-13    12
2023-01-16    15
2023-01-19    18
Freq: 3D, dtype: int64
```

```
ser.resample("3D", closed="right").first()
```

▼

```
2022-12-29     0
2023-01-01     1
2023-01-04     4
```

※6　open：区間の最初の値、high：区間の最大値、low：区間の最小値、close：区間の最後の値。

```
2023-01-07     7
2023-01-10    10
2023-01-13    13
2023-01-16    16
2023-01-19    19
Freq: 3D, dtype: int64
```

6-4 .dtアクセサ

本節では、日付型のデータにアクセスする.dtアクセサについて解説します。Seriesには、各要素に簡潔にアクセスできるアクセサと呼ばれる仕組みがあります。.dtアクセサは、日付型の属性にアクセスできます。

ここでは、date_range()関数※7を使って、2023年1月1日から10日間のSeriesを生成しています。

```
import pandas as pd

ser = pd.Series(pd.date_range("2023-01-01", periods=10))
ser
```

▼

```
0   2023-01-01
1   2023-01-02
2   2023-01-03
3   2023-01-04
4   2023-01-05
5   2023-01-06
6   2023-01-07
7   2023-01-08
8   2023-01-09
9   2023-01-10
dtype: datetime64[ns]
```

次のコードでは、.dtアクセサからday属性にアクセスし、Seriesの要素から「日」を取得しています。

```
ser.dt.day
```

▼

※7 date_range()関数については、本章の6-2-2 date_range()関数 p.216 を参照してください。

```
0     1
1     2
2     3
3     4
4     5
5     6
6     7
7     8
8     9
9    10
dtype: int64
```

次のコードでは、.dtアクセサからday_name()メソッドを実行し、Seriesの要素から「曜日名」を取得しています。

```
ser.dt.day_name()
```

▼

```
0       Sunday
1       Monday
2      Tuesday
3    Wednesday
4     Thursday
5       Friday
6     Saturday
7       Sunday
8       Monday
9      Tuesday
dtype: object
```

.dtアクセサは、timedelta型のデータに対してもアクセスできます。

次のコードでは、.dtアクセサからseconds属性にアクセスし、Seriesの要素から1分ごとの時間差を取得しています。

```
ser = pd.Series(pd.timedelta_range("1D", periods=10, freq="1min"))
ser
```

▼

```
0   1 days 00:00:00
1   1 days 00:01:00
2   1 days 00:02:00
3   1 days 00:03:00
4   1 days 00:04:00
5   1 days 00:05:00
6   1 days 00:06:00
```

```
7    1 days 00:07:00
8    1 days 00:08:00
9    1 days 00:09:00
dtype: timedelta64[ns]
```

```
ser.dt.seconds
```

▼

```
0      0
1     60
2    120
3    180
4    240
5    300
6    360
7    420
8    480
9    540
dtype: int64
```

componentsï¼属性から「日、時間、分、秒、ミリ秒、マイクロ秒、ナノ秒」を一括して取得できます。

```
ser.dt.components
```

▼

	days	hours	minutes	seconds	milliseconds	microseconds	nanoseconds
0	1	0	0	0	0	0	0
1	1	0	1	0	0	0	0
2	1	0	2	0	0	0	0
3	1	0	3	0	0	0	0
4	1	0	4	0	0	0	0
5	1	0	5	0	0	0	0
6	1	0	6	0	0	0	0
7	1	0	7	0	0	0	0
8	1	0	8	0	0	0	0
9	1	0	9	0	0	0	0

6-5 タイムゾーン情報を含むdatetime型の操作

本節では、タイムゾーン情報を含むdatetime型の操作について解説します。

datetime型のオブジェクトは、タイムゾーンの情報の有無で、awareまたはnaiveに分類されます（表6-4）。

表6-4　datetime型のオブジェクトの分類

分類	説明
aware	タイムゾーンや夏時間のような時間調節に関する情報を持っている。解釈の余地のない特定の実時刻を表現し、ほかのawareオブジェクトとの相対比較ができる
naive	タイムゾーン情報を持っていない。ほかのdatetime型のオブジェクトと相対比較できるような情報を持たない。naiveオブジェクトの日時はプログラムの実行環境に依存する

6-5-1 タイムゾーン情報の付与と変換

まずは、Timestampクラスからnaiveなオブジェクトを生成します。

```
import pandas as pd

ts = pd.Timestamp("2023-01-01")
```

naiveなオブジェクトは、Timestampインスタンスのtz属性の値がNoneとなります。

```
print(ts.tz)
```

▼

```
None
```

tz_localize()メソッドは、datetime型の値やインデックスにタイムゾーン情報を付与します。引数にタイムゾーンを渡すことで、awareなオブジェクトに変換します。次のコードでは、タイムスタンプをawareなオブジェクト（UTC）に変換しています。

```
ts_utc = ts.tz_localize("UTC")
print(ts_utc)
```

▼

```
2023-01-01 00:00:00+00:00
```

```
print(ts_utc.tz)
```

▼

```
UTC
```

利用できるタイムゾーンは、zoneinfo.available_timezones()関数から確認できます。

```
import zoneinfo

[x for x in zoneinfo.available_timezones() if "Tokyo" in x]
```

▼

```
['Asia/Tokyo']
```

Timestampクラスのコンストラクタからawareなオブジェクトを生成するには、引数にISO 8601[※8]に従ったタイムゾーン指定子を記述するか、引数tzにタイムゾーンを渡します。

次のコードでは、awareなオブジェクトを協定世界時（UTC）で生成しています。

```
pd.Timestamp("2023-01-01T00:00Z")
```

▼

```
Timestamp('2023-01-01 00:00:00+0000', tz='UTC')
```

次のコードでは、awareなオブジェクトを日本標準時（Asia/Tokyo）で生成しています。

```
pd.Timestamp("2023-01-01", tz="Asia/Tokyo")
```

▼

```
Timestamp('2023-01-01 00:00:00+0900', tz='Asia/Tokyo')
```

awareオブジェクトのタイムゾーンを変換するには、tz_convert()メソッドの引数にタイムゾーンを渡して実行します。

```
ts_utc.tz_convert("Asia/Tokyo")
```

▼

```
Timestamp('2023-01-01 09:00:00+0900', tz='Asia/Tokyo')
```

tz_localize()メソッドおよびtz_convert()メソッドは、DatetimeIndexオブジェクトに対しても実行できます。

```
ser = pd.Series(
    range(5),
    index=pd.date_range("2023-01-01", periods=5),
```

※8　https://www.iso.org/iso-8601-date-and-time-format.html

```
)
ser.index.tz_localize("UTC")
```

▼

```
DatetimeIndex(['2023-01-01 00:00:00+00:00', '2023-01-02 00:00:00+00:00',
               '2023-01-03 00:00:00+00:00', '2023-01-04 00:00:00+00:00',
               '2023-01-05 00:00:00+00:00'],
              dtype='datetime64[ns, UTC]', freq='D')
```

```
ser_utc = pd.Series(
    range(5),
    index=pd.date_range("2023-01-01", periods=5, tz="UTC"),
)
ser_utc.index.tz_convert("Asia/Tokyo")
```

▼

```
DatetimeIndex(['2023-01-01 09:00:00+09:00', '2023-01-02 09:00:00+09:00',
               '2023-01-03 09:00:00+09:00', '2023-01-04 09:00:00+09:00',
               '2023-01-05 09:00:00+09:00'],
              dtype='datetime64[ns, Asia/Tokyo]', freq='D')
```

tz_localize()メソッドおよびtz_convert()メソッドをSeriesやDataFrameから実行した場合は、インデックスに反映されます。

```
ser.tz_localize("UTC")
```

▼

```
2023-01-01 00:00:00+00:00    0
2023-01-02 00:00:00+00:00    1
2023-01-03 00:00:00+00:00    2
2023-01-04 00:00:00+00:00    3
2023-01-05 00:00:00+00:00    4
Freq: D, dtype: int64
```

```
ser_utc.tz_convert("Asia/Tokyo")
```

▼

```
2023-01-01 09:00:00+09:00    0
2023-01-02 09:00:00+09:00    1
2023-01-03 09:00:00+09:00    2
2023-01-04 09:00:00+09:00    3
2023-01-05 09:00:00+09:00    4
Freq: D, dtype: int64
```

`tz_localize()`メソッドおよび`tz_convert()`メソッドは非破壊的に処理され、新しいオブジェクトを返します。元のオブジェクトは変更しません。

```
ser_utc
```

▼

```
2023-01-01 00:00:00+00:00    0
2023-01-02 00:00:00+00:00    1
2023-01-03 00:00:00+00:00    2
2023-01-04 00:00:00+00:00    3
2023-01-05 00:00:00+00:00    4
Freq: D, dtype: int64
```

awareなインデックスに対して、`.loc`インデクサからアクセスする場合は、awareなオブジェクトで指定します。

```
ser_utc.loc[pd.Timestamp("2023-01-03", tz="UTC")]
```

▼

```
2
```

第 7 章

テキスト情報の処理

テキスト情報が含まれるデータの分析や評価をするうえでは、データから文字列の加工が必要になる場合がよくあります。本章では、Pythonとpandasの機能を使って、文書データやテキストが含まれた表形式データの処理方法について解説します。

7-1 Pythonを使った文字列処理

テキスト形式ファイルは、第2章の2-6 文書データ p.55 で行ったように、Pythonのstr型のメソッドや標準ライブラリで処理できます。一方、複雑な処理を行う場合は、正規表現を使うとよいでしょう。本節では、正規表現を使った文字列処理を解説します。

7-1-1 正規表現による処理

本節では、2-6 文書データ p.55 のテキスト読み込みで使用した、青空文庫の夏目漱石「こころ」※1の冒頭のパート「一《いち》」のみを題材とします。このパートに含まれるルビ（ふりがな）を取り扱う処理を、正規表現で実装します。

今回は、「元の文章」「文字数」「ルビの出現数」「ルビを取り除いた文章」「ルビを取り除いた文字数」の5列を持つDataFrameを作ります。

ルビの処理

このテキストのルビは、以下の《ざっとう》《あいだ》のように《》に囲われています。

```
text = "私は実に先生をこの雑沓《ざっとう》の間《あいだ》に見付け出したのである。"
```

文章内のルビについて、出現数の取得や除去をします。ここでは、正規表現を扱うPythonの標準ライブラリであるreモジュール※2を使ってルビを処理します。

Pythonで文字列処理を行う際には、なるべく正規表現を使わない方針がよくとられています※3。しかし、今回のような文字列内のパターンマッチングや置き換えの場合には、正規表現を使ったほうが確実でわかりやすいこともあります。

※1 https://www.aozora.gr.jp/cards/000148/card773.html

※2 Python 公式ドキュメント：正規表現操作
https://docs.python.org/ja/3/library/re.html

※3 正規表現は学習コストが高いことなどから、Python で文字列処理を行う際に使用を避ける傾向があります。

NOTE 正規表現について

正規表現は、1つのプログラミング言語のような奥深さがあります。正規表現だけを取り扱う書籍が複数あるなど、学習にはそれなりの時間が必要です。本書では、正規表現の詳しい説明は割愛し、使用している正規表現パターンの最低限の説明にとどめます。

次のコードでは、標準ライブラリreをインポートし、正規表現パターンの文字列をコンパイルして準備しています。

```
import re

RE_RUBY = re.compile(r"《.+?》")
```

ここでは、r接頭辞の文字列で正規表現パターンを宣言しています。このrから始まる文字列宣言は、raw文字列の宣言方法で、バックスラッシュ（\）をメタ文字列として扱わないなど、正規表現パターンの文字列を宣言する場合によく使われる記法です。この例ではr接頭辞がない通常の文字列で宣言しても同じ意味になりますが、ここでは慣例に合わせてr文字列で宣言しています。

「《」と「》」は、この文章でルビを意味する範囲を示しています。「.+?」が正規表現のパターンを示しています。.は任意の1文字という意味となり、+は直前の文字が1文字以上続くことを示しています。つまり、1文字以上の任意の文字列を表現しています。+の後の?は、非貪欲（non-greedy）という宣言です。なるべく短くマッチするように宣言しています。これは、1文内に複数のルビが振られているときに、「《」と「》」のペアをなるべく短く切るために指定しました。つまり、?を指定しないと「《」から最後の「》」までがマッチしてしまいます。

続いて、正規表現のコンパイル済みオブジェクトであるRE_RUBYのfindall()メソッドを使い、指定のテキストから正規表現パターンにマッチする文字列すべてをリストで取得します。

```
rubies = RE_RUBY.findall(text)
print(rubies)
```

▼

```
['《ざっとう》', '《あいだ》']
```

次のコードは、RE_RUBYのsub()メソッドを使い、パターンにマッチした文字列を置き換えています。

```
ignored_text = RE_RUBY.sub("", text)
ignored_text
```

▼

```
'私は実に先生をこの雑沓の間に見付け出したのである。'
```

sub()メソッドは、「置き換え文字列」と「処理対象のテキスト」を引数にとります。処理対象のテキストを正規表現パターンでマッチして置き換えます。ここでは、空文字列に置き換えているため、ルビすべてを削除しています。

以上で、ルビを抽出したり削除したりする処理を正規表現で実装できました。

7-1-2 複数行のテキストデータの処理

本項では、第2章と同様にkokoro-1.txtファイル（リスト2-2 p.55 ）を使います。

1段落（ここでは、改行ごとに段落としている）ごとに、「元の文章」「文字数」「ルビの出現数」「ルビを取り除いた文章」「ルビを取り除いた文字数」の5列の表形式データを作ることを目指します。そのために、1段落ごとに各情報を辞書型にし、そのデータをリストに追記します。

```
result = []
with open("data/kokoro-1.txt", "r", encoding="utf-8") as f:
    for line in f:
        if not line.strip():
            continue
        data = {}
        data["org"] = line
        data["length"] = len(line)
        rubies = RE_RUBY.findall(line)  ←①
        data["number-of-ruby"] = len(rubies)  ←②
        ignored_text = RE_RUBY.sub("", line)  ←③
        data["ignored-text"] = ignored_text  ←④
        data["ignored-length"] = len(ignored_text)  ←⑤
        result.append(data)
result[0]
```

▼

```
{'org': '¥u3000私《わたくし》はその人を常に先生と呼んでいた。だからここでもただ先生と書くだけで本名は打ち明けない。これは世間を憚《はば》かる遠慮というよりも、その方が私にとって自然だからである。私はその人の記憶を呼び起すごとに、すぐ「先生」といいたくなる。筆を執《と》っても心持は同じ事である。よそよそしい頭文字《かしらもじ》などはとても使う気にならない。¥n',
 'length': 173,
 'number-of-ruby': 4,
 'ignored-text': '¥u3000私はその人を常に先生と呼んでいた。だからここでもただ先生と書くだけで本名は打ち明けない。これは世間を憚かる遠慮というよりも、その方が私にとって自然だからである。私はその人の記憶を呼び起すごとに、すぐ「先生」といいたくなる。筆を執っても心持は同じ事である。よそよそしい頭文字などはとても使う気にならない。¥n',
 'ignored-length': 153}
```

このコードは、第2章の2-6 文書データ p.55 で使ったコードにルビの処理を追加したものです。

まず、①でルビを抽出しています。②でルビの出現数をlen()関数で求め、辞書に格納します。

次に、③でルビを取り除いた文字列を抽出し、④で辞書に格納し、⑤でルビなしの文字数を求めて辞書に格納しています。

7-1-3 DataFrame化

前項のコードで格納したリストをDataFrameに変換します。

次のコードでは、2-6 文書データ p.55 で行ったDataFrame作成と同様に、辞書のリストをDataFrameのコンストラクタに渡し、DataFrameを生成します。

```
import pandas as pd

df = pd.DataFrame(result)
```

実際にDataFrameを確認します。

```
df
```

▼

	org	length	number-of-ruby	ignored-text	ignored-length
0	私《わたくし》はその人を常に先生と呼んでいた。だからここでもただ先生と書くだけで本名は打ち...	173	4	私はその人を常に先生と呼んでいた。だからここでもただ先生と書くだけで本名は打ち明けない。こ...	153
1	私が先生と知り合いになったのは鎌倉《かまくら》である。その時私はまだ若々しい書生であった。...	476	10	私が先生と知り合いになったのは鎌倉である。その時私はまだ若々しい書生であった。暑中休暇を利...	432
2	学校の授業が始まるにはまだ大分《だいぶ》日数《ひかず》があるので鎌倉におってもよし、帰って...	201	6	学校の授業が始まるにはまだ大分日数があるので鎌倉におってもよし、帰ってもよいという境遇にい...	172
3	宿は鎌倉でも辺鄙《へんぴ》な方角にあった。玉突《たまつ》きだのアイスクリームだのというハイ...	157	3	宿は鎌倉でも辺鄙な方角にあった。玉突きだのアイスクリームだのというハイカラなものには長い暇...	142
4	私は毎日海へはいりに出掛けた。古い燻《くす》ぶり返った藁葺《わらぶき》の間《あいだ》を通り...	252	12	私は毎日海へはいりに出掛けた。古い燻ぶり返った藁葺の間を通り抜けて磯へ下りると、この辺にこ...	198
5	私は実に先生をこの雑沓《ざっとう》の間《あいだ》に見付け出したのである。その時海岸には掛茶...	356	17	私は実に先生をこの雑沓の間に見付け出したのである。その時海岸には掛茶屋が二軒あった。私はふ...	274

目的のとおり、1段落ごとに、各列に情報が格納されたデータを作成できました。

NOTE 形態素解析技術

日本語の文章を処理する場合、形態素解析技術が使われます。日本語は、単語がスペースで区切られていません。単語数を調べるには、形態素解析などで単語分割が必要です。ほかには、品詞を調べたり活用の原形を抽出したりする場合にも形態素解析が使われます。

Python から形態素解析を行うには、サードパーティ製パッケージを使います。主なパッケージは、以下のとおりです。

- **MeCab** ：https://taku910.github.io/mecab/
- **GiNZA** ：https://megagonlabs.github.io/ginza/
- **Janome** ：https://mocobeta.github.io/janome/

最近は、Transformer のような、自然言語用の深層学習モデル内で単語分割ができる技術もあります。

7-2 pandasによるテキストデータの処理

本節では、pandasを利用したテキストデータの処理方法を解説します。

7-2-1 テキストデータで扱うデータ型

pandasでテキストデータを扱う場合、表7-1のobject型またはstring型を使います。

表7-1　テキストデータで扱うpandasデータ型

データ型	説明
object	numpy.ndarrayのnumpy.object_型
string	pandas.StringDtype拡張型

pandasでテキストデータを扱う場合は、次のような理由から、公式ドキュメント※4ではstring型の利用を推奨しています。

1. object型は文字列ではないデータ型も含まれるが、string型は文字列のみになる。
2. DataFrameからstring型の列を抽出できる（select_dtype()メソッドなど）。
3. コードを読む際にstring型が明記されることにより、データ型が明確になる。

Seriesの要素に文字列が含まれる場合、このSeriesはPythonのすべてのデータ型を扱うobject型となります。

```
import pandas as pd

object_ser = pd.Series(["spam", "ham"])
print(object_ser.dtype)
```

▼

```
object
```

string型のインスタンスを生成するには、コンストラクタの引数dtypeに"string"またはStringDtypeクラスのインスタンスを渡します。

※4　https://pandas.pydata.org/pandas-docs/stable/user_guide/text.html

```
string_ser = pd.Series(["spam", "ham"], dtype="string")
# or
string_ser = pd.Series(
    ["spam", "ham"],
    dtype=pd.StringDtype(),
)
print(string_ser.dtype)
```

```
string
```

astype() メソッドによるstring型への型変換も行えます。

```
object_ser.astype("string")
# or
object_ser.astype(pd.StringDtype())
```

```
0    spam
1     ham
dtype: string
```


7-2-2 .str アクセサ

Seriesには、アクセサと呼ばれる、各要素に簡潔にアクセスできる仕組みがあります。.strアクセサは、str型（string型）の属性にアクセスできます。

```
s = pd.Series(
    ["spam", "ham", None, "egg"],
    dtype="string",
)
```

次のコードでは、Seriesの各要素の文字列に対してスライス処理をしています。

```
s.str[1:]
```

```
0     pam
1      am
2    <NA>
3      gg
dtype: string
```

.strアクセサは、Python組み込みのstr型のメソッドのほか、pandas独自のメソッド[※5]が利用できます。

次のコードでは、Seriesの各要素の文字列に対して.str.upper()メソッドを実行して、各要素の文字列を大文字に変換しています。

```
s.str.upper()
```

▼

```
0    SPAM
1     HAM
2    <NA>
3     EGG
dtype: string
```

.str.replace()メソッドは、文字列を置き換える処理をし、正規表現[※6]が扱えます。第1引数（pat）にはパターン文字列またはre.Patternインスタンスを渡し、第2引数（repl）には置換後の文字列を渡します。

次のコードでは、「g」の文字が1つ以上連続する文字列を「G」に置換しています。

```
import re

s.str.replace(r"g+", "G", regex=True)
# or
s.str.replace(re.compile(r"g+"), "G", regex=True)
```

▼

```
0    spam
1     ham
2    <NA>
3      eG
dtype: string
```

正規表現を使わない場合は、引数regexにFalseを渡します。pandas2.0から引数regexのデフォルト値はFalseに変更されましたが、次のコードでは明示して指定しています。

```
pd.Series(["1+1", "1+2"]).str.replace("+", "-", regex=False)
```

▼

※5　Method summary
https://pandas.pydata.org/pandas-docs/stable/user_guide/text.html#method-summary

※6　正規表現のシンタックス
https://docs.python.org/ja/3/library/re.html#regular-expression-syntax

```
0    1-1
1    1-2
dtype: object
```

.str.cat()メソッドは、要素を連結した文字列を返します。

```
s.str.cat()
```

▼

```
'spamhamegg'
```

引数sepに区切り文字、引数na_repに<NA>の要素に対して置き換える文字列を指定できます。

```
s.str.cat(sep=",", na_rep="***")
```

▼

```
'spam,ham,***,egg'
```

.str.cat()メソッドの引数にSeriesを渡すことで、インデックスをキーとして、2つのSeriesの文字列を結合できます。引数joinに、次の結合方法を指定できます。

- left ：左部結合（デフォルト）
- right：右部結合
- outer：外部結合
- inner：内部結合

```
s.str.cat(
    pd.Series(["a", "b"]),
    sep=",",
    join="right",
)
```

▼

```
0    spam,a
1     ham,b
dtype: string
```

.str.split()メソッドは、要素を引数に指定した文字列で分割します。デフォルトでは、分割された文字列が入ったリストがSeriesの要素となります。

```
c = pd.Series(["a,A", "b,B", "c-C"])
c.str.split(",")
```

▼

```
0    [a, A]
1    [b, B]
2     [c-C]
dtype: object
```

引数expandにTrueを渡すと、分割された要素が列として展開されたDataFrameを生成して返します。

```
c.str.split(",", expand=True)
```

▼

	0	1
0	a	A
1	b	B
2	c-C	None

.str.extract()メソッドは、要素を引数に指定した正規表現にマッチしたグループごとに分割します。次のコードでは、「,」または「-」の文字で分割しています。

```
c.str.extract(r"(.*)[,-](.*)", expand=True)
```

▼

	0	1
0	a	A
1	b	B
2	c	C

正規表現パターンにシンボリックグループ名 ※7を記述した場合、?P<name>のnameの部分が列名になります。

```
c.str.extract(
    r"(?P<left>.*)[,-](?P<right>.*)",
    expand=True,
)
```

▼

	left	right
0	a	A
1	b	B
2	c	C

※7　Pattern.groupindex
https://docs.python.org/ja/3/library/re.html#re.Pattern.groupindex

第8章

画像データの処理

Pythonのライブラリを使って画像を数値データとして扱うことで、画像ファイルを大量に効率よく処理できます。数値データとして処理する目的の1つに機械学習モデルへの入力があります。本章では、PillowやNumPyを使って画像データを処理する便利な機能を紹介します。

8-1 Pillowを使った画像の加工

Pillowの機能でさまざまな画像の加工を行えます。本節では、次の加工方法について解説します。

- サムネイル化
- クロップ（切り取り）
- グレースケール（モノクロ）化

さらに、複数の画像をまとめて処理する方法についても解説します。画像データの読み込みは、第2章の2-7 画像データ p.58 を参照してください。

8-1-1 サムネイル化

SNSやWeb記事でよく見かける、縮小した画像をサムネイル[※1]といいます。ここでは、2-7 画像データ p.58 で読み込んだ画像から、thumbnail()メソッドを使って生成します。

```
from PIL import Image

with Image.open("data/sample.jpg") as im:
    im.thumbnail((128, 128))
    im.save("data/thumb-test.jpg")
```

サムネイルの縦横比は、元の画像と同じになります。ここでは、サムネイルのサイズをタプルで(128, 128)と宣言しています。これは、幅128ピクセル**以内**、高さ128ピクセル**以内**という指示です。「最大で128ピクセルまでを許容する」という意味なので、今回使った横長の画像からは、高さが128ピクセルより小さいサムネイルが生成されます。

結果を表示します。

※1　thumbnail = 親指の爪。

```
# JupyterLabで実行する場合にNotebook内に画像を表示する設定
from PIL import ImageShow

ImageShow.register(ImageShow.IPythonViewer, order=0)
```

```
with Image.open("data/thumb-test.jpg") as thumb:
    print(thumb.size)
    thumb.show()
```

▼

```
(128, 85)
```

このように、幅128ピクセル、高さ85ピクセルと、縦横比は同じままで指定された最大値以下のサイズの画像が生成されています。

8-1-2 クロップ（切り取り）

画像を切り取ることをクロップといいます。画像を扱う機械学習モデルには正方形の画像を入力としているものが多く、前処理として元の画像の情報をできるだけ残すよう画像の中央を基準に正方形にクロップする※2ことがよくあります。本項では、先ほどと同じ画像を使って、その方法を解説します。

クロップするcrop()メソッドは、画像を切り取る「左」「上」「右」「下」の座標位置を、この順に指定する必要があります。左上が0で、右方向、下方向に座標が大きくなります（図8-1）。

図8-1　クロップの座標のイメージ

※2　切り取った正方形には含まれない端の部分に重要な情報が含まれている可能性もありますが、大量の画像を1枚ずつチェックするのは非効率なので、多くの場合は中央を基準にします。ただし、端の部分に重要な情報がある画像が多いことがあらかじめわかっていれば、端を基準に切り取るようにします。また、機械学習モデルを使って、動的に切り取り位置を決めることもあります。

正方形に切り取るには、次の`calc_cropping_box()`関数のように元の画像が横長の場合と縦長の場合とに処理を分ける必要があります。

```
def calc_cropping_box(image):
    """
    クロップする四隅の座標を計算する関数
    """
    x, y = image.size
    print(f"{x=}, {y=}")
    if x > y:  # 幅が大きい（横長）場合の処理：高さが正方形の1辺の長さ
        left = (x - y) // 2
        upper = 0
        right = left + y
        lower = y
    else:  # 高さが大きい（縦長）場合の処理：幅が正方形の1辺の長さ
        left = 0
        upper = (y - x) // 2
        right = x
        lower = upper + x
    box = (
        left,
        upper,
        right,
        lower,
    )  # 切り取る四隅の座標
    print(f"{box=}")
    return box
```

```
with Image.open("data/sample.jpg") as im:
    box = calc_cropping_box(im)
    cropped = im.crop(box)
    cropped.save("data/cropped-test.jpg")
```

▼

```
x=800, y=533
box=(133, 0, 666, 533)
```

クロップした画像を確認します。

```
with Image.open("data/cropped-test.jpg") as cropped:
    x, y = cropped.size
    print(f"{x=}, {y=}")
    cropped.show()
```

▼

```
x=533, y=533
```

8-1-3 グレースケール（モノクロ）化

カラー画像をモノクロ画像に変換することをグレースケール化といいます。多くの機械学習モデルでは、画像をモノクロで扱います。たとえば、物体認識に色情報を使わない場合です。本項では、先ほどと同じ画像を使ってグレースケール化の方法を解説します。

画像オブジェクトの`convert()`メソッドの第1引数`mode`に`"L"`を渡すことで、カラー画像をグレースケール化できます。

```
with Image.open("data/sample.jpg") as im:
    im_gray = im.convert("L")
    im_gray.save("data/gray-test.jpg")
```

ここで指定したモード[※3]Lは、8ビットのモノクロです。また、トゥルーカラーまたはフルカラーのモードRGBは、赤緑青の3色をそれぞれ8ビット計1677万色で表現します。ほかには、RGBAやCMYKなどのモードも存在します。

8-1-4 複数の画像をまとめて処理する方法

大量の画像を機械学習モデルの入力データに使うことがありますが、一括処理すると効率的です。本項では例として、センターを基準に正方形にクロップして縦横128ピクセルにサムネイル化した画像を新規に保存します。さらに、生成されたサムネイルをグレースケールにして別のファイルに保存します。

これらの処理を`for`文で繰り返し行いますが、その際にファイルのパスを扱うにはPython標準ライブ

※3 モードの一覧
https://pillow.readthedocs.io/en/stable/handbook/concepts.html#concept-modes

ラリのpathlib※4を使うとよいでしょう。まず、カレントディレクトリをPathオブジェクトとして取得します。

```
import pathlib

current = pathlib.Path(".")
```

pathlibで宣言したカレントディレクトリに存在するファイルを列挙するために、glob()メソッドを使います。ここでは例として、dataフォルダ内の、sampleから始まり.jpgで終わる※5ファイルを取得します。

```
for filename in current.glob("data/sample*.jpg"):
    stem = filename.stem  # 拡張子を含まないファイル名
    suffix = filename.suffix  # 拡張子
    with Image.open(filename) as im:
        print(filename)
        # クロップ
        box = calc_cropping_box(im)
        cropped = im.crop(box)
        # サムネイル化
        cropped.thumbnail((128, 128))
        cropped.save(current / "data" / f"cropped-{stem}{suffix}")
        # グレースケール化
        gray = cropped.convert("L")
        gray.save(current / "data" / f"cropped-gray-{stem}{suffix}")
```

▼

```
data/sample.jpg
x=800, y=533
box=(133, 0, 666, 533)
data/sample-v.jpg
x=3024, y=4032
box=(0, 504, 3024, 3528)
```

まず、正方形にクロップしてサムネイル化した画像を確認します。

```
for filename in current.glob("data/cropped-sample*.jpg"):
    with Image.open(filename) as im:
        print(filename)
        im.show()
```

※4 https://docs.python.org/ja/3/library/pathlib.html

※5 glob() メソッドで使用できるパターン
https://docs.python.org/ja/3/library/glob.html

```
data/cropped-sample-v.jpg
```

```
data/cropped-sample.jpg
```

次に、グレースケール化した画像を確認します。

```
for filename in current.glob("data/cropped-gray-sample*.jpg"):
    with Image.open(filename) as im:
        print(filename)
        im.show()
```

```
data/cropped-gray-sample-v.jpg
```

```
data/cropped-gray-sample.jpg
```

8-2 NumPyを使った画像データ処理

画像データをNumPy配列に変換して扱うと、次のような処理をコード上で行えます。本節では、NumPyとOpenCVを使って解説します。

- 画像とNumPy配列の間の変換
- 拡大／縮小
- 切り取り／貼り付け
- 分割（n等分）
- 回転（90度単位）
- 反転
- 複製／貼り合わせ
- 次元の操作
- 配列の形式（HWCとCHW）の変換
- 色（チャネル）の積み重ね／変換

8-2-1 画像とNumPy配列の間の変換

本節では、画像処理の標準的なデータセットを納めているUSCデータベース※6の『Peppers』と呼ばれる画像（図8-2）を使います※7。

※6 https://sipi.usc.edu/database/

※7 過去にUSCデータベースで提供されていた『Lenna』（または『Lena』）と呼ばれる画像が広く使われていましたが、この画像の利用を中止する動きがあります。たとえば、多くの学術誌が『Lenna』を使用した研究論文は査読しないと規定しています。今後はほかの画像を使うことが望ましいでしょう。

図8-2　Peppers

画像をNumPy配列に変換

画像データを数値データに変換することで、データ分析や機械学習に使えます。本節では、NumPyの配列ndarrayに変換し、データの中身を確認します。

まず、Pillowを使ってデータを読み込みます。

```
from PIL import Image
import numpy as np

im = Image.open("data/4.2.07.tiff")
print(im.format)
print(im.size)
print(im.mode)
```

▼

```
TIFF
(512, 512)
RGB
```

TIFFフォーマットで、解像度が幅512ピクセル×高さ512ピクセルのRGB画像であることがわかりました。Pillowで読み込んだ画像データをndarrayに変換するには、そのImageオブジェクトをNumPyのarray()コンストラクタに与えるだけです。

```
im_array = np.array(im)
print(type(im_array))
```

▼

```
<class 'numpy.ndarray'>
```

このim_arrayの中身を調べていきます。

```
print(im_array.shape)
```

```
(512, 512, 3)
```

3次元のデータで、「縦／横／各色」の情報が入っています。1次元目が高さ（縦）です。まず、左上角のピクセルのデータ（図8-3）を確認します。

```
print(im_array[0, 0, :])
```

```
[101   0   0]
```

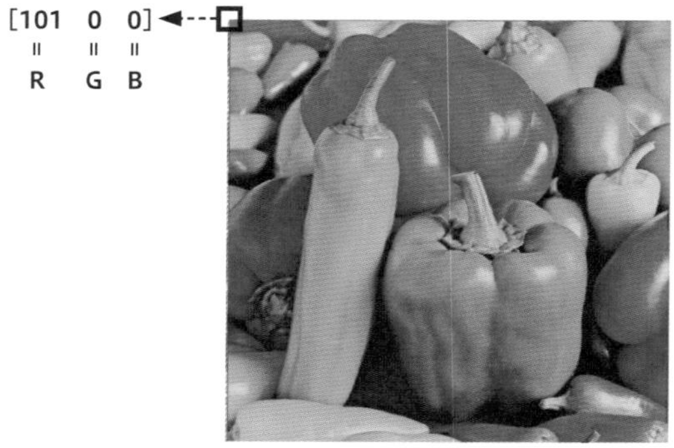

図8-3　左上角のピクセルのデータ

左上のインデックスは、縦が0、横が0です。ここは赤色で、Rのみ値がありGとBは0になっています。なお、色は各色8ビットの整数値（0から255）で表現され、0に近いほど暗くなります（すべて0だと黒、すべて255だと白）。

> **NOTE　アルファチャネル**
>
> RGBAのように色の不透明度を表すアルファチャネル（A）を持つ画像もあります。しかし、機械学習モデルの多くはRGBの値のみを入力としているので、アルファチャネルがあればそれを除いて処理します。

次に、上から1/2の位置にあたる256番目の行にあるピクセルのデータ（図8-4）を確認します。

```
print(im_array[256, :, :])
```

```
[[131   0   0]
 [188  60  51]
 [189  76  56]
 ...
 [204  48  46]
 [192  38  36]
 [205  46  44]]
```

最初の要素が一番左のピクセルで、最後の要素が一番右のピクセルです。どちらも赤（R）が強くなっていますが、右端のほうが明るい色合いなので値が大きくなっています。

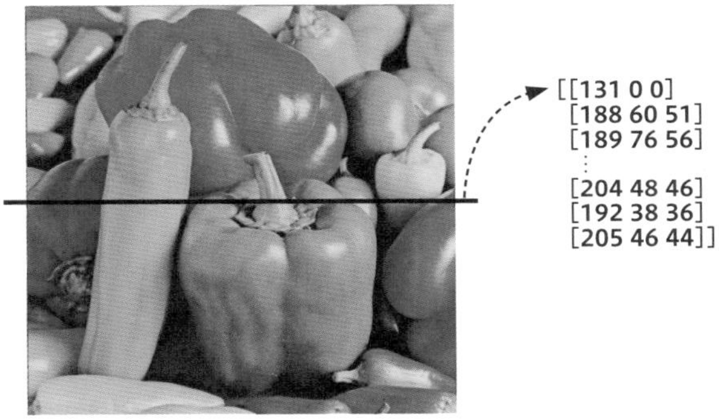

図8-4　上から1/2の位置にあたる256番目のピクセルのデータ

左端（0番目）から右端（511番目）まで、RGBそれぞれの値は図8-5のように変化します。

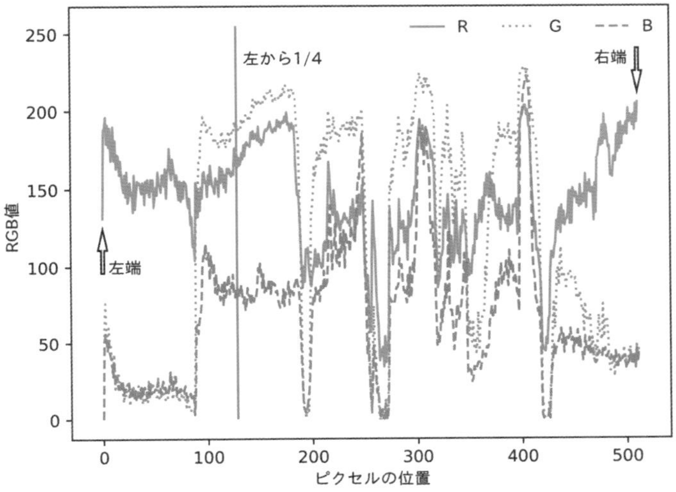

図8-5　RGB値の変化

さらに、このうち左から1/4の位置にあたる128番目のピクセルのデータ（図8-6）を確認します。

```
print(im_array[256, 128, :])
```

```
[176 192  80]
```

こちらは緑（G）が強くなっています。写真と見比べると、それぞれのピクセルの色が数値と対応していることがわかります。

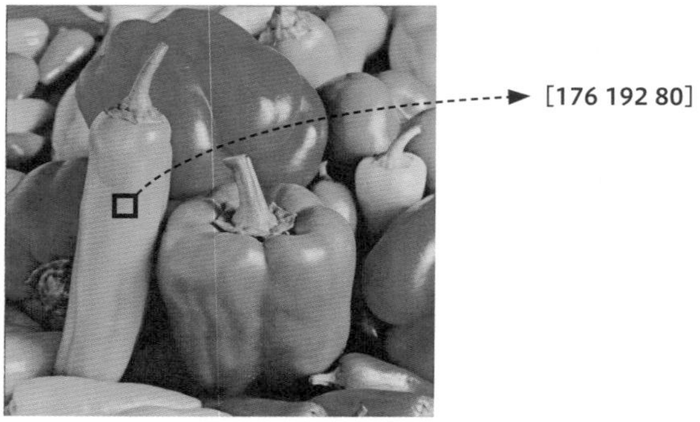

図8-6　左から1/4の位置にあたる128番目のピクセルのデータ

このように、画像は3次元の行列で表現できます。この数値データをもとに物体検出など機械学習に使えます。

NumPy配列を画像に変換

数値データ（NumPy配列）を画像（Imageオブジェクト）に変換するには、PIL.Imageモジュールのfromarray()関数を使います。この関数はPILのImageオブジェクトを返します。

```
Image.fromarray(im_array)
```

8-2-2 拡大／縮小

NumPyだけを使って画像の拡大や縮小をするのは大変なので、Imageオブジェクトのまま処理するほうがよいでしょう。もしNumPy配列の状態で処理をする必要があれば、次のようにOpenCVライブラリを使います。インストール方法は、付録BのOpenCV p.374 を参照してください。

拡大も縮小も、変換後の画像サイズをピクセル数（配列の大きさ）のタプル(幅（横）, 高さ（縦）)として第2引数dsizeに指定します。

```
import cv2 as cv

# 幅128ピクセル、高さ256ピクセルに変換
im_resized1 = cv.resize(im_array, (128, 256))
Image.fromarray(im_resized1)
```

▼

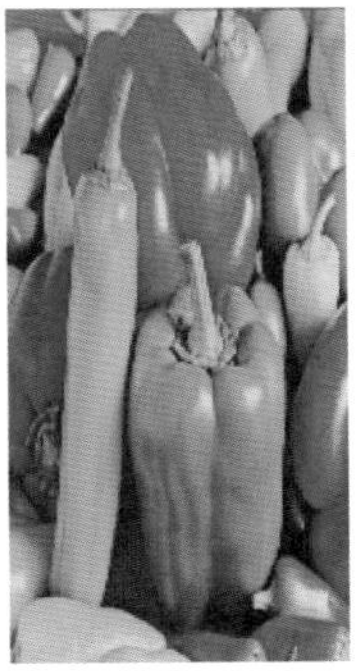

または、変換倍率を引数fxとfyに指定できます。ただし、引数dsizeにNoneを渡す必要があります。

```
im_resized2 = cv.resize(im_array, dsize=None, fx=0.25, fy=0.5)
Image.fromarray(im_resized2)
```

▼

拡大や縮小に伴うピクセルの補間方法※8は、デフォルトでは線形補間`cv.INTER_LINEAR`が使われます。OpenCVの公式ドキュメント※9では、表8-1の補間方法が推奨されています。補間方法は引数`interpolation`に指定します。それぞれの補間方法の詳細とほかの補間方法については、公式ドキュメントを参照してください。

表8-1　拡大や縮小に伴うピクセルの補間方法

変換種類	補間方法
拡大	cv.INTER_CUBICまたはcv.INTER_LINEAR
縮小	cv.INTER_AREA

```
im_resized3 = cv.resize(
    im_array,
    (128, 256),
    interpolation=cv.INTER_AREA,
)
Image.fromarray(im_resized3)
```

▼

なお、画像を**整数倍に拡大**する場合は、NumPy配列の`repeat()`メソッドも使えます。`repeat()`メソッドは、NumPy配列の各要素（ここではピクセルの値）を指定された回数だけ行方向または列方向に繰り返した配列を作ります。方向は引数`axis`に指定し、行方向（縦）は`0`、列方向（横）は`1`です。`repeat()`メソッドを2回使えば、縦横両方向に拡大できます。

```
# 縦に3倍、横に2倍
im_repeated = im_array.repeat(3, axis=0).repeat(2, axis=1)
Image.fromarray(im_repeated)
```

▼

※8　たとえば、画像を拡大すると、ピクセルの数が増えるため元の画像のデータだけでは隙間ができます。その隙間を周囲のピクセルの値から計算して埋める必要があります。

※9　https://docs.opencv.org/4.6.0/da/d6e/tutorial_py_geometric_transformations.html

8-2-3 切り取り／貼り付け

NumPy配列をスライスして画像の一部を切り取れます。また、スライスした配列を元の配列に代入して置き換えることで画像を貼り付けられます。

```
# 中央右のピーマンを縦330、横280の長方形に切り取る
im_cropped = im_array[170:500, 160:440, :]
Image.fromarray(im_cropped)
```

▼

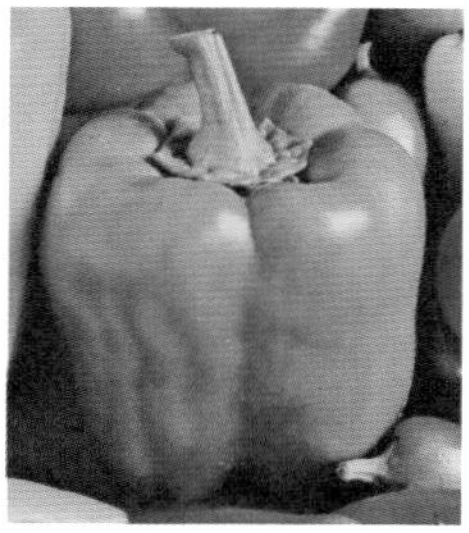

```
# 左上隅に貼り付け
im_pasted = im_array.copy()
im_pasted[0:330, 0:280, :] = im_cropped
Image.fromarray(im_pasted)
```

▼

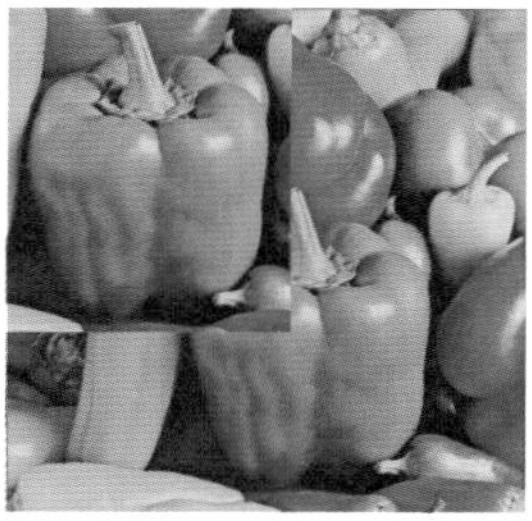

8-2-4 分割（n等分）

画像を等サイズに分割するには、split()関数を使います。分割数は第2引数indices_or_sectionsに、分割方向は引数axisに指定しますが、**分割数は分割方向のサイズ（ピクセル数）の約数**である必要があります。分割方向（引数axis）は、縦（行方向）が0、横（列方向）が1です。

```
# 左右に2等分
im_left, im_right = np.split(im_array, 2, axis=1)
Image.fromarray(im_left)  # 左
```

▼

```
# 上下左右に2等分（4つに分割）
im_split_list = []
for part in np.split(im_array, 2, axis=0):
    im_split_list.extend(np.split(part, 2, axis=1))

Image.fromarray(im_split_list[3])  # 右下
```

▼

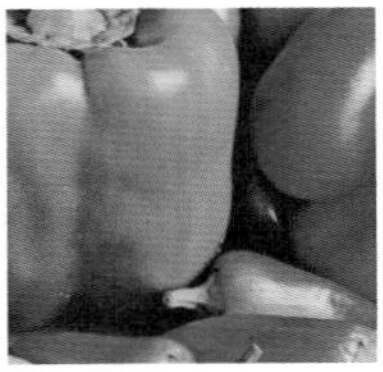

8-2-5 90度単位での回転

画像を90度単位で回転するには、rot90()関数を使います。デフォルトの回転は**反時計回り**に90度で、回転回数を引数kに整数で渡します（kに負の整数を渡すと時計回りになります）。

```
# 反時計回りに270度回転
im_rotated270 = np.rot90(im_array, k=3)  # k=-1でも同じ
Image.fromarray(im_rotated270)
```

▼

8-2-6 反転

画像を反転するには、flip()関数を使います。反転方向は引数axisに指定し、上下方向は0、左右方向（鏡と同じ）は1です。上下左右に同時に反転するには、axis=(0, 1)と指定します。

```
# 上下反転
im_flipped_vertical = np.flip(im_array, axis=0)
Image.fromarray(im_flipped_vertical)
```

▼

```
# 左右反転
im_flipped_horizontal = np.flip(im_array, axis=1)
Image.fromarray(im_flipped_horizontal)
```

▼

```
# 上下左右反転（180°回転と同じ）
im_flipped_both = np.flip(im_array, axis=(0, 1))
Image.fromarray(im_flipped_both)
```

▼

なお、反転方向axisを指定しないと、色（チャネル）の値も順序が変わってしまうため、色合いがおかしくなります。これは、axisに2を指定した場合も同じです。

```
# 反転方向の指定なし
im_flipped_wrong = np.flip(im_array)
Image.fromarray(im_flipped_wrong)
```

▼

8-2-7 複製／貼り合わせ

同じ画像を繰り返し並べて新たに1つの画像にするには、tile()関数を使います。また、複数の画像を並べて1つの画像にするには、concatenate()関数を使います。

tile()関数で同じ画像を繰り返す回数は、引数repsにタプル(縦方向の回数, 横方向の回数, 1)を渡して指定します。タプルの3つ目の1は必ず必要で、これは色（チャネル）の軸方向には要素を複製しないことを表します。

```
# 縦方向に3回、横方向に2回複製
im_tiled = np.tile(im_cropped, reps=(3, 2, 1))
Image.fromarray(im_tiled)
```

▼

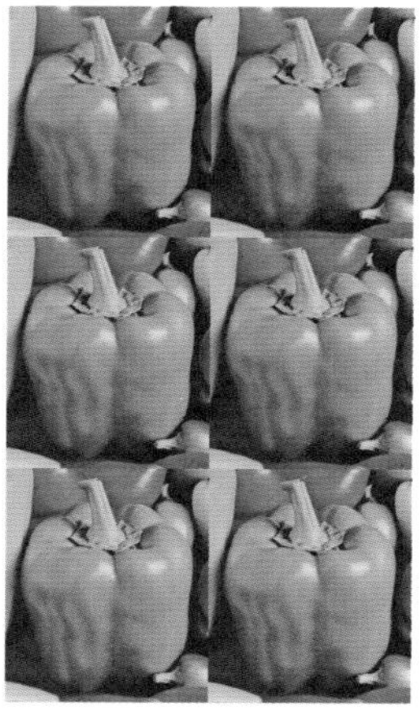

複数の画像を並べる場合には、並べる方向のNumPy配列のサイズが同じである必要があります（縦方向なら列数、横方向なら行数）。並べる画像のNumPy配列をリストとしてconcatenate()関数の第1引数に指定し、並べる方向は引数axisに指定します。縦方向が0、横方向が1です。

```
# 縦方向に並べる
im_concatenated_vertical = np.concatenate(
    [im_array, im_flipped_vertical],
    axis=0,
)
Image.fromarray(im_concatenated_vertical)
```

▼

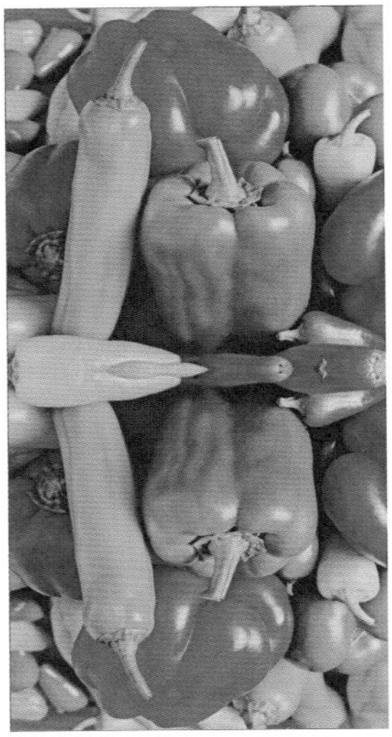

```
# 横方向に並べる
im_concatenated_horizontal = np.concatenate(
    [im_array, im_flipped_horizontal],
    axis=1,
)
Image.fromarray(im_concatenated_horizontal)
```

▼

8-2-8 次元の操作

画像のNumPy配列は、縦（高さ）、横（幅）、色（チャネル）からなる3次元配列ですが、機械学習モデル※10によっては1次元配列を入力値の前提としているものもあります。また、機械学習モデルの入出力データを処理する中で、軸の追加や削除が必要になることもあります。ここでは、次の関数または配列（ndarray）のメソッドについて解説します。

- ravel()　　　　：多次元の配列を1次元に変換（参照を返すため、flatten()メソッドより高速）
- expand_dims()：引数axisに指定した位置に軸を追加（挿入）
- squeeze()　　：引数axisに指定した位置の**長さ1の軸**を削除

ravel()

例として、Rチャネル（赤）を抽出し、その2次元配列im_2dを1次元配列に変換します。flatten()メソッドと同じ結果です。

```
im_2d = im_array[:, :, 0]  # Rチャネルを抽出
print(f"{im_2d.shape=}")
print(f"{np.ravel(im_2d).shape=}")  # 要素の数は512x512
print(np.array_equal(np.ravel(im_2d), im_2d.flatten()))  # 同じ結果であることを確認
```

▼

```
im_2d=(512, 512)
np.ravel(im_2d)=(262144,)
True
```

1次元に変換するときに、デフォルトでは行ごとに要素をつなげていきます（引数orderのデフォルト値"C"）。列ごとに要素をつなげるには、"F"を指定します。

```
im_order = im_2d[0:2, 0:2]  # 配列の左隅の2行2列
print(im_order)
print(f'行を優先： {np.ravel(im_order, order="C")}')  # C言語形式、デフォルト
print(f'列を優先： {np.ravel(im_order, order="F")}')  # FORTRAN言語形式
```

▼

```
[[101 140]
 [123 191]]
行を優先： [101 140 123 191]
列を優先： [101 123 140 191]
```

※10　たとえば、全結合型のニューラルネットワークや多くのツリー系モデルなどです。

expand_dims()

例として、2次元配列im_2dに軸を追加します。追加する位置を引数axisに指定します。

```
im_3d_last = np.expand_dims(im_2d, axis=-1)  # 最後に追加
im_3d_first = np.expand_dims(im_2d, axis=0)  # 先頭に追加
im_3d_1 = np.expand_dims(im_2d, axis=1)  # 1番目に追加

print(f"im_3d_last = {im_3d_last.shape}")
print(f"im_3d_first = {im_3d_first.shape}")
print(f"im_3d_1 = {im_3d_1.shape}")
```

▼

```
im_3d_last = (512, 512, 1)
im_3d_first = (1, 512, 512)
im_3d_1 = (512, 1, 512)
```

squeeze()

例として、先ほどim_2dに軸を追加して作った3次元配列im_3d_lastとim_3d_1から長さ1の軸を削除します。削除する軸の位置は、引数axisに指定します。

```
im_2d_squeezed_last = np.squeeze(im_3d_last, axis=-1)
im_2d_squeezed_1 = np.squeeze(im_3d_1, axis=1)

print(f"im_2d_squeezed_last = {im_2d_squeezed_last.shape}")
print(f"im_2d_squeezed_1 = {im_2d_squeezed_1.shape}")

# 同じ結果であることを確認
print(
    np.array_equal(
        im_2d_squeezed_last,
        im_2d_squeezed_1,
    )
)
```

▼

```
im_2d_squeezed_last = (512, 512)
im_2d_squeezed_1 = (512, 512)
True
```

8-2-9 HWCとCHWとの変換

ライブラリやモジュールが入力として想定する画像の配列の形式には、HWC（高さ×幅×チャネル）とCHW（チャネル×高さ×幅）の2種類があります※11。複数のライブラリを組み合わせて画像処理を行う場合は、2つの形式の間の変換が必要なことがあります。この変換は、次の3つの関数または配列（ndarray）のメソッドのいずれかを使います。例に示すように結果は同じですが、過程は異なります。

- swapaxes() ：指定した位置にある軸を入れ替え
- moveaxis() ：指定した位置にある軸を移動
- transpose()：軸を指定した順序に並べ替え

HWCからCHWへ

例として8-2-3 切り取り／貼り付け p.257 で切り取ったピーマンの画像の配列（HWC形式）を変換して、(330, 280, 3)を(3, 330, 280)にします。

```
im_hwc = im_cropped.copy()  # 切り取ったピーマン
print(im_hwc.shape)
```

▼

```
(330, 280, 3)
```

swapaxes()を使う場合、1番目と2番目の軸を入れ替えて(330, 3, 280)とし、さらに0番目と1番目を入れ替えます。

```
print(np.swapaxes(im_hwc, 1, 2).swapaxes(0, 1).shape)
```

▼

```
(3, 330, 280)
```

moveaxis()を使う場合、2番目の軸を0番目に移動します。

```
print(np.moveaxis(im_hwc, 2, 0).shape)
```

▼

```
(3, 330, 280)
```

※11　たとえば、Pillow や TensorFlow は HWC 形式、PyTorch は CHW 形式です。

transpose()を使う場合、2番目、0番目、1番目の順に並べ替えます。

```
print(np.transpose(im_hwc, (2, 0, 1)).shape)
```

```
(3, 330, 280)
```

CHWからHWCへ

例として、先ほどと同じデータを使い、(3, 330, 280)を(330, 280, 3)にします。

```
# 準備（CHWに変換しておく）
im_chw = np.transpose(im_hwc, (2, 0, 1))
print(im_chw.shape)
```

```
(3, 330, 280)
```

swapaxes()を使う場合、1番目と2番目の軸を入れ替えて(3, 280, 330)とし、さらに0番目と2番目を入れ替えます。

```
print(np.swapaxes(im_chw, 1, 2).swapaxes(0, 2).shape)
```

```
(330, 280, 3)
```

moveaxis()を使う場合、0番目の軸を2番目に移動します。

```
print(np.moveaxis(im_chw, 0, 2).shape)
```

```
(330, 280, 3)
```

transpose()を使う場合、1番目、2番目、0番目の順に並べ替えます。

```
print(np.transpose(im_chw, (1, 2, 0)).shape)
```

```
(330, 280, 3)
```

8-2-10 色（チャネル）の積み重ね／変換

画像のNumPy配列は3次元ですが、これをRGBの色（チャネル）ごとに2次元配列に分けて処理することがあります。処理後の3つの2次元配列を1つの3次元配列にまとめるには、`stack()`関数を使い、引数`axis`に2を指定します。なお、`stack()`関数は新しい軸を追加しそれに沿って積み重ねます[※12]。

```
# チャネルごとに分割した配列から元の配列を再構成
im_stacked = np.stack(
    [
        im_array[:, :, 0],
        im_array[:, :, 1],
        im_array[:, :, 2],
    ],
    axis=2,
)
print(np.array_equal(im_stacked, im_array))
```

▼

```
True
```

また、色（チャネル）の順序には、**RGB（赤、緑、青）**と**BGR（青、緑、赤）**の2種類があり[※13]、場合によってそれらを互いに変換する必要が出てきます[※14]。NumPyだけでも処理できますし、`OpenCV`の`cvtColor()`関数も使えます。`cvtColor()`関数は、引数`code`に対して、BGRへ変換する場合は`cv.COLOR_RGB2BGR`を、RGBへ変換する場合は`cv.COLOR_BGR2RGB`を渡します。

RGBからBGRへの変換は、次の2つのコードのように行います。

```
# NumPyのみ
im_rgb = im_array.copy()
im_bgr_np = im_rgb[:, :, [2, 1, 0]]  # 色（チャネル）の軸を並べ替える
```

このNumPyでの処理は、結果としては逆順に並べ替えているので、`im_rgb[:, :, ::-1]`または`np.flip(im_rgb, axis=2)`としても同じ結果を得られます。

※12 8-2-7 複製／貼り合わせ p.261 で紹介した`concatenate()`関数も配列を積み重ねる処理をします。ただし、`concatenate()`関数は既存の軸に沿って積み重ねるので、`expand_dims()`関数を使ってあらかじめ配列に軸を追加しておく必要があります。

※13 なお、機械学習モデルの多くは色の3チャネルの値のみを入力としているので、アルファチャネル（A）があればそれを除いて処理します。

※14 たとえば、`Pillow`ではRGB、`OpenCV`ではBGRです。ただし、`Pillow`と`OpenCV`を一緒に使った8-2-2 拡大／縮小 p.255 では色（チャネル）そのものは処理していないので変換する必要はありません。

```
# OpenCVのcvtColor()関数
im_bgr_cv = cv.cvtColor(im_rgb, code=cv.COLOR_RGB2BGR)
print(np.array_equal(im_bgr_np, im_bgr_cv))  # NumPyと同じ結果であることを確認
```

▼

```
True
```

BGRからRGBへの変換は、次の2つのコードのように行います。

```
# NumPyのみ
im_rgb_np = im_bgr_np[:, :, [2, 1, 0]]  # 色（チャネル）の軸を並べ替える
print(np.array_equal(im_rgb_np, im_rgb))  # 元に戻ったことを確認
```

▼

```
True
```

```
# OpenCVのcvtColor()関数
im_rgb_cv = cv.cvtColor(im_bgr_cv, code=cv.COLOR_BGR2RGB)
print(np.array_equal(im_rgb_cv, im_rgb))  # 元に戻ったことを確認
```

▼

```
True
```

第9章

グラフデータの処理

グラフ構造は、モノとモノとのつながりを表現するデータ構造です。本章では、このグラフ構造の基本を説明した後、Pythonを使ってグラフ構造のデータを処理する方法を解説します。また、グラフ構造の可視化と具体的なデータ解析の一例も紹介します。

9-1 グラフとNetworkX

多くの人が利用しているWebを例にして、グラフ構造の基本を説明します。グラフ構造のデータをPythonで処理するにはNetworkX[※1]が便利です。このライブラリの使い方を通して、グラフ構造への理解をさらに深めます。グラフ構造を描画するのに便利なライブラリや、グラフ構造を表現するためのファイル形式についても紹介します。

9-1-1 グラフ構造の例

1980年代の終わり頃に発明されたWebは、1990年代に入ると、またたく間に世界に広がりました。Webでは、URLで情報の場所を特定できます。多くの場合、URLが指し示すものはHTMLで記述されたWebページで、Webブラウザを使って情報を閲覧できます。開いたWebページの中に、別のURLが記述されていると、2つのWebページはハイパーリンクで接続されます。こうして、いくつかのWebページの接続関係を書き下していくと、直接リンクされたページや、1つ別のページを間に挟んでつながっているページなど、Webページどうしの関係性が浮かび上がります。こうした構造は、グラフやネットワークと呼ばれています。ここでのグラフは、棒グラフや折れ線グラフとは違います。本章では、単にグラフと書いた場合はグラフ構造を意味します。

グラフ構造を意味する単語として、グラフとネットワークがほとんど同じ意味で使われることがあります。ただし、文脈によって使い分ける場面もあるようです。たとえば、数学にはグラフ理論という分野があり、グラフ構造に関する理論を研究の対象にしています。一方で、複雑ネットワーク科学という分野もあり、こちらの分野はWebのつながりなどより実践的な内容を扱う研究分野です。このため、理論的な文脈ではグラフ、応用的な文脈ではネットワークが使われる傾向がありますが、それほどはっきりとは分かれていません。本章では、主にグラフという用語を使います。

9-1-2 グラフの基本

グラフを構成するのは、ノード（node）とエッジ（edge）です。Webページの例では、Webページがノードで、ハイパーリンクがエッジです。ノードは、頂点（vertex）や節点などの別名があります。

※1　付録BのNetworkX p.374 を参照してください。

エッジは辺と訳されることが多く、このほかに弧（arc）、リンク（link）、枝（branch）もノードの接続関係を表現する用語として使われます。

図9-1に簡単なグラフの例を示します。これを使って、グラフ構造の基本事項を説明します。

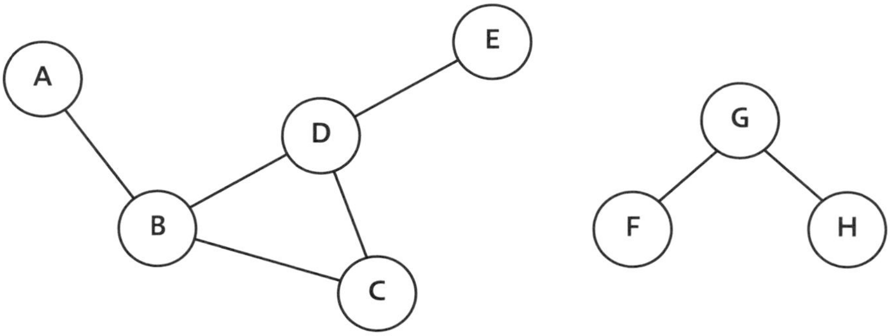

図9-1　グラフ構造の例

このグラフは、8つのノードと7つのエッジから構成されています。一般に、エッジの両端には必ずノードがあります。1つのエッジの両端にあるノードは、互いに隣接するといわれます。たとえば、ノードBとDは隣接しています。また、このグラフのエッジに向きはありません。このようなグラフを無向グラフと呼びます。エッジに向きがある場合は、それを矢印で表現します。エッジが向きを持つグラフは、有向グラフと呼ばれます。

あるノードから出発して、いくつかのエッジを通って別のノードへ行くことを考えます。図9-1では、たとえばノードAからEまで行く場合です。A→B→D→Eの道筋が考えられます。これを道（path）といいます。

ノードAからEへは、A→B→C→D→Eという道もあります。この道よりも、A→B→D→Eのほうが短い（経由するノードの数が少ない）ことがわかります。いま、AとEを結ぶ道はこの2つだけなので、A→B→D→Eは最短経路になります。

グラフの任意の2点間を結ぶ道がある場合、そのグラフは**連結**であると表現されます。図9-1のグラフでは、たとえばノードAからGへの道がないため、連結ではありません。左側と右側のグラフを別々に見ると、それぞれのグラフは連結しています。このようなグラフを連結成分といいます。連結成分を取り出して1つのグラフと考えることも可能です。これは後ほど、具体的なコードを使って紹介します。

あるノードから出発して、そのノードに戻る道を閉路と呼びます。図9-1では、B→C→D→Bが閉路です。閉路を持たないグラフには、木（き）という特別な呼び名があります。図9-1では、右側の3つのノード（F、G、H）からなる連結成分を1つのグラフと考えると、木になります。

無向グラフにおいて、あるノードが持つエッジの数を次数と呼びます。図9-1では、ノードAの次数は1で、Dの次数は3です。有向グラフの場合は、そのノードへ向かってくる矢印なのか、出て行く矢印なのかを区別して数えます。

9-1-3 NetworkX入門

Pythonを使ってグラフを扱うプログラムを作りたい場合は、NetworkX※2が便利です。2005年のリリース以来、活発な開発が続いていて、グラフを処理するための機能が充実しています。まずは、基本的な使い方を紹介します。

NetworkXは、networkxという名前でimportできます。nxという別名でインポートされることが多いので、その慣習に従うことにします。

```
import networkx as nx
```

図9-1のグラフを作ってみます。まず、無向グラフを表現するGraphクラスのインスタンスを生成します。

```
graph = nx.Graph()
```

次に、エッジを追加します。両端のノードを指定して1つのエッジを追加する方法と、次のようにノードのペアをリストなどで指定して一度に複数のエッジを追加する方法があります。

```
graph.add_edge("A", "B")

graph.add_edges_from(
    [
        ("B", "C"),
        ("B", "D"),
        ("C", "D"),
        ("D", "E"),
        ("G", "F"),
        ("G", "H"),
    ]
)
```

確認するためにグラフを描画します。NetworkXは、Matplotlibを使った簡単な描画機能を提供しています。

```
nx.draw_networkx(graph)
```

※2　インストール方法は、付録BのNetworkX p.374 を参照してください。

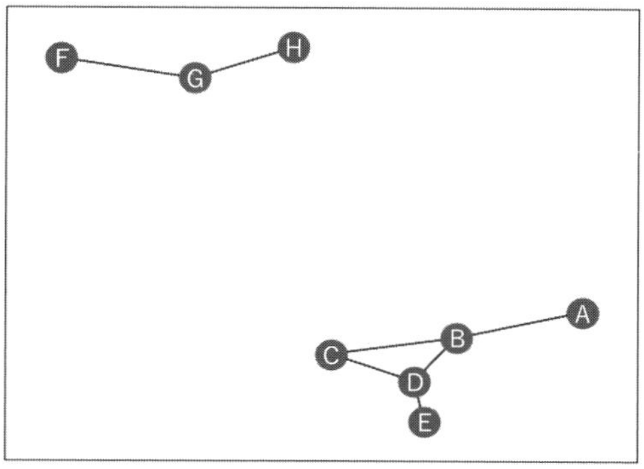

グラフを描画する際にノードをどのように配置するか（グラフを描画するためのアルゴリズム）は、引数`pos`で変更できます。デフォルトでは、`spring_layout()`関数が使われています。このアルゴリズムでは、エッジをバネに見立ててノードの配置を決定します。

次のコードは、グラフのノードをできるだけ円周上に配置する`circular_layout()`関数を使った例です。

```
nx.draw_networkx(graph, pos=nx.circular_layout(graph))
```

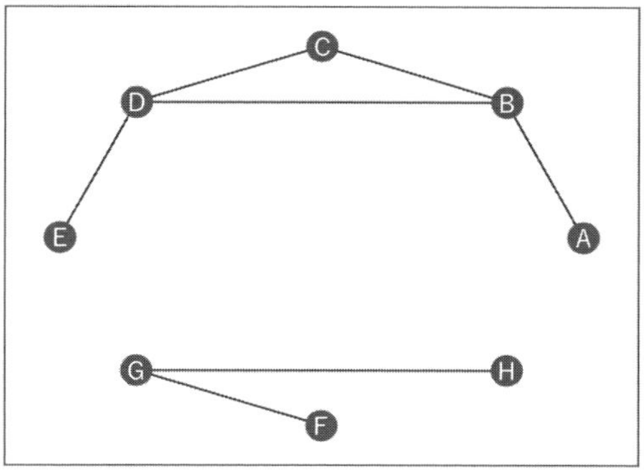

グラフを描画するためのアルゴリズム※3には、ノードを配置する計算にランダムな要素が含まれていることが多く、こうした方法でグラフを描画すると実行するたびに結果が変わります。公式ドキュメントには、ここで紹介した2つのほかに、10種類以上の関数が紹介されています。グラフを描画してノードの配置を変更したい場合は、いくつかのアルゴリズムを試してみるとよいでしょう。

※3　グラフ描画に利用できるアルゴリズム
https://networkx.org/documentation/stable/reference/drawing.html#module-networkx.drawing.layout

9-1-4 NetworkXを使ったグラフの解析

NetworkXを使うと、グラフのさまざまな特徴を解析できます。nodes()メソッドでグラフのすべてのノード、edges()メソッドでグラフのすべてのエッジを取得できます。

```
graph.nodes()
```

▼

```
NodeView(('A', 'B', 'C', 'D', 'E', 'G', 'F', 'H'))
```

```
graph.edges()
```

▼

```
EdgeView([('A', 'B'), ('B', 'C'), ('B', 'D'), ('C', 'D'), ('D', 'E'), ('G', 'F'), ('G', 'H')])
```

添え字を使ってノードを指定すると、隣接するノードがすべて取得できます。

```
graph["C"]
```

▼

```
AtlasView({'B': {}, 'D': {}})
```

空の辞書を保持しているように見えるのは、エッジの属性値です。後ほど、この属性値を追加します。NetworkXのGraphオブジェクトは、入れ子になった辞書のように両端のノードの情報を使ってエッジを指定できます。エッジに属性値がないので、空の辞書が返ります。

```
graph["A"]["B"]
```

▼

```
{}
```

グラフを使ってデータを表現する場合、ノードやエッジに情報を追加することがよくあります。たとえば、日本全国の空港をノードにし、2つの空港間に定期航空便がある場合は、それらをエッジで結んでグラフを作成します。エッジに所要時間を付加すると、これはエッジの属性値になります。エッジにこのような数値を割り当てると、エッジに重みを付けられます。

先ほど作成したグラフのエッジに、valueという名前で重み10を割り当てます。すべてのエッジに同じ属性値を追加します。

```
for s, t in graph.edges():
    graph[s][t]["value"] = 10
```

AとBをつなぐエッジに、属性値が設定されていることがわかります。

```
graph["A"]["B"]
```

▼

```
{'value': 10}
```

size()メソッドを使うと、エッジの総数がわかります。

```
graph.size()
```

▼

```
7
```

size()メソッドの引数weightに、エッジの属性名を指定すると、各エッジのvalueを合計した値が返ります。

```
graph.size(weight="value")
```

▼

```
70.0
```

ノードの属性は、Graphオブジェクトのnodes属性を使って操作します。次のコードでは、すべてのノードのcolor属性を"gray"（灰色）にします。

```
for node in graph.nodes():
    graph.nodes[node]["color"] = "gray"
```

ノードを指定して属性値を確認します。

```
graph.nodes["A"]
```

▼

```
{'color': 'gray'}
```

NetworkXには、グラフ構造を取り扱うのに便利な関数が多数用意されています。たとえば、2つのノードの間に道があるかどうかは、has_path()関数で確認できます。

```
nx.has_path(graph, "A", "E")
```

▼

```
True
```

```
nx.has_path(graph, "A", "G")
```

▼

```
False
```

2点間を結ぶ最短経路もすぐわかります。次の例では、all_shortest_paths()関数を使って、ノードAからEへの最短経路を求めています。同じ長さの最短経路が複数ある可能性もあるので、for文を使って列挙しています。

```
for path in nx.all_shortest_paths(graph, source="A", target="E"):
    print(path)
```

▼

```
['A', 'B', 'D', 'E']
```

グラフが連結かどうかは、is_connected()関数で確認できます。

```
nx.is_connected(graph)
```

▼

```
False
```

グラフ全体が1つにつながっていないため、Falseが返ります。connected_components()関数を使うと、連結成分をノードの集合として取得できます。

次の例では、ノードの総数が大きなものから順に並ぶようにしています。

```
cc_list = list(
    sorted(
        nx.connected_components(graph),
        key=lambda x: -len(x),
    )
)
cc_list
```

```
[{'A', 'B', 'C', 'D', 'E'}, {'F', 'G', 'H'}]
```

2つある連結成分のうち、大きいほう（5つのノードからなる連結成分）から新しいグラフを作ります。Graphオブジェクトのsubgraph()メソッドは、引数にとったノードがすべて含まれるグラフを返します。元のグラフで指定されたノードの間にエッジがあれば、返り値のグラフにそのまま残ります。

```
graph_0 = graph.subgraph(cc_list[0])

nx.draw_networkx(graph_0)
```

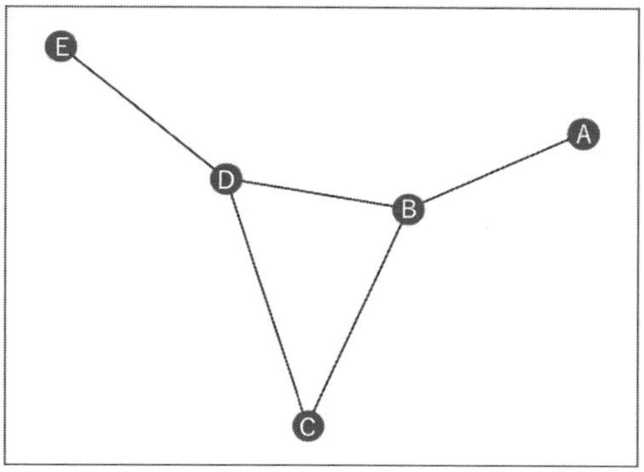

任意の2ノード間にエッジがあるので、このグラフは連結です。

```
nx.is_connected(graph_0)
```

```
True
```

もう1つの連結成分には閉路がないので、木構造になります。これはnetworkx.is_tree()関数で確かめられます。

```
graph_1 = graph.subgraph(cc_list[1])
nx.draw_networkx(graph_1)
```

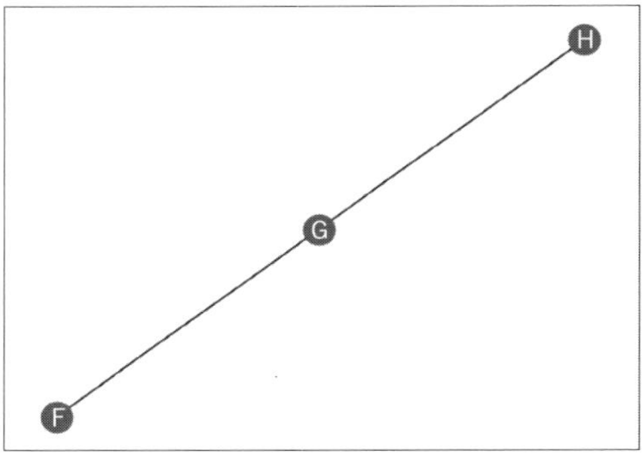


```
nx.is_tree(graph_1)
```

```
True
```

9-1-5 pyvisを使ったグラフの描画

NetworkXを使った描画では、Matplotlibを使った静的な画像が生成されるため、一度描画されるとノードの位置を動かすことができません。JavaScriptを使って動的な配置の変更に対応した描画ライブラリもあります。ここでは、NetworkXのグラフオブジェクトをそのまま描画できるpyvis[※4]を紹介します。

まず、pyvisのNetworkオブジェクトを用意します。このとき、結果をノートブックに埋め込めるように、引数notebookにTrueを、cdn_resourcesにin_lineを渡します[※5]。

```
from pyvis.network import Network

# JupyterLabの環境で結果が埋め込まれるように引数を設定
net = Network(notebook=True, cdn_resources="in_line")
# NetworkXのGraphオブジェクトをpyvisのNetworkに変換
net.from_nx(graph)
# 描画とHTMLファイルの出力
net.show("pyvis_graph.html")
```

※4　付録Bのpyvis p.374 を参照してください。
※5　お使いのブラウザによっては、cdn_resourcesを指定しなくてもグラフが描画されます。

▼

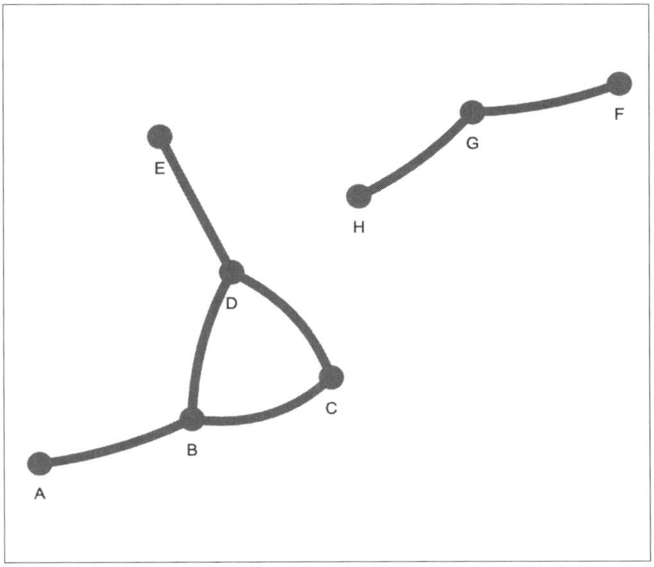

▲pyvisを使ったグラフの描画

マウスを使った操作で、ノードの位置を変更できます。グラフが大規模になってくると、限られた範囲に描画することが難しくなり、ノードやエッジが重なってしまうことがよくあります。ノードを移動させることで、重なりの中から特定のノードを探して周辺の構造を調べられます。また、可視化の結果はpyvis_graph.htmlに保存されており、1つのHTMLファイルとして扱えるので便利です。

9-1-6 グラフのためのファイル形式

ノードの数が数百以上になると、NetworkXやpyvisを使った可視化ではグラフの構造を把握することが難しくなります。たとえば、数百のノードがあるグラフを可視化した場合、注目するノードがどこにあるのかを手作業で見つけるのはかなり困難です。このような場合は、グラフを描画して解析するために作られた専用のソフトウェアを使います。オープンソースソフトウェアでは、Gephi※6や、Cytoscape※7が有名です。これらソフトウェアの詳細な利用方法は、公式ドキュメントなどを参考にしてください。

NetworkXで扱っているグラフをこうした別のアプリケーションに渡す場合、何らかの共通フォーマットで出力する必要があります。こうした共通フォーマットには、いくつかの種類があります。ここでは、NetworkXの開発者らが提案し、広く使われるようになっているGML（Graph Modeling Language）形式を紹介します。

※6 https://gephi.org/
※7 https://cytoscape.org/

NetworkXにwrite_gml()関数があるので、引数にGraphオブジェクトとGML形式のファイルを出力するファイル名を指定します。

```
# GML形式のファイルを出力
nx.write_gml(graph, "graph.gml")
```

GML形式はテキスト形式のファイルなので、テキストエディタで中身を確認できます。図9-2は、保存したGML形式のファイルをGephiで開いた画面です。GephiやCytoscapeを使うと、大規模なグラフの描画や解析が可能になります。これらのアプリケーションからGMLファイルを出力することも可能です。NetworkXでGML形式のファイルを読み込むには、nx.read_gml()関数を使います。こうすれば、NetworkXのGraphオブジェクトとして再び、Pythonを使ったグラフ構造の解析が可能になります。

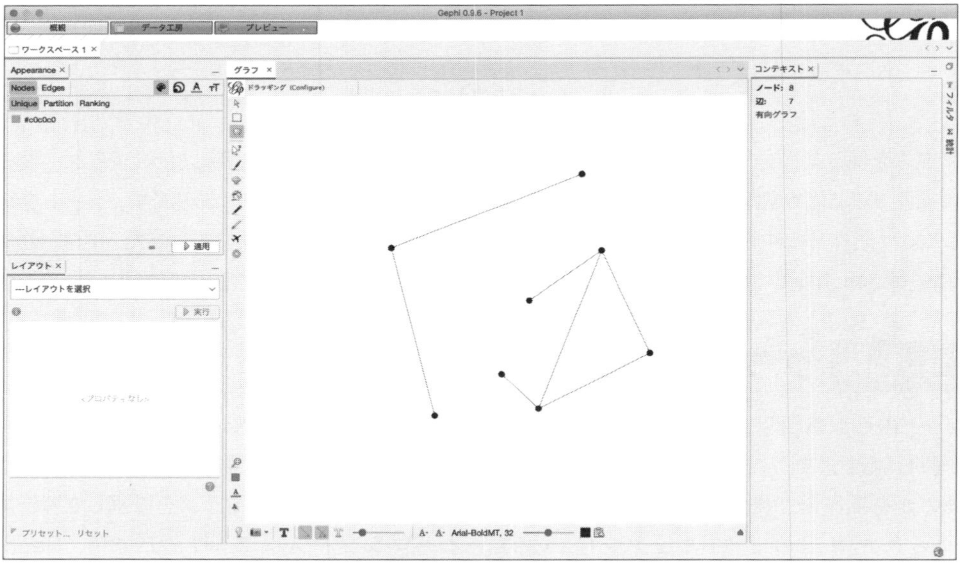

図9-2　GMLファイルをGephiで読み込んだ例

GML形式のほかには、XMLを利用したGEXE※8やGraphML※9といったファイル形式も利用されます。利用するソフトウェアの対応状況に合わせてファイル形式を選択します。

※8　https://gexf.net/schema.html
※9　http://graphml.graphdrawing.org/

9-2 実践的なグラフデータの解析

モノとモノとが関係するデータ構造は、日常生活のいたるところで見つけられます。こうしたデータをグラフ構造として解析するとどのようなことがわかるのか、実際のデータを使って解説します。

9-2-1 データの準備

本節では、動画配信サービスのNetflixで提供されている映画やドラマのデータを利用します。データは、機械学習のコンペティションサイトとして有名なKaggleに収載されています。Kaggleからデータをダウンロードするには、アカウント登録が必要です。

Netflix TV Shows and Movies

▼ダウンロードページ
https://www.kaggle.com/datasets/victorsoeiro/netflix-tv-shows-and-movies

▼ライセンス
CC0: Public Domain

NOTE

執筆時点の Netflix TV Shows and Movies データ

今回利用する Netflix TV Shows and Movies データ（CSV ファイル）は常に更新されているため、新たにダウンロードしたデータでは本書と同じ結果にならない可能性があります。執筆時点のデータは、以下の本書サンプルの GitHub リポジトリからダウンロードできるサンプルファイルの中にあります。同じ結果を得たい場合は、この執筆時点のデータを利用してください。

▶ 本書サンプルコードの GitHub リポジトリ
https://github.com/practical-handbook-python-data-analysis/practical-handbook-python-data-analysis

データは、2つのCSVファイルに分かれています。1つは映画やドラマのタイトル（`titles.csv`）、もう1つはそれぞれの作品に出演している俳優と監督のリスト（`credits.csv`）です。これらのCSVファイルを前処理し、グラフ構造のデータに変換します。

```
import pandas as pd

titles_all = pd.read_csv("data/titles.csv", index_col="id")
print(titles_all.shape)
titles_all.head()
```

▼

```
(5806, 14)
```

	title	type	description	release_year	age_certification	runtime	genres	production_countries	seasons	imdb_id	imdb_score	imdb_votes	tmdb_popularity	tmdb_score
id														
ts300399	Five Came Back: The Reference Films	SHOW	This collection includes 12 World War II-era p...	1945	TV-MA	48	['documentation']	['US']	1.0	NaN	NaN	NaN	0.600	NaN
tm84618	Taxi Driver	MOVIE	A mentally unstable Vietnam War veteran works ...	1976	R	113	['crime', 'drama']	['US']	NaN	tt0075314	8.3	795222.0	27.612	8.2
tm127384	Monty Python and the Holy Grail	MOVIE	King Arthur, accompanied by his squire, recrui...	1975	PG	91	['comedy', 'fantasy']	['GB']	NaN	tt0071853	8.2	530877.0	18.216	7.8
tm70993	Life of Brian	MOVIE	Brian Cohen is an average young Jewish man, bu...	1979	R	94	['comedy']	['GB']	NaN	tt0079470	8.0	392419.0	17.505	7.8
tm190788	The Exorcist	MOVIE	12-year-old Regan MacNeil begins to adapt an e...	1973	R	133	['horror']	['US']	NaN	tt0070047	8.1	391942.0	95.337	7.7

後で行う解析のために、id列をDataFrameのindexにしてあります。元のデータには、作品が約6,000タイトルもあります。この後で構築するグラフを小規模なものにするために、1991年～1999年の作品で、種類が映画の行（type列がMOVIEになっているもの）に限定します。

```
titles = titles_all.loc[(titles_all["type"] == "MOVIE") &
                        (titles_all["release_year"] > 1990) &
                        (titles_all["release_year"] < 2000)]
titles.shape
```

```
(103, 14)
```

出演者の情報は、credits.csvファイルに書かれています。

```
actors = pd.read_csv("data/credits.csv")
print(actors.shape)
actors.head()
```

```
(77213, 5)
```

	person_id	id	name	character	role
0	3748	tm84618	Robert De Niro	Travis Bickle	ACTOR
1	14658	tm84618	Jodie Foster	Iris Steensma	ACTOR
2	7064	tm84618	Albert Brooks	Tom	ACTOR
3	3739	tm84618	Harvey Keitel	Matthew 'Sport' Higgins	ACTOR
4	48933	tm84618	Cybill Shepherd	Betsy	ACTOR

id列に作品の情報としてtitlesのインデックスが入っています。これら2つのデータを使って、次の条件を満たすグラフを作ります。

1. ノードは1991年から1999年の映画タイトル。
2. 2つの映画に共通して出演している俳優がいる場合エッジを作る。
3. エッジの属性値は、2つの作品に共通して出演している俳優の数（weight）とする。

このようなグラフを構築するために、データを前処理してmovie_A、movie_B、weightの3列からなるDataFrameを作成します。それぞれの行が1つのエッジを表現するDataFrameです。

まずは、actorsのデータを処理します。CSVファイルを読み込んだ直後は、俳優（ACTOR）と監督（DIRECTOR）の行があるので俳優に限定し、作品でグループ化します。

```
actors_gr = actors.groupby("role").get_group("ACTOR").groupby("id")
```

エッジの両端は、2つの映画タイトルです。限定した映画タイトルのすべての組み合わせを生成し、それぞれの作品に共通して出演している俳優の数を計算します。共通して出演している俳優がいない場合は、エッジを作りません。

```
import itertools

# 2つの映画のIDとそれらに共通して出演している俳優の数を保持する
movie_a_b_list = []

# actors_grにあるすべての映画のタイトル
all_movies = set(actors_gr.groups.keys())

for movie_a, movie_b in itertools.combinations(titles.index, 2):
    # グループ化したキーにmovie_aとmovie_bが両方存在した場合
    if movie_a in all_movies and movie_b in all_movies:
        # movie_aとmovie_bの出演者をsetにする
        set_a = set(actors_gr["person_id"].get_group(movie_a))
        set_b = set(actors_gr["person_id"].get_group(movie_b))
        # 共通して出演している俳優の数
        n = len(set_a & set_b)
        if n > 0:
            movie_a_b_list.append([movie_a, movie_b, n])

# できあがったリストの最初の5行
movie_a_b_list[:5]
```

▼

```
[['tm11556', 'tm122434', 1],
 ['tm11556', 'tm187187', 2],
 ['tm11556', 'tm187791', 1],
 ['tm11556', 'tm61103', 1],
 ['tm11556', 'tm55732', 1]]
```

リストからDataFrameを作ります。

```
actor_overlaps = pd.DataFrame(
    movie_a_b_list,
    columns=[
        "movie_A",
        "movie_B",
        "weight",
    ],
)

actor_overlaps.head()
```

▼

	movie_A	movie_B	weight
0	tm11556	tm122434	1
1	tm11556	tm187187	2
2	tm11556	tm187791	1
3	tm11556	tm61103	1
4	tm11556	tm55732	1

9-2-2 グラフの構築

1行が1つのエッジになっているpandasのDataFrameがあると、from_pandas_edgelist()関数を使って簡単にNetworkXのグラフオブジェクトを作れます。

```
import networkx as nx

all_movie_graph = nx.from_pandas_edgelist(
    actor_overlaps,
    source="movie_A",
    target="movie_B",
    edge_attr="weight",
)
```

各エッジは、引数sourceと、引数targetにノードの情報を示す列名を指定します。今回作るグラフは無向グラフなので、sourceとtargetの違いに意味はありません。引数edge_attrには、エッジの属性が格納された列名を指定します。簡単な可視化をすると、グラフが連結ではないことがわかります。

```
# ノードのラベルを非表示にしている
nx.draw_networkx(all_movie_graph, with_labels=False)
```

▼

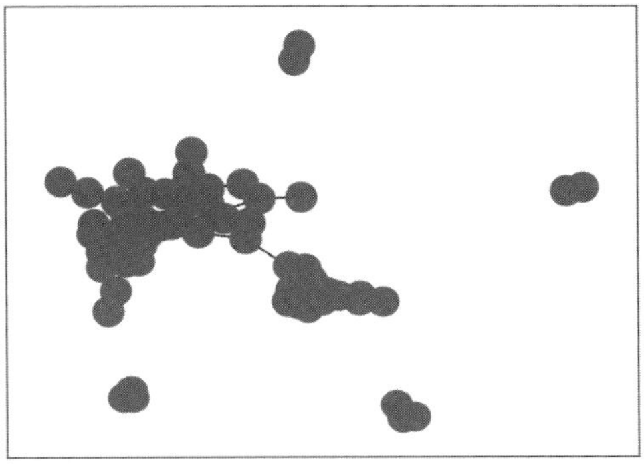

1つの大きな連結成分と、少数のノードで構成されたグラフがあるようなので、最も多くのノードを含む最大の連結成分を取り出して別のグラフを作ります。

```
largest_component = max(
    nx.connected_components(all_movie_graph),
    key=len,
)
movie_graph = all_movie_graph.subgraph(largest_component)
```

NetworkXを使った描画では、ノードが重なってしまい見づらいので、pyvisを使って描画します。

```
from pyvis.network import Network

# 描画する際のサイズを指定できる
nt = Network(height="800px", width="800px", notebook=True, cdn_resources="in_line")
nt.from_nx(movie_graph)
nt.show("movie_graph.html")
```

▼

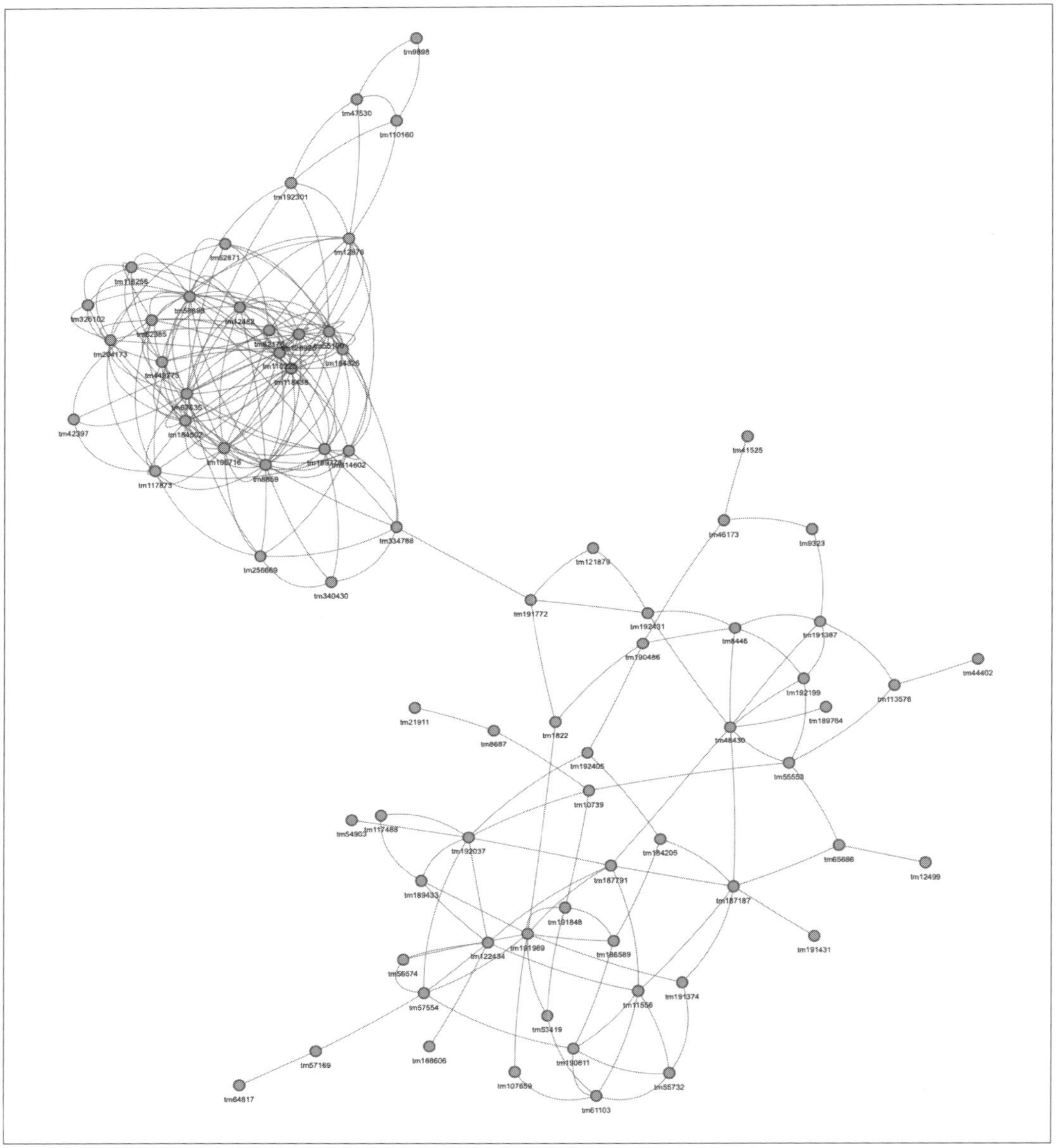

▲最大の連結成分から作った映画タイトルのグラフ

1つの連結成分からなるグラフですが、全体として大きく分けて2つの部分から構成されていそうです。それぞれのノードの特徴を可視化するために、映画を制作した国の情報で色分けします。まずは、タイトルごとの国の情報を確認します。

```
titles["production_countries"].value_counts().head()
```

▼

```
['US']         43
['IN']         29
['EG', 'FR']    3
['GB']          3
['US', 'JP']    2
Name: production_countries, dtype: int64
```

ほとんどが米国とインドなので、米国、インド、そのほか（合作を含む）で色分けします。Graphオブジェクトのノードにcolor属性を追加し、国ごとに色を変えます。また、映画のタイトルと制作した国をtitle属性に追加します。pyvisで描画したときにノードをクリックすると、title属性が表示されるので便利です。shape属性を使うと、ノードの形を変更することもできます。

```
for node in movie_graph:
    # nodeはタイトルのIDになっているのでDataFrameの行を取得
    row = titles.loc[node]
    # ノードのtitle属性に、映画のタイトルと制作した国を追加
    movie_graph.nodes[node][
        "title"
    ] = f"{row['title']} {row['production_countries']}"
    # 文字列からeval関数でリストを生成
    countries = eval(row["production_countries"])
    # 国ごとに色分け
    if len(countries) == 1:
        if countries[0] == "US":
            movie_graph.nodes[node]["color"] = "#636EFA"    # 青
        if countries[0] == "IN":
            movie_graph.nodes[node]["color"] = "#EF553B"    # 赤
    else:
        movie_graph.nodes[node]["color"] = "#00CC96"    # 緑
```

先ほどと同じコードで描画します。マウスでノードをクリックするとタイトルを確認できます。

```
nt = Network("800px", "800px", notebook=True, cdn_resources="in_line")
nt.from_nx(movie_graph)
nt.show("colored_movie_graph.html")
```

▼

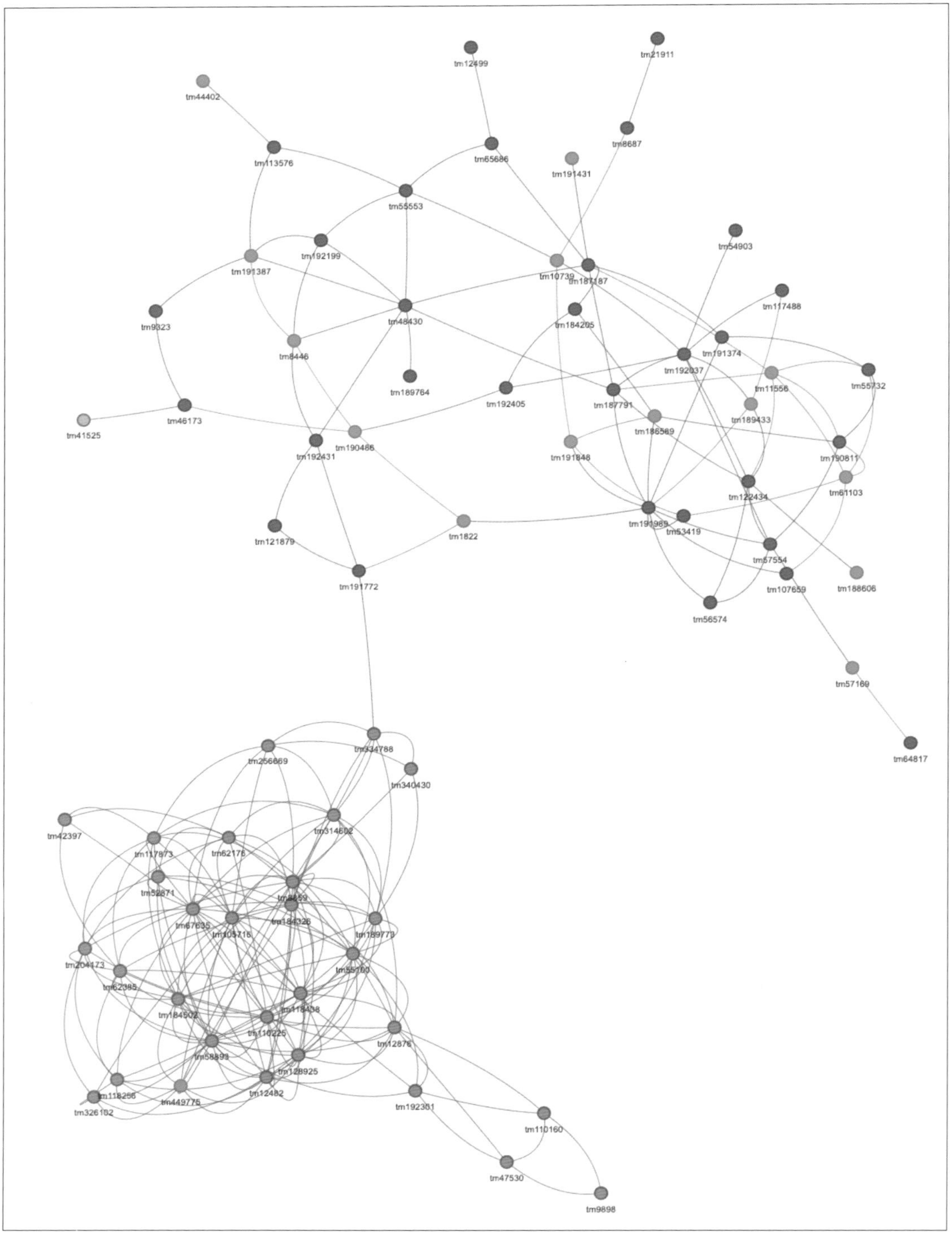

▲国ごとに色分けされた映画タイトルのグラフ

グラフは大きく分けて、インドの映画と米国を含むそのほかの国の映画に分かれていることがわかります。このようなノードのまとまりをクラスターと呼ぶこともあります。インド映画のクラスターとそのほかの国の映画のクラスターを比べると、インド映画ノードの次数（1つのノードに接続したエッジの数）が比較的高いことがわかります。また、インド映画のYodha（tm334788）と米国映画のSeven Years in Tibet（tm191772）をつなぐエッジは特徴的です。このエッジがなければ、グラフは2つの連結成分に分かれてしまいます。

9-2-3 ノードの特徴を定量化する

グラフを描画してノードの特徴を簡単に確認できると便利ですが、グラフの規模が大きくなると、それが難しくなってきます。グラフを描画できてもノードやエッジが多すぎて、可視化した情報だけではノードの特徴を判別できなくなるためです。この問題は、ノードの特徴を定量化する手法を使うことで、ある程度解決できます。ノードの特徴を定量化する方法の1つに、中心性（centrality）があります。中心性には多くの方法があるので、ここでは次数中心性（degree centrality）と媒介中心性（betweenness centrality）を説明します。

ノードが全部でN個あるグラフを考えます。このグラフのあるノードの次数中心性は、そのノードの次数を$N-1$で割った値です。$N-1$は、ノードの次数の最大値です。映画のグラフで実際に次数中心性を計算します。次数中心性が高いノードがわかるように、計算結果からDataFrameを作ります。

```
# ノードのリストを作成
node_list = list(movie_graph.nodes())
# グラフに含まれるタイトルだけのDataFrame
titles_in_graph = titles.loc[node_list, :]
# 次数中心性の計算
deg_cent = nx.degree_centrality(movie_graph)
# degree centralityの列を追加
titles_in_graph["degree_centrality"] = [deg_cent[node] for node in node_list]

# 出力列を限定
cols = [
    "title",
    "production_countries",
    "degree_centrality",
]

# 次数中心性で降順にソート
titles_in_graph[cols].sort_values("degree_centrality", ascending=False)
```

▼

id	title	production_countries	degree_centrality
tm67635	Kuch Kuch Hota Hai	['IN']	0.266667
tm58893	Duplicate	['IN']	0.253333
tm8859	Oh Darling! Yeh Hai India!	['IN']	0.240000
tm105716	Chaahat	['IN']	0.213333
tm118438	Anjaam	['IN']	0.200000
...	...	...	...
tm191431	Double Team	['US', 'HK']	0.013333
tm12499	The Net	['US']	0.013333
tm54903	Wild Things	['US']	0.013333
tm188606	Sankofa	['GH', 'GB', 'US', 'BF', 'DE']	0.013333
tm21911	Sam Kinison: Live in Vegas	['US']	0.013333

76 rows × 3 columns

次数中心性が高いノードは、インド映画に集中していることがわかります。これは、グラフを描画して得られた知見と合っています。

グラフの中から、ランダムに2つのノードを取り出して、これらの最短経路を調べるとします。2つのノードが隣接していなければ、スタートとゴール以外に経由するノードが1つ以上あるはずです。スタートとゴールを変更して経由地点を調べる作業を繰り返すと、経由地点として頻繁に登場するノードが浮かび上がる可能性があります。電車の路線図をグラフに見立てると、どこへ行くにも乗り換えに使われるようなターミナル駅に相当します。ノードのこのような特徴を定量化する中心性の指標が、媒介中心性です。ノードが全部でN個あるグラフを考えます。g_{jk}をノードjとkを結ぶ最短経路の数とします。$g_{jk}(v_i)$をノードjとkを結ぶ最短経路のうち、ノードiを通るものの数とします。ノードiの媒介中心性は、次の式で定義されます。

$$C_B(i) = \frac{\sum_{j<k} \frac{g_{jk}(v_i)}{g_{jk}}}{\frac{(N-1)(N-2)}{2}}$$

少し複雑な式なので、それぞれの部分に分解して説明します。$\frac{(N-1)(N-2)}{2}$は、注目しているノードi以外の任意の2つのノードの組み合わせの数です。ノードごとには変わらないのでひとまず無視しましょう。$\frac{g_{jk}(v_i)}{g_{jk}}$は、ノード$j$と$k$を結ぶ最短経路のうち、注目しているノード$i$を通る経路がどれくらいの割合で含まれているかを示す数値です。たとえば、あるノードjとkを結ぶ最短経路が4つあり、このうち2つがiを通るものであれば、$\frac{1}{2}$となります。ノードjとkにはいろいろな組み合わせが考えられるので、これらをすべて足し合わせます。媒介中心性の最大値が1になるように、足し合わせた結果を$\frac{(N-1)(N-2)}{2}$で割ります。グラフの2点間を結ぶ最短経路に頻繁に含まれるノードの媒介中心性は相対的に高い値になります。映画のグラフで実際に計算してみます。媒介中心性は、NetworkXのbetweenness_centrality()関数で計算できます。

```
# 媒介中心性を計算する
bet_cent = nx.betweenness_centrality(movie_graph)

# 媒介中心性のデータを追加
titles_in_graph["betweenness_centrality"] = [bet_cent[node] for node in node_list]
```

```
# 出力列を限定
cols = [
    "title",
    "production_countries",
    "betweenness_centrality",
]

# 降順で並べ変えて表示
titles_in_graph[cols].sort_values(
    "betweenness_centrality",
    ascending=False,
)
```

▼

id	title	production_countries	betweenness_centrality
tm191772	Seven Years in Tibet	['US']	0.493916
tm334788	Yodha	['IN']	0.481459
tm1822	3 Ninjas Kick Back	['US', 'JP']	0.306412
tm191989	Donnie Brasco	['US']	0.287926
tm48430	Godzilla	['US']	0.218295
...	...	...	...
tm12499	The Net	['US']	0.000000
tm117488	The Next Karate Kid	['US']	0.000000
tm54903	Wild Things	['US']	0.000000
tm188606	Sankofa	['GH', 'GB', 'US', 'BF', 'DE']	0.000000
tm21911	Sam Kinison: Live in Vegas	['US']	0.000000

76 rows × 3 columns

インド映画クラスターと米国とそのほかの国のクラスターをつなぐエッジの両端にある2つのノードの媒介中心性が高いことがわかります。これらのノードは、インド映画と米国とそのほかの国の映画を結ぶ最短経路を考えたとき、ほとんど毎回通らなければならないノードなので、媒介中心性の値が高くなっています。この規模のグラフであれば全体を描画できるので、任意の2つのノード間の最短経路を考えたとき、ほとんどすべての経路で2つのノード（Seven Years in TibetとYodha）を通ることが見てわかります。しかし、グラフが大規模になると、そうはいきません。グラフ全体を描画できなくなったとき、中心性の指標が意味するところを理解できれば、グラフの中から重要なノードを選び出す助けになります。

COLUMN

数学を学ぶタイミング

Web でクレジットカード番号やログインパスワードを安全に通信できるのは、公開鍵暗号のおかげです。鍵を公開しているのに暗号通信が可能となるなんとも不思議な方法で、RSA 暗号や楕円曲線暗号などの方法が知られています。公開鍵暗号の仕組みを支えているのは高度な数学なので、数学が便利で豊かな現代社会を支えているといえます。RSA 暗号を理解するためには、フェルマーの小定理などを知る必要がありますが、これらがまったくわからなくても Web で安全に買い物はできます。数学は単なる道具なので、必要になったときに理解すれば十分だと筆者は考えています。数学を知らなければデータ分析や機械学習を実践できないのではないか、と身構える必要はなく、自分がやりたいことを明確にすることのほうが大切です。どんなデータを使って、何をしたいのかを決める必要があります。このとき重要になるのは、**対象とする分野の知識（ドメイン知識）**です。数学とドメイン知識のどちらに強いほうが有利になるか、ヒントをくれそうなエピソードがあります。

相対性理論は時間と空間に関する物理法則で、アインシュタインによって発見されました。カーナビゲーションシステムやスマートフォンの位置情報に使われているGPSは、相対性理論の結果から導かれる時間の遅れを考慮しないと正確に動作しません。このように現代社会を支えているともいえる相対性理論には、リーマン幾何学という数学が使われています。かなり難解な数学なので、アインシュタインはリーマン幾何学を猛勉強したといわれています。アインシュタインは物理学者だったので、ドメイン知識があったといえます。一方、アインシュタインより数学に詳しい人物は当時もたくさんいました。その 1 人が歴史に名を残す天才数学者のヒルベルトです。ヒルベルトもまた、相対性理論のような時間と空間の物理法則に興味があったようで、アインシュタインとヒルベルトのどちらが先に論文を完成させるかは、紙一重の状況だったといわれています。ヒルベルトは数学者だったので、アインシュタインよりもリーマン幾何学に詳しかったでしょう。にもかかわらず相対性理論をアインシュタインより先に完成させられなかったというこの史実は、ドメイン知識の重要性が数学と同等かそれ以上であるということを暗示しているように思えます。

コンピュータと便利なライブラリがあれば、データ分析は気軽にできます。たとえば、第 11 章で解説している主成分分析も、わずか数行のコードで実行できますし、そのとき行列の特異値分解について考える必要はまったくありません。ドメイン知識とライブラリを使いこなせるコーディング能力があれば、数学に詳しくなくてもデータ分析はできます。ただ、もし少し立ち止まってライブラリやアルゴリズムの中身が知りたくなったら、数学的な背景を調べてみることをおすすめします。数学が苦手という声はよく耳にしますが、**自分が使っている便利なライブラリにどんな数学が使われているのか**、という視点を持てば数学が楽しいと思えるかもしれません。数学が楽しいと感じたら、一生趣味には困りません。人類が築き上げた数学の知識は膨大だからです。ドメイン知識と数学の両方を手に入れれば無敵です。ぜひ一緒に学び続けていきましょう。

第10章

地理空間データの処理

地理空間データは、位置情報およびそれに関連付けられたさまざまな情報を持つデータです。本章では、Pythonを利用した地理空間データの処理方法を解説します。

10-1 地理空間データの概要

10-1-1 地理空間データとは

地理空間データは、空間上の特定の地点または区域の位置を示す情報（位置情報）およびそれに関連付けられたさまざまな情報を持つデータです。次のような地理空間データがあります。

- 土地利用図（自然、災害、経済活動など）
- 地質図
- 主題図（ハザードマップなど）
- 都市計画図
- 地形図
- 統計情報
- 空中写真、衛星画像

10-1-2 GIS（地理情報システム）

GISは、Geographic Information Systemの略で、地理情報システムとも呼ばれます。地理的位置から空間データ（位置に関する情報を持ったデータ）を加工し、分析や判断をするための技術です。地理空間データを分析するうえでは、データを処理したり、可視化したりします。

日本政府は阪神・淡路大震災をきっかけに、1996年に「国土空間データ基盤の整備及びGISの普及の促進に関する長期計画」※1を関係省庁連絡会議によって決定しました。また、2007年には、GISを高度に活用できる社会の実現のために、地理空間情報活用推進基本法※2が制定されました。

10-1-3 CRS（座標参照系）

CRSはCoordinate Reference Systemの略で、座標参照系とも呼ばれます。地球を平面上の位置に表現するためのルールです。座標参照系は大きく分けて「地理座標系」と「投影座標系」の2種類

※1 https://www.cas.go.jp/jp/seisaku/gis/h8cyouki.html

※2 地理空間情報活用推進基本法・基本計画とは
https://www.gsi.go.jp/chirikukan/about_kihonhou.html

があります。地理座標系は地球の重心付近を原点とした緯度経度と角度で位置を表現します。投影座標系は地球のある範囲を平面に投影し、ある原点からの距離を表現します。距離や面積を求める場合は投影座標系が使われます。

EPSGコード

GISでは、座標系や測地系、投影法などさまざまな要素を組み合わせて利用します。SRID（Spatial Reference System Identifiers）は、これらの要素の集合体として識別するためのコード体系です。このコード体系の事実上の標準としてEPSGコード※3が使われています。たとえば、EPSG:4326というコードからは、測地系にWGS 84、座標参照系には地理座標系が使われていることが確認できます。

10-1-4 データ形式

地理空間データのデータ形式は、主にベクターデータとラスターデータに分類されます。

ベクターデータ

GISにおけるベクターデータとは、座標（点）の情報をもとに表10-1の要素を構成するデータ形式です。複数の点（ポイント）で連結された線分がライン、線分で囲まれて閉じた領域がポリゴンとして表現されます。ベクターデータは拡大／縮小をしても劣化しません。

表10-1　ベクターデータの要素

要素	説明
ポイント	点で位置情報を表現する。駅や県庁所在地など、狭い範囲の位置を示す場合に利用される
ライン	線で位置情報を表現する。道路や河川など、連続した位置を示す場合に利用される。等高線や区域などを分割する場合にも利用される
ポリゴン	面（立体）で位置情報を表現する。区画や境界などに囲まれた領域を示す場合に利用される

ラスターデータ

GISにおけるラスターデータとは、行と列で構成されたセル（ピクセル）ごとに値を持った地物《ちぶつ》（樹木や建物などの自然／人工物）を表現する画像のデータ形式です。品質は画像の解像度に依存し、拡大／縮小すると劣化しますが、描画速度を高速にできる利点があります。地表面の表現や、数値標高モデル（DEM）などで利用されます。

10-1-5 GISで利用する主なライブラリ

ここでは、GISで利用するライブラリのうち、Pythonから利用できる主なライブラリを紹介します（表10-2）。本書で扱わないライブラリは、表内に公式ドキュメントのリンクを記載しています。

※3　EPSG（European Petroleum Survey Group）という団体によって策定され、2005年からはIOGP（International Association of Oil & Gas Producers）という団体によって管理されています。

表10-2　GISで利用する主なライブラリ

ライブラリ	概要
GDAL	多数のファイル形式に対応したベクターデータとラスターデータを変換するライブラリ 公式ドキュメント https://gdal.org/
Fiona	ベクターデータの読み込み／書き込みに対応したライブラリ 公式ドキュメント https://fiona.readthedocs.io/
GeoPandas	地理空間データをpandasで操作できるライブラリ
Rasterio	ラスターデータの読み込み／書き込みに対応したライブラリ
Shapely	地理空間データを操作／解析するライブラリ
pyproj	座標参照系を別の座標に変換するライブラリ 公式ドキュメント https://pyproj4.github.io/pyproj/
Geopy	ジオコーディング（住所や地名などから地理座標に変換）を行うためのライブラリ
Folium	地理空間データを地図に投影して可視化を行うライブラリ

10-2 地理空間データのファイル形式と読み込み

本節では、地理空間データでよく使われる次のファイル形式を、Pythonのオブジェクトとして読み込む方法について解説します。

- **ベクターデータ**
  - GeoJSON
  - シェープファイル
- ラスターデータ
  - GeoTIFF

10-2-1 GeoJSON

GeoJSONは、地理空間データを扱えるベクターデータで、JSON形式のデータ形式です。地理空間データを次のgeometory型※4で記述します。

- `Point`
- `LineString`
- `Polygon`
- `MultiPoint`
- `MultiLineString`

※4　geometry型については、本章の10-3-1 Geometricオブジェクト p.305 を参照してください。

GeoJSON形式は、IETF（the Internet Engineering Task Force）が2016年8月にRFC7946※5として策定したデータ形式です。座標参照系はWGS 84※6で、経度・緯度は10進法度単位（度、分、秒を10進数に換算した値）を使用します。GeoJSONの例をリスト10-1に示します。

リスト10-1　GeoJSONのデータ構造

```
{
    "type": "FeatureCollection",  ← ②
    "features": [
        {
            "type": "Feature",  ← ①
            "properties": {  ← ④
                "name": "yurakucho"
            },
            "geometry": {  ← ③
                "type": "Point",
                "coordinates": [
                    35.675056,
                    139.763333
                ]
            }
        },
        {
            "type": "Feature",  ← ①
            "properties": {  ← ④
                "name": "tokyo-kanda"
            },
            "geometry": {  ← ③
                "type": "LineString",
                "coordinates": [
                    [
                        35.681111,
                        139.766667
                    ],
                    [
                        35.691667,
                        139.770833
                    ]
                ]
            }
        }
    ]
}
```

※5　The GeoJSON Format
https://datatracker.ietf.org/doc/html/rfc7946/

※6　https://epsg.org/crs_4326/WGS-84.html

Feature（①）は、空間的な要素を持つエンティティです。FeatureCollection（②）は、複数のFeatureのリストです。Featureには、geometry（③）およびproperties（④）のメンバーがあります。geometryは空間の情報を格納し、リスト10-1ではPoint（点）およびLineString（線）のgeometry型を格納しています。propertiesは、Featureが持つ属性を格納します。propertiesにはオブジェクトの名前や値などが入り、地図に描画する際のスタイリング情報が含まれる場合もあります。

次のコードでは、Shapely※7のfrom_geojson()関数を実行してGeoJSONファイルを読み込んでいます（from_geojson()関数では、propertiesは読み込みません）。

```
from shapely import from_geojson

geojson = """{
    "type": "FeatureCollection",
    "features": [
        {
            "type": "Feature",
            "properties": {
                "name": "yurakucho"
            },
            "geometry": {
                "type": "Point",
                "coordinates": [
                    35.675056,
                    139.763333
                ]
            }
        },
        {
            "type": "Feature",
            "properties": {
                "name": "tokyo-kanda"
            },
            "geometry": {
                "type": "LineString",
                "coordinates": [
                    [
                        35.681111,
                        139.766667
                    ],
                    [
                        35.691667,
                        139.770833
                    ]
                ]
            }
        }
    ]
```

※7　Shapelyのインストール方法は、付録BのShapely p.375 を参照してください。

```
}"""
geo_collection = from_geojson(geojson)
type(geo_collection)
```

▼

```
shapely.geometry.collection.GeometryCollection
```

次のコードでは、to_geojson()関数を実行してJSONに出力しています。to_geojson()関数の引数indentを指定して、出力を読みやすくしています。

```
from shapely import to_geojson

print(to_geojson(geo_collection, indent=4))
```

▼

```
{
    "type": "GeometryCollection",
    "geometries": [
        {
            "type": "Point",
            "coordinates": [
                35.675056,
                139.763333
            ]
        },
        {
            "type": "LineString",
            "coordinates": [
                [
                    35.681111,
                    139.766667
                ],
                [
                    35.691667,
                    139.770833
                ]
            ]
        }
    ]
}
```

次のコードでは、GeoPandasの`read_file()`関数を実行してGeoJSONファイルを`GeoDataFrame`に読み込んでいます※8。

```
from io import StringIO
import geopandas as gpd

geojson_gdf = gpd.read_file(StringIO(geojson))
geojson_gdf
```

▼

	name	geometry
0	yurakucho	POINT (35.67506 139.76333)
1	tokyo-kanda	LINESTRING (35.68111 139.76667, 35.69167 139.7...

「geometry」列の要素は、ShapelyのGeometricオブジェクトです。Jupyter（ノートブック）のREPLでは、レンダリングして描画されます。

```
type(geojson_gdf.loc[0, "geometry"])
```

▼

```
shapely.geometry.point.Point
```

```
geojson_gdf.loc[0, "geometry"]
```

▼

```
type(geojson_gdf.loc[1, "geometry"])
```

▼

```
shapely.geometry.linestring.LineString
```

```
geojson_gdf.loc[1, "geometry"]
```

▼

※8　GeoPandasおよび`GeoDataFrame`については、本章の10-4 GeoPandas p.310 を参照してください。また、GeoPandasのインストール方法は、付録BのGeoPandas p.375 を参照してください。

次のコードでは、GeoDataFrameのto_json()メソッドを実行してJSONに出力しています。

```
print(geojson_gdf.to_json(indent=4))
```

▼

```
{
    "type": "FeatureCollection",
    "features": [
        {
            "id": "0",
            "type": "Feature",
            "properties": {
                "name": "yurakucho"
            },
            "geometry": {
                "type": "Point",
                "coordinates": [
                    35.675056,
                    139.763333
                ]
            }
        },
        {
            "id": "1",
            "type": "Feature",
            "properties": {
                "name": "tokyo-kanda"
            },
            "geometry": {
                "type": "LineString",
                "coordinates": [
                    [
                        35.681111,
                        139.766667
                    ],
                    [
                        35.691667,
                        139.770833
                    ]
                ]
            }
        }
    ]
}
```

次のコードでは、GeoDataFrameのto_file()メソッドを実行してGeoJSONファイルに書き出しています。GeoJSON形式に出力する場合は、to_file()メソッドの引数driverに"GeoJSON"を渡します。

```
geojson_gdf.to_file(
    "./data/yurakucho-kanda.geojson",
    driver="GeoJSON",
)
```

10-2-2 シェープファイル

シェープファイル（Shapefile）は、米国Esri社（Environmental Systems Research Institute, Inc.）が策定したベクターデータで、GISで広く利用されているデータ形式です。シェープファイルは、表10-3、表10-4のような複数のファイルを1つのデータセットとして扱います。これらのファイルがZIP形式でまとめられて提供される場合があります。

表10-3　シェープファイルの必須ファイル

拡張子	説明
.shp	地理空間データの情報を格納
.shx	地理空間データのインデックスを格納
.dbf	地理空間データの属性情報を格納

表10-4　シェープファイルの推奨ファイル

拡張子	説明
.prj	地形情報の座標参照系の定義を格納
.sbn、.sbx	空間インデックスを格納

```
shapefile_gdf = gpd.read_file("data/yurakucho")
shapefile_gdf
```

▼

	name	geometry
0	yurakucho	POINT (35.67506 139.76333)

次のコードでは、to_file() メソッドを実行してシェープファイル（.cpg、.dbf、.prj、.shp、.shx）に書き出しています。to_file() メソッドの引数driverがNone（デフォルト）の場合は、シェープファイルとして出力します。

```
shapefile_gdf.to_file("data/yurakucho")
```

10-2-3 GeoTIFF

GeoTIFFは、GISで利用されるラスターデータのファイル形式です。地理空間情報を含むメタデータが付いたTIFF（Tagged Image File Format）※9画像ファイルの形式で、その仕様はOGC GeoTIFF Standard※10によって定義されています。

※9　TIFF ファイル
https://www.adobe.com/jp/creativecloud/file-types/image/raster/tiff-file.html

※10　OGC GeoTIFF Standard
http://docs.opengeospatial.org/is/19-008r4/19-008r4.html

ここでは、国土交通省「国土数値情報ダウンロードサービス」※11が公開する、滋賀県「土地利用細分メッシュ（ラスタ版）データ（平成26年度）」からダウンロードしたGeoTIFFファイルを読み込みます。

> 国土数値情報ダウンロードサービス > 国土数値情報 > 土地利用細分メッシュ（ラスタ版）データ
> https://nlftp.mlit.go.jp/ksj/gml/datalist/KsjTmplt-L03-b_r.html
>
> ※本書では、上記ページの「ダウンロードするデータの選択」から「5236（滋賀県）」を選択してzipファイル（GeoTIFFファイル）をダウンロード。

次のコードでは、Rasterio※12を利用して、GeoTIFFファイルをDatasetReaderオブジェクトに読み込んでいます。

```
import rasterio

dataset = rasterio.open("data/L03-b-14_5236.tif")
```

ラスターデータは、画像のピクセルごとに属性値がマッピングされています。bounds属性にアクセスすると、画像データの四隅の座標を取得できます。

```
dataset.bounds
```

▼

```
BoundingBox(left=136.0, bottom=34.6666666336, right=137.0, top=35.3333333)
```

データセットの座標参照系（CRS）を確認するには、crs属性※13にアクセスします。

```
dataset.crs
```

▼

```
CRS.from_wkt('GEOGCS["JGD2000",DATUM["Japanese_Geodetic_Datum_2000",SPHEROID["GRS
1980",6378137,298.257221999999,AUTHORITY["EPSG","7019"]],AUTHORITY["EPSG","6612"]],PRIMEM["Green
wich",0],UNIT["degree",0.0174532925199433,AUTHORITY["EPSG","9122"]],AXIS["Latitude",NORTH],AXIS[
"Longitude",EAST],AUTHORITY["EPSG","4612"]]')
```


※11 https://nlftp.mlit.go.jp/
※12 インストール方法は、付録BのRasterio p.376 を参照してください。
※13 rasterio.crs.CRS
https://rasterio.readthedocs.io/en/stable/api/rasterio.crs.html#rasterio.crs.CRS

ラスターデータは多次元のデータで、バンド（レイヤー）と呼ばれる2次元のデータが含まれます。複数のバンドを持つラスターデータもあり、バンドには1から順番にインデックス番号が振られています。インデックスを確認するには、indexes属性にアクセスします。

```
dataset.indexes
```

```
(1,)
```

read()メソッドの引数にバンドのインデックスを渡して実行すると、該当するバンドのラスターデータをnumpy.ndarray型で取得できます。

```
dataset.read(1)
```

```
array([[ 10,  10,  10, ...,  50,  50,  50],
       [ 10,  10,  10, ...,  50,  50,  50],
       [ 10,  10,  10, ...,  50,  50,  50],
       ...,
       [ 50,  50,  50, ..., 150, 150, 150],
       [ 50,  50,  50, ..., 150, 150, 150],
       [ 50,  50,  50, ..., 150, 150, 150]], dtype=uint8)
```

次のコードのように、Pillow※14を使って画像データを描画できます。

```
from PIL import Image

Image.fromarray(dataset.read(1))
```

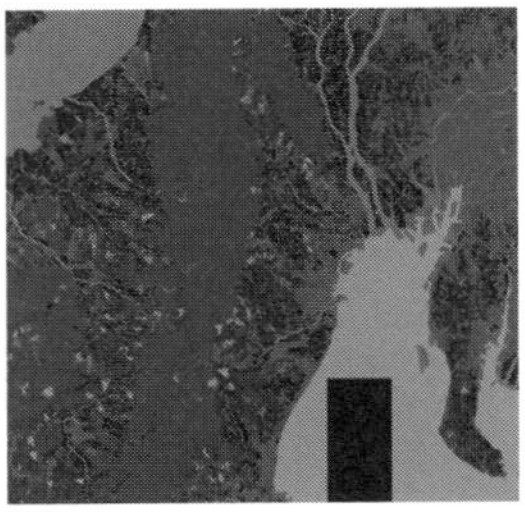

※14　Pillowについては、第8章の8-1 Pillowを使った画像の加工 p.244 を参照してください。

10-3 地理空間データの操作

本節では、Shapelyで生成したGeometricオブジェクトを利用して、地理空間データを操作する方法を解説します。

10-3-1 Geometricオブジェクト

Geometricオブジェクトは、次のような地理空間データをPythonのオブジェクトとして処理できるオブジェクトです。

- `Point`
- `LineString`
- `Polygon`
- `MultiPoint`
- `MultiLineString`

ここでは、Shapelyの`Point`、`LineString`、`Polygon`クラスを利用してGeometricオブジェクトを生成し、地理空間データを操作します。

ポイント（`Point`）を処理する場合は、`Point`クラスからGeometricオブジェクトを生成します。第1引数にX値となる座標、第2引数にY値となる座標を渡すか、これらが含まれたシーケンス型[※15]のデータを渡します。

```
from shapely.geometry import Point

Point(1,  1)
# or
Point([1, 1])
```

▼

地理的な座標を渡す場合は、経度と緯度の値を10進法度単位（度、分、秒を10進数に換算した値）で渡します。

※15　シーケンス型
https://docs.python.org/ja/3/library/stdtypes.html#sequence-types-list-tuple-range

```
tokyo = Point(139.766667, 35.681111)
shinjuku = Point(139.700278, 35.690833)
shinagawa = Point(139.738694, 35.628222)
```

ライン（LineString）を処理する場合は、LineStringクラスからGeometricオブジェクトを生成します。引数には、Pointまたは座標を入れたシーケンス型を入れたシーケンス型を渡します。

NOTE

シーケンス型の要素

シーケンス型の要素には、次のコードのようにPointを入れられますが、本節ではタプルで統一します。

```
LineString(
    [
        Point(139.766667, 35.681111),
        Point(139.700278, 35.690833),
    ]
)
```

```
from shapely.geometry import LineString

tokyo_shinjuku = LineString(
    [
        (139.766667, 35.681111),
        (139.700278, 35.690833),
    ]
)
tokyo_shinjuku
```

▼

ポリゴン（Polygon）を処理する場合は、Polygonクラスからジオメトリックオブジェクトを生成します。引数には、ポイント（Point）を入れたシーケンス型を渡します。

```
from shapely.geometry import Polygon

tokyo_shinjuku_shinagawa = Polygon(
    [
        (139.766667, 35.681111),
        (139.700278, 35.690833),
        (139.738694, 35.628222),
    ]
)
tokyo_shinjuku_shinagawa
```

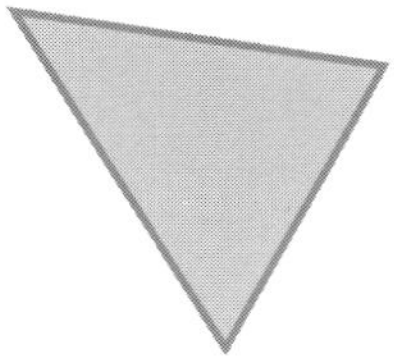

10-3-2 Geometricオブジェクトの属性

Geometricオブジェクトの型を確認する場合は、geom_type属性にアクセスします。

```
tokyo.geom_type
```

```
'Point'
```

```
tokyo_shinjuku.geom_type
```

```
'LineString'
```

```
tokyo_shinjuku_shinagawa.geom_type
```

```
'Polygon'
```

Geometricオブジェクトの座標は、xyまたはcoords属性にアクセスします。

```
tokyo_shinjuku.xy
```

```
(array('d', [139.766667, 139.700278]), array('d', [35.681111, 35.690833]))
```

coordsは、リストに変換したり、スライスして値を確認できます。

```
list(tokyo_shinjuku.coords)
```

```
[(139.766667, 35.681111), (139.700278, 35.690833)]
```

```
tokyo_shinjuku.coords[:]
```

```
[(139.766667, 35.681111), (139.700278, 35.690833)]
```

Geometricオブジェクトの長さを確認するには、length属性にアクセスします。

```
tokyo_shinjuku.length
```

```
0.06709706852763346
```

```
tokyo_shinjuku_shinagawa.length
```

```
0.20038492517825351
```

Geometricオブジェクトの面積を確認するには、area属性にアクセスします。

```
tokyo_shinjuku_shinagawa.area
```

```
0.0018916006635003781
```

GeometricオブジェクトのX軸およびY軸の最小値、最大値を確認するには、bounds属性にアクセスします。

```
tokyo_shinjuku.bounds
```

```
(139.700278, 35.681111, 139.766667, 35.690833)
```

```
tokyo_shinjuku_shinagawa.bounds
```

▼

```
(139.700278, 35.628222, 139.766667, 35.690833)
```

10-3-3 距離の算出

Geometricオブジェクト間の距離を算出するには、distance()メソッドの引数にGeometricオブジェクトを渡して実行します。

```
tokyo.distance(shinjuku)
```

▼

```
0.06709706852763346
```

Geometricオブジェクトから距離を算出した場合は、2次元平面上の座標として処理されます。緯度経度から距離を算出する場合は、原点と地面の基準を指定する必要があります。geopy※16を利用すると、測地線距離または大円距離を使って2点間の距離を算出できます。geopyでは、GeoJSON等でも使用しているWSG 84（EPSG:4326）がデフォルト値として使用されます。

次のコードでは、geopyのdistance.geodesicクラスに2つの座標を渡して、2点間の距離を算出しています。このクラスで座標は「緯度，経度」の形式で渡すため、「経度，緯度」であるPointインスタンスの順番をreversed()関数で反転しています。

```
from geopy import distance

tokyo_shinjuku_distance = distance.geodesic(
    list(reversed(tokyo.coords[0])),
    list(reversed(shinjuku.coords[0])),
)
tokyo_shinjuku_distance
```

▼

```
Distance(6.105560821865678)
```

geodesicオブジェクトから、メートル（meters属性）やキロメートル（km属性）などの単位で距離を取得できます。

※16 geopyのインストール方法は、付録Bの geopy p.376 を参照してください。

```
tokyo_shinjuku_distance.meters
```

```
6105.560821865678
```

```
tokyo_shinjuku_distance.km
```

```
6.105560821865678
```

10-4 GeoPandas

GeoPandasは、Pythonで地理空間データを容易に操作できるPythonパッケージです。pandasのデータ型を拡張して、形や位置などの空間データを扱えます。本節では、地理空間データをGeoPandasのデータ型であるGeoDataFrame、GeoSeriesで処理する方法を解説します。

10-4-1 GeoDataFrame

GeoDataFrameは、DataFrameを拡張したデータ型です。空間情報を持つGeoSeries型の列が含まれます（図10-1）。GeoSeriesの要素はShapelyのGeometricオブジェクトです。

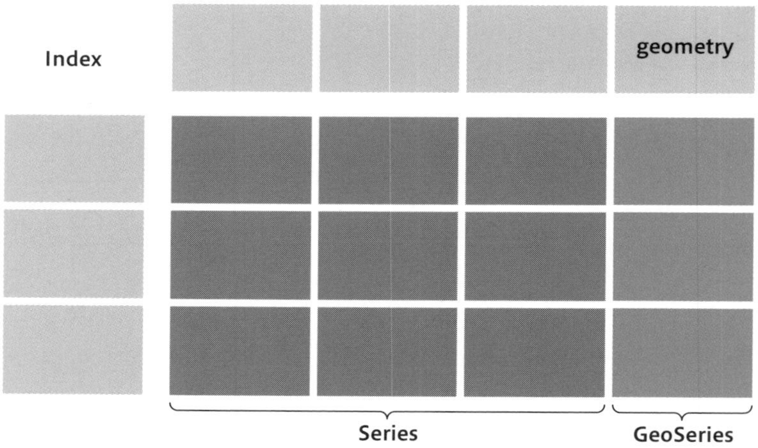

図10-1　GeoDataFrameの構造

ここでは、国土交通省「国土数値情報ダウンロードサービス」の滋賀県「行政区域データ（令和4年）」からダウンロードしたGeoJSONファイルを読み込みます。

> 国土数値情報ダウンロードサービス > 国土数値情報 > 行政区域データ
> https://nlftp.mlit.go.jp/ksj/gml/datalist/KsjTmplt-N03-v3_1.html#prefecture24
>
> ※本書では、上記ページから「滋賀」のzipファイル（GeoJSONファイル）をダウンロード。

次のコードでは、read_file()関数を実行して、GeoJSONファイルをGeoDataFrameに読み込んでいます。

```
import geopandas as gpd

gdf = gpd.read_file("data/N03-20220101_25_GML/N03-22_25_220101.geojson")
gdf.head()
```

▼

	N03_001	N03_002	N03_003	N03_004	N03_007	geometry
0	滋賀県	NaN	NaN	NaN	NaN	POLYGON ((136.17602 35.70295, 136.17611 35.702...
1	滋賀県	NaN	NaN	大津市	25201	POLYGON ((135.88452 35.28393, 135.88484 35.283...
2	滋賀県	NaN	NaN	彦根市	25202	POLYGON ((136.24167 35.29628, 136.24408 35.295...
3	滋賀県	NaN	NaN	長浜市	25203	POLYGON ((136.17602 35.70295, 136.17611 35.702...
4	滋賀県	NaN	NaN	近江八幡市	25204	POLYGON ((136.09807 35.19687, 136.09816 35.196...

同様にシェープファイルを読み込みます。ダウンロードしたデータのN03-20220101_25_GMLディレクトリには、次のファイルが含まれており、これは前のコードのGeoJSONファイルと同じデータになります。

- N03-22_25_220101.dbf
- N03-22_25_220101.prj
- N03-22_25_220101.shp
- N03-22_25_220101.shx
- N03-22_25_220101.xml

```
gdf = gpd.read_file("data/N03-20220101_25_GML/")
gdf.head()
```

▼

	N03_001	N03_002	N03_003	N03_004	N03_007	geometry
0	滋賀県	NaN	NaN	NaN	NaN	POLYGON ((136.17602 35.70295, 136.17611 35.702...
1	滋賀県	NaN	NaN	大津市	25201	POLYGON ((135.88452 35.28393, 135.88484 35.283...
2	滋賀県	NaN	NaN	彦根市	25202	POLYGON ((136.24167 35.29628, 136.24408 35.295...
3	滋賀県	NaN	NaN	長浜市	25203	POLYGON ((136.17602 35.70295, 136.17611 35.702...
4	滋賀県	NaN	NaN	近江八幡市	25204	POLYGON ((136.09807 35.19687, 136.09816 35.196...

10-4-2 .cxインデクサ

GeoDataFrameには、.cxインデクサと呼ばれる、空間座標に特化したインデクサがあります。添え字を[経度, 緯度]の形式で指定でき、スライス記法も使えます。

次のコードでは経度が「136.2」から「136.4」、緯度が「35.5」から「35.6」の範囲のデータを抽出しています。

```
gdf.cx[136.2:136.4, 35.5:35.6]
```

▼

	N03_001	N03_002	N03_003	N03_004	N03_007	geometry
0	滋賀県	NaN	NaN	NaN	NaN	POLYGON ((136.17602 35.70295, 136.17611 35.702...
3	滋賀県	NaN	NaN	長浜市	25203	POLYGON ((136.17602 35.70295, 136.17611 35.702...
13	滋賀県	NaN	NaN	米原市	25214	POLYGON ((136.36961 35.55895, 136.37013 35.558...

10-4-3 GeoSeriesの処理

GeoSeriesは、Seriesを拡張したデータ型です。地理空間データであるGeoSeriesは、「geometry」という列名（GeoJSONではgeometryメンバー）でgeometry型としてGeoDataFrameに追加されます。それ以外の列（GeoJSONではpropertiesメンバー）は、pandasと同じデータ型で読み込まれます。

```
gdf.dtypes
```

▼

```
N03_001       object
N03_002      float64
N03_003       object
N03_004       object
N03_007       object
geometry    geometry
dtype: object
```

```
geoseries = gdf.loc[:, "geometry"]
type(geoseries)
```

```
geopandas.geoseries.GeoSeries
```

GeoSeriesの要素は、Geometricオブジェクトになります。
次のコードから、0番目の要素はPolygonであることが確認できます。

```
type(geoseries[0])
```

```
shapely.geometry.polygon.Polygon
```

```
geoseries[0]
```

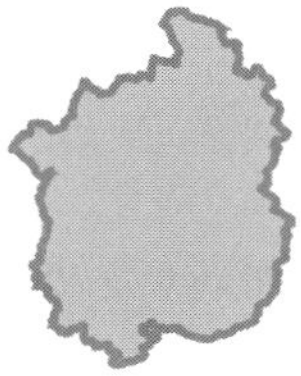

```
geoseries[0].geom_type
```

```
'Polygon'
```

GeoSeriesのgeom_type()メソッドを実行すると、geometry型のクラス名を文字列で返します。

```
geoseries.geom_type.head()
```

```
0    Polygon
1    Polygon
2    Polygon
3    Polygon
4    Polygon
dtype: object
```

GeoDataFrameまたはGeoSeriesのplot()メソッドを実行すると、Matplotlibによる描画が行われます。地理空間データの可視化については、次節で解説します。

```
geoseries.plot()
```

▼

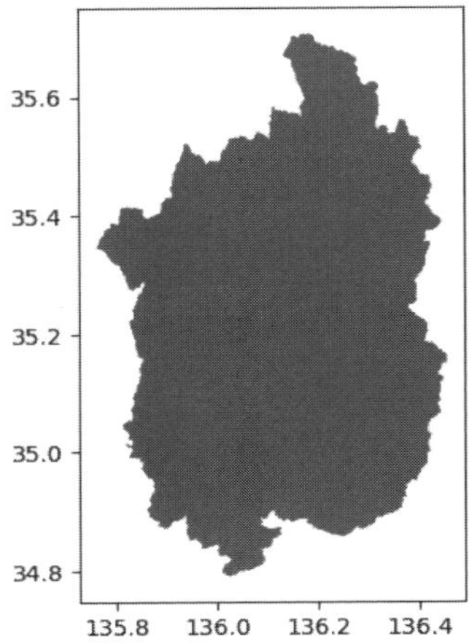

次のコードのように、長さや面積に関する属性にアクセスすると、UserWarning例外が送出されます。これは、地理的な座標を処理するには適切なCRSに変換する必要があるためです。

```
geoseries.length.head(3)
```

▼

```
/tmp/ipykernel_1006/3314103464.py:1: UserWarning: Geometry is in a geographic CRS. Results from
'length' are likely incorrect. Use 'GeoSeries.to_crs()' to re-project geometries to a projected
CRS before this operation.

  geoseries.length.head(3)
```

```
0    4.172540
1    1.741525
2    0.896302
dtype: float64
```

to_crs()メソッドは、引数に渡したEPSGコード[※17]を基に指定した座標系に変換します。次のコードでは、引数に平面直角座標系である"EPSG:6674"を渡しているため、面積や距離などを算出できます。

```
geoseries_transformed = geoseries.to_crs("EPSG:6674")
geoseries_transformed.length.head(3)
```

▼

```
0    421133.400718
1    176753.577131
2     89430.450606
dtype: float64
```

```
geoseries_transformed.area.head(3)
```

▼

```
0    4.016153e+09
1    4.644209e+08
2    1.968331e+08
dtype: float64
```

10-5 地理空間データの可視化

本節では、地理空間データをPythonを利用して可視化する方法を解説します。

10-5-1 ポイントの可視化

ポイントは、CSV形式などの表形式で提供されることもあります。ここでは、CSV形式のファイルをpandasに読み込んで、Folium[※18]を利用して可視化します。データは、G空間情報センター[※19]が公開する「伊丹市公衆無線LANアクセスポイントデータ（2022年4月より）」を利用します。

※17 EPSGコードを確認するには、EPSG Geodetic Parameter Dataset（https://epsg.org/）などから検索します。
※18 Foliumのインストール方法は、付録BのFolium p.377 を参照してください。
※19 https://front.geospatial.jp/

G空間情報センター > 組織 > 伊丹市 > 伊丹市公衆無線LAN
https://www.geospatial.jp/ckan/dataset/itami-free-wifi
ライセンス：CC BY 4.0

※本書では、上記ページから「伊丹市公衆無線LAN（2022年（令和4年）4月より）」のCSVファイルをダウンロード。

```
import pandas as pd

itami_wifi = pd.read_csv("data/282073publicwirelesslan202204.csv")
itami_wifi.iloc[:3, 3:10]
```

▼

	名称	名称_カナ	名称_英語	住所	方書	緯度	経度
0	有岡城跡公園	アリオカジョウセキコウエン	Arioka Castle Ruins	兵庫県伊丹市伊丹1-16	NaN	34.780851	135.421042
1	市バス総合案内所	シバスソウゴウアンナイジョ	City Bus Terminal	兵庫県伊丹市西台1-1-24	NaN	34.780171	135.413086
2	市立伊丹ミュージアム	シリツイタミミュージアム	Itami City Museum	兵庫県伊丹市宮ノ前2-5	NaN	34.781996	135.417263

地図を描画するために、中心となる位置を算出します。
次のコードでは、「緯度」列と「経度」列の平均値を算出します。

```
itami_center = itami_wifi.loc[:, ["緯度", "経度"]].mean()
itami_center
```

▼

```
緯度     34.781261
経度    135.422682
dtype: float64
```

Foliumは、Leaflet（leaflet.js）[※20]のPythonラッパーです。Leafletは、地図を描画するためのJavaScriptライブラリです。Foliumを利用することで、地理空間データをWebアプリケーションやJupyter上にインタラクティブに操作できる地図に描画できます。

次のコードでは、Foliumを利用して前のコードで算出した位置情報を中心に、地図を描画しています。JupyterからはMapインスタンスをREPLに表示することで、地図が描画されます。Mapクラスの引数locationには、座標の中心となる緯度と経度の値が含まれたlist-likeを渡します。引数zoom_startは、描画時のズームレベルを数値で渡します。引数widthとheightには、描画領域の幅と高さをピクセル（数値）またはパーセント（文字列、"100%"など）で渡します。

※20 https://leafletjs.com/

```python
import folium

itami_wifi_map = folium.Map(
    location=itami_center,
    zoom_start=15,
    width=800,
    height=400,
)
itami_wifi_map
```

▼

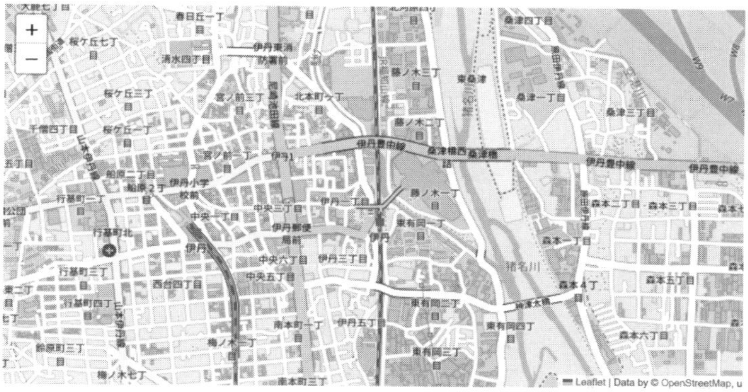

Markerクラスは、位置を示すマーカーを生成します。引数locationには、緯度と経度の値が含まれたlist-likeを渡します。Markerインスタンスからadd_to()メソッドを実行すると、引数に渡したMapインスタンスにマーカーが追加されます。

```python
marker = folium.Marker(location=itami_wifi.loc[0, ["緯度", "経度"]])
marker.add_to(itami_wifi_map)
itami_wifi_map
```

▼

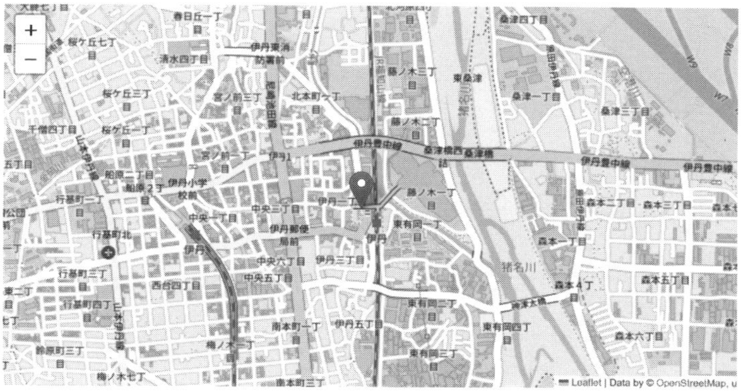

次のコードでは、DataFrameからapply()メソッドを実行して、すべての行の位置をマーカーで可視化しています。

```
itami_wifi.loc[:, ["緯度", "経度"]].apply(
    lambda x: folium.Marker(location=x).add_to(itami_wifi_map),
    axis=1,
)
itami_wifi_map
```

▼

ヒートマップに可視化

ここでは、GeoPandasに読み込んだポイントのデータをFoliumで地図に可視化します。データは、国土交通省「国土数値情報ダウンロードサービス」の滋賀県「地価公示データ（令和4年）」を利用します。

> 国土数値情報ダウンロードサービス ＞ 国土数値情報 ＞ 地価公示データ
> https://nlftp.mlit.go.jp/ksj/gml/datalist/KsjTmplt-L01-v3_1.html#prefecture24
>
> ※本書では、上記サイトから「滋賀」のzipファイル（GeoJSONファイル）をPythonコードから直接読み込む。

```
import geopandas as gpd

land_price_gdf = (
    gpd.read_file(
        "https://nlftp.mlit.go.jp/ksj/gml/data/L01/L01-22/L01-22_25_GML.zip"
    )
    .groupby("L01_005")
    .get_group("2022")
)
land_price_gdf.loc[:3, ["L01_006", "L01_023", "geometry"]]
```

▼

	L01_006	L01_023	geometry
0	61400	大津	POINT (135.91198 35.10887)
1	94200	大津	POINT (135.91556 35.12295)
2	41800	大津	POINT (135.90057 35.09722)
3	75400	大津	POINT (135.87669 35.07480)

「L01_006」列は、標準地の地価です。

次のコードでは、このデータをヒートマップに可視化するため、「緯度，経度，地価」の3列となるnumpy.ndarray型に変換しています。

```
land_price = land_price_gdf.apply(
    lambda s: pd.Series(
        (
            s["geometry"].y,
            s["geometry"].x,
            s["L01_006"],
        )
    ),
    axis=1,
).values
land_price[:3]
```

▼

```
array([[3.51088681e+01, 1.35911983e+02, 6.14000000e+04],
       [3.51229489e+01, 1.35915560e+02, 9.42000000e+04],
       [3.50972189e+01, 1.35900566e+02, 4.18000000e+04]])
```

次のコードは、滋賀県の地価をヒートマップで表現し、地図に描画しています。plugins.HeatMapクラスは、ヒートマップを生成します。引数dataには、上記のコードで生成したnumpy.ndarray型のland_priceを渡します。引数radiusには、各要素の範囲となる円の中心からの半径を数値で渡します。

```
from folium.plugins import HeatMap

shiga_center = (
    land_price_gdf.loc[:, "geometry"].y.mean(),
    land_price_gdf.loc[:, "geometry"].x.mean(),
)
land_price_map = folium.Map(
    location=shiga_center,
    zoom_start=10,
)
HeatMap(
    data=land_price,
```

```
    radius=12,
).add_to(land_price_map)
land_price_map
```

▼

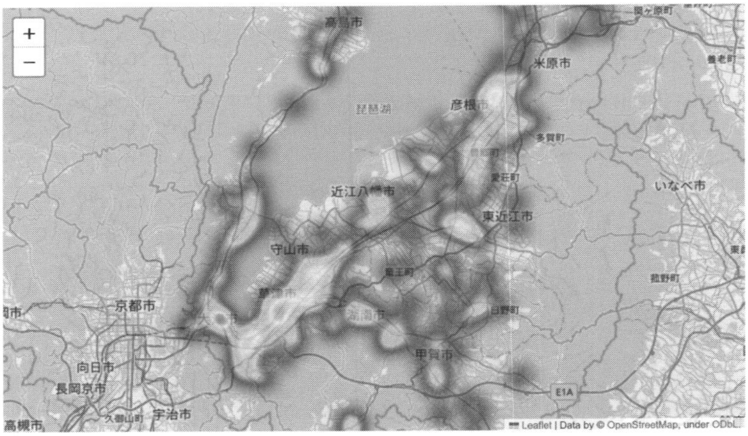

10-5-2 ラインの可視化

ここでは、GeoPandasに読み込んだラインのデータをFoliumで地図に可視化します。データは、国土交通省「国土数値情報ダウンロードサービス」の「鉄道データ（令和3年）」を利用します。

> 国土数値情報ダウンロードサービス ＞ 国土数値情報 ＞ 鉄道データ
> https://nlftp.mlit.go.jp/ksj/gml/datalist/KsjTmplt-N02-v3_0.html
>
> ※本書では、国土数値情報ダウンロードサービスから「全国／令和3年」のzipファイル（GeoJSONファイル）をPythonコードから直接読み込む。

次のコードでは、GeoDataFrameから.cxインデクサを利用して、前項で解説した滋賀県の地価データと同じ範囲を抽出しています。

```
minx, miny = land_price_gdf.loc[:, "geometry"].bounds.min()[
    ["minx", "miny"]
]
maxx, maxy = land_price_gdf.loc[:, "geometry"].bounds.max()[
    ["maxx", "maxy"]
]
rail_gdf = gpd.read_file(
    "https://nlftp.mlit.go.jp/ksj/gml/data/N02/N02-21/N02-21_GML.zip"
).cx[minx:maxx, miny:maxy]
```

```
rail_gdf.head()
```

▼

	N02_001	N02_002	N02_003	N02_004	geometry
1381	21	4	京津線	京阪電気鉄道	LINESTRING (135.86366 35.01145, 135.86436 35.0...
1382	21	4	京津線	京阪電気鉄道	LINESTRING (135.86366 35.01145, 135.86340 35.0...
1385	21	4	京津線	京阪電気鉄道	LINESTRING (135.83788 34.99126, 135.83712 34.9...
1387	21	4	京津線	京阪電気鉄道	LINESTRING (135.83712 34.99145, 135.83601 34.9...
1388	21	4	京津線	京阪電気鉄道	LINESTRING (135.85273 34.99438, 135.85251 34.9...

次のコードでは、「N02_003」列が「京津線」の行から「geometry」列を抽出し、各要素の中心座標（centroid.y属性、centroid.x属性）の平均値から、中心となる座標を算出しています。

```
# 京津線のデータを抽出
keishinsen = rail_gdf.groupby("N02_003")["geometry"].get_group("京津線")
# 中心となる座標
keishinsen_center = (
    keishinsen.map(lambda p: p.centroid.y).mean(),
    keishinsen.map(lambda p: p.centroid.x).mean(),
)
keishinsen_center
```

▼

```
(35.00045506603767, 135.8527293845286)
```

PolyLineクラスは、引数locationsに渡した座標をつないだ線を描画します。

次のコードでは、LineStringの座標から地図上に線を描画しています。

```
import numpy as np


keishinsen_map = folium.Map(
    location=keishinsen_center,
    zoom_start=14,
)
keishinsen.apply(
    lambda s: folium.PolyLine(
        # 緯度，経度の順番に変換、fliplr()関数で順序を反転
        locations=np.fliplr(s.coords),
        weight=15  # 線の太さ
    ).add_to(keishinsen_map)
)
keishinsen_map
```

▼

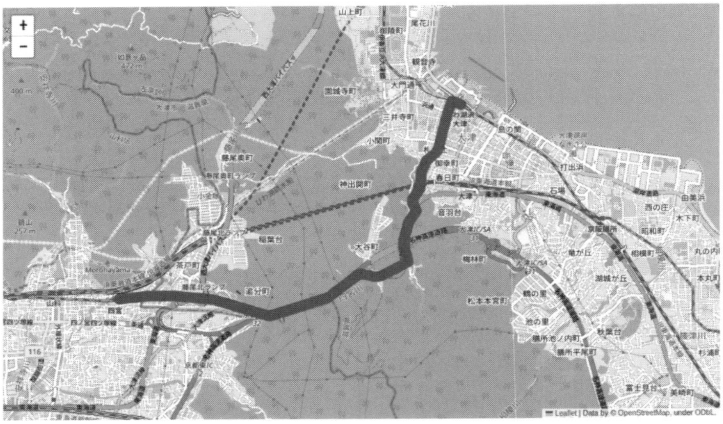

`features.GeoJson`クラスは、GeoJSON形式のデータを描画します。`features.GeoJson`クラスの引数には、GeoJSON形式のファイルのほか、Geometricオブジェクトや`GeoDataFrame`などが利用できます。

次のコードでは、ラインの要素を持つ`GeoDataFrame`を地図に描画しています。

```
rail_map = folium.Map(
    location=shiga_center,
    zoom_start=10,
)
folium.features.GeoJson(rail_gdf).add_to(rail_map)
rail_map
```

▼

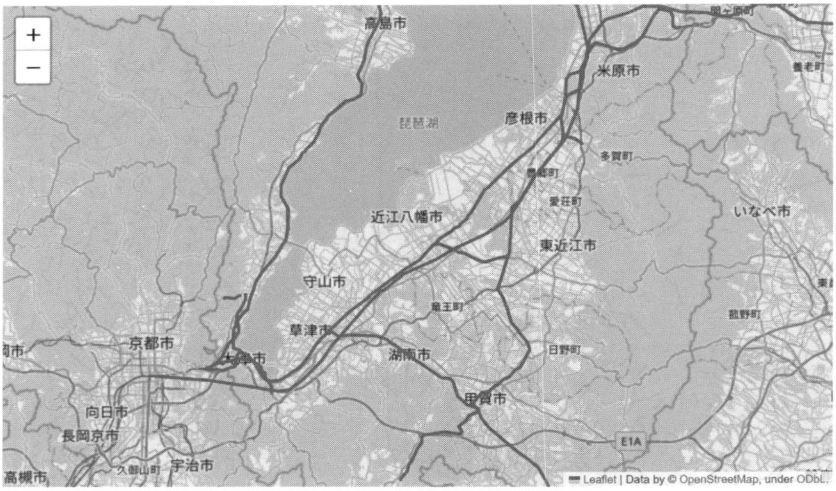

10-5-3 ポリゴンの可視化

ここでは、GeoPandasに読み込んだポリゴンのデータをFoliumを使って地図に可視化します。データは、国土交通省「国土数値情報ダウンロードサービス」の滋賀県「人口集中地区データ（平成27年)」を利用します。

国土数値情報ダウンロードサービス > 国土数値情報 > 人口集中地区データ
https://nlftp.mlit.go.jp/ksj/gml/datalist/KsjTmplt-A16-v2_3.html#prefecture24

※本書では、上記ページから「滋賀」のzipファイル（GeoJSONファイル）をダウンロード。

```
did_gdf = gpd.read_file("./data/A16-15_25_DID.geojson")
did_gdf.head()
```

▼

	DIDid	行政コード	市町村名称	DID符号	人口	面積	前回人口	前回面積	人口割合	面積割合	調査年度	geometry
0	2520101	25201	大津市	1	137645	20.56	136520	20.48	40.4	4.4	2015	POLYGON ((135.86910 35.08068, 135.86876 35.080...
1	2520101	25201	大津市	1	137645	20.56	136520	20.48	40.4	4.4	2015	POLYGON ((135.86910 35.08068, 135.87006 35.080...
2	2520102	25201	大津市	2	60475	8.01	56260	7.33	17.7	1.7	2015	POLYGON ((135.91999 34.99576, 135.92019 34.996...
3	2520103	25201	大津市	3	19646	2.95	18661	2.77	5.8	0.6	2015	POLYGON ((135.90632 35.10916, 135.90570 35.109...
4	2520103	25201	大津市	3	19646	2.95	18661	2.77	5.8	0.6	2015	POLYGON ((135.90632 35.10916, 135.90682 35.108...

次のコードでは、鉄道データと同様にポリゴンの要素を持つGeoDataFrameを地図に描画しています。

```
did_map = folium.Map(
    location=shiga_center,
    zoom_start=10,
)
folium.GeoJson(did_gdf).add_to(did_map)
did_map
```

▼

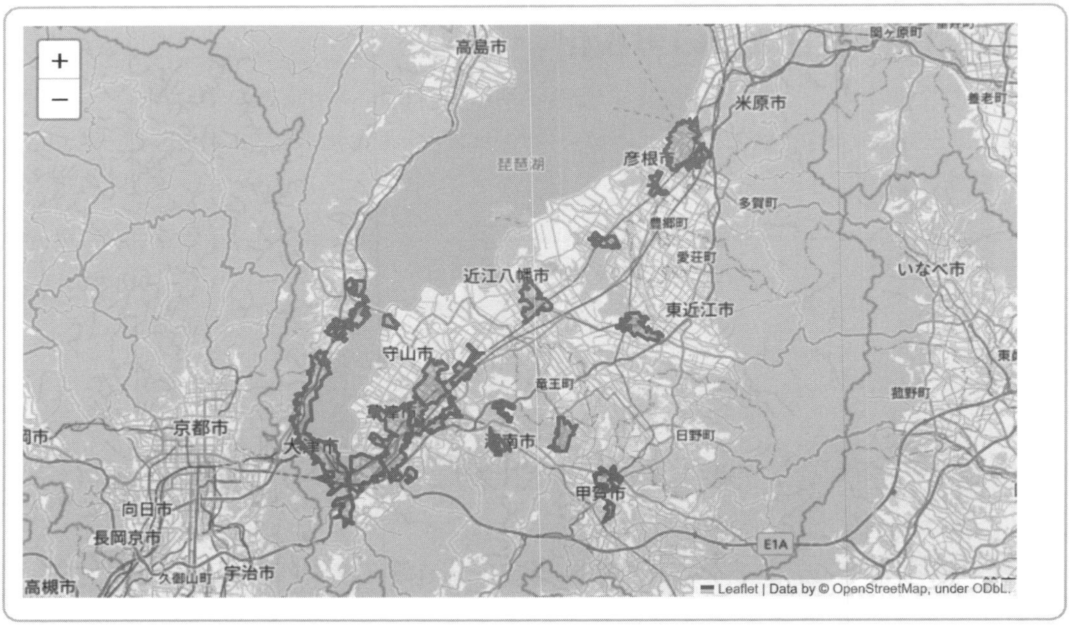

次のコードでは、「人口」列を値としたコロプレスマップを描画しています。コロプレスマップ（階級区分図）は、区域単位ごとの値の大きさを色調で表現した地図です。`features.Choropleth`クラスは、コロプレスマップを生成します。コードで使用した`features.Choropleth`クラスの引数は、表10-5のとおりです。

```
did_choroplethmap = folium.Map(
    location=shiga_center,
    zoom_start=10,
)
folium.features.Choropleth(
    geo_data=did_gdf,
    data=did_gdf,
    key_on="feature.properties.DIDid",
    columns=["DIDid", "人口"],
    legend_name="人口",
).add_to(did_choroplethmap)
did_choroplethmap
```

▼

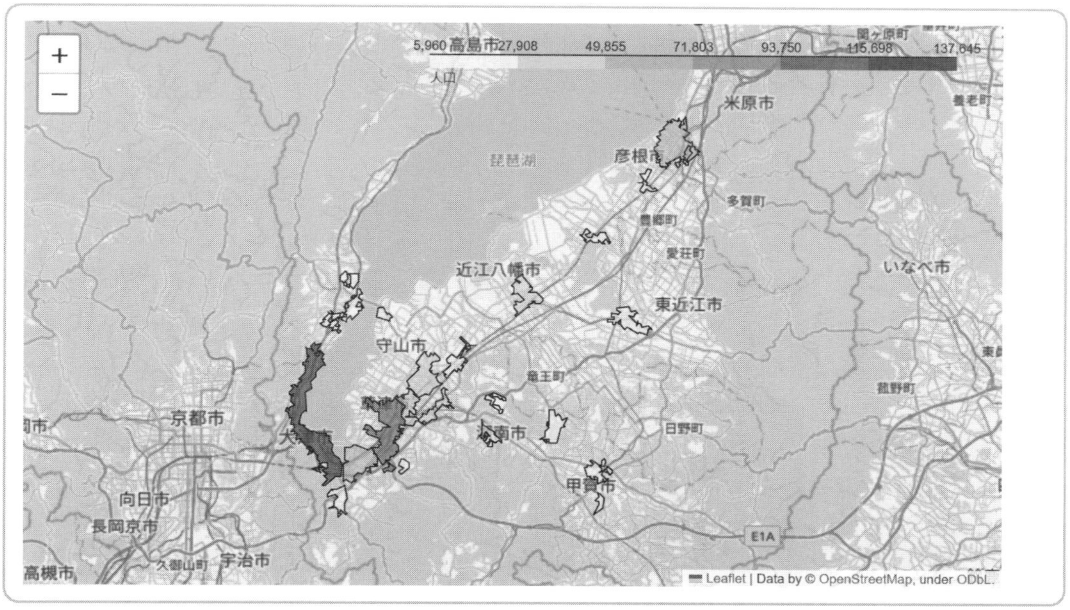

表10-5　features.Choroplethクラスの引数

引数	説明
geo_data	GeoJSON形式のデータ（GeoJSON形式のファイル、GeoDataFrameなど）
data	GeoJSON形式のデータにバインドするデータ。DataFrameを渡した場合は、引数key_onにキーとしてマッチさせる列名、引数columnsに[キー，値]のリストを渡す
key_on	データをバインドするための引数dataのデータ内の変数、featureで始まるJavaScriptオブジェクト表記（ドット表記）に従った文字列
columns	引数dataのデータがDataFrame（GeoDataFrame）であった場合の列名（[キー列，値列]の形式にしたリスト）
legend_name	凡例のタイトル

COLUMN

ジオコーディング

ジオコーディングは、住所や地名から緯度経度などの地理座標に変換する処理です。地理座標が存在しないデータは、ジオコーディングを行い、地理座標に変換します。

次のコードでは、ジオコーディングの例として、国土地理院の地名検索サービスから「区役所」というキーワードで緯度経度を取得し、Folium を利用して地図に描画しています。

```
import json
from io import StringIO
from urllib import parse, request

import folium
import geopandas as gpd

place = "区役所"
url = parse.urlunparse(
    (
```

```
        "https",
        "msearch.gsi.go.jp",
        "/address-search/AddressSearch",
        None,
        parse.urlencode({"q": place}),
        None,
    )
)
res = request.urlopen(url)
geojson = StringIO(
    json.dumps(
        {
            "type": "FeatureCollection",
            "features": json.loads(res.read().decode()),
        }
    )
)
gdf = gpd.read_file(geojson)
center = (
    gdf.loc[:, "geometry"].y.mean(),
    gdf.loc[:, "geometry"].x.mean(),
)
m = folium.Map(location=center, zoom_start=7)
gdf.apply(
    lambda s: folium.Marker(
        location=[
            s["geometry"].y,
            s["geometry"].x,
        ]
    ).add_to(m),
    axis=1,
)
m
```

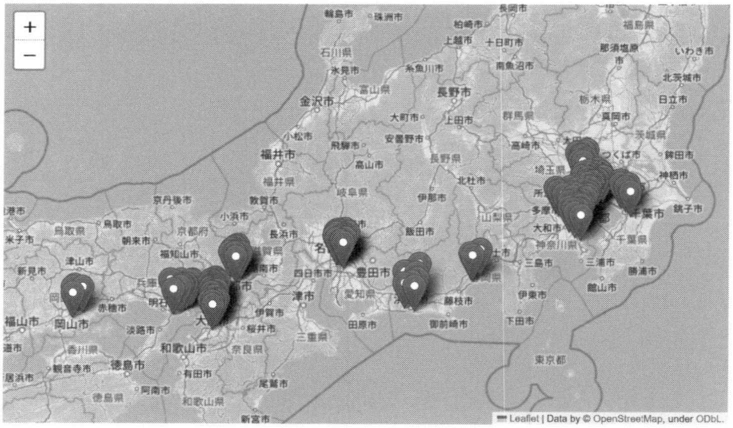

第11章

データ加工のための線形代数

本章では、数学が実際のデータ分析においてどのように役立っているかを、主成分分析を例にして解説します。主成分分析は、高次元データを低次元へ変換する次元削減手法の1つです。主成分分析には、行列の特異値分解という数学（線形代数）が活用されています。これを理解するために、まず線形代数の基本事項を説明し、その後で主成分分析の仕組みを詳しく紹介します。

11-1 線形代数の基本

本章を理解するために必要な線形代数の基本を紹介します。一般的な数学書のような定義から定理を導く書き方はせず、ベクトルと行列の演算や線形独立の意味などをコードとその実行結果を示しながら解説します。

11-1-1 ベクトルと内積

2次元平面に1つの点がある場合、$\boldsymbol{x}$ 座標と $\boldsymbol{y}$ 座標を表す2つの数値データがあれば、この点の位置を決められます。最初の要素を $\boldsymbol{x}$ 座標、次の要素を $\boldsymbol{y}$ 座標と決めておけば、2つの数値は1次元配列で管理できます。次に、n 次元空間内に1つの点を考えます。これは、n 個の実数からなる1次元配列で表現できます。これを、原点を始点とする**ベクトル** $\boldsymbol{a} = (a_1, a_2, \ldots, a_n)$ とします。Pythonでは、NumPyのndarray型を使って実際のデータを作れます。次の例は、4次元空間内の2つの $\boldsymbol{a}$ と $\boldsymbol{b}$ を作成しています。

```
import numpy as np

a = np.array([1, 2, 3, 4])
b = np.array([1, 1, 1, 1])
```

2つのベクトルの次元が同じ場合、これら2つのベクトルに1つの**スカラー**（実数）を対応させる内積という演算を定義できます。**内積**は対応する要素どうしを掛け算してそれらを合計する計算です。数式で表現すると、式(1)のようになります。

$$\boldsymbol{a} \cdot \boldsymbol{b} = \sum_{i=1}^{n} a_i b_i \qquad (1)$$

for文を使って書くと、次のようになります。

```
result = 0

for a_val, b_val in zip(a, b):
    result += a_val * b_val

result
```

```
10
```

実際には、このようなfor文を書くことはありません。NumPyでは、ndarrayのdot()メソッドか@演算子で計算できます。

```
a.dot(b)
```

```
10
```

```
a @ b
```

```
10
```

本書では、記述が簡潔な@演算子を使います。2つのベクトルの内積を計算してその値が0になるとき、それら2つのベクトルは**直交する**といいます。

```
c = np.array([1, -1, -1, 1])
a @ c
```

```
0
```

自分自身との内積を計算すると、必ず正の数になります。この値（自分自身との内積）の正の平方根をベクトルの***ノルム***と呼びます。ノルムは、ベクトルの大きさです。数式では、式(2)のようにベクトルの両側に2本線を書いて表現します。

$$\|\boldsymbol{a}\| = \left(\sum_{i=1}^{n} a_i^2 \right)^{\frac{1}{2}} \qquad (2)$$

NumPyでは、numpy.linalg.norm()関数を使って計算できます。線形代数は英語で、linear algebraなので、linalgはその略です。

```
np.linalg.norm(b)
```

▼

```
2.0
```

ノルムが1になるベクトルを**単位ベクトル**、または**正規化ベクトル**と呼びます。正規化されていないベクトルも、各要素をノルムで割り算すれば、正規化され単位ベクトルになります。

```
unit_b = b / np.linalg.norm(b)
np.linalg.norm(unit_b)
```

▼

```
1.0
```

11-1-2 行列

行列は、行（横）と列（縦）にわたる2次元の広がりを持った配列です。これを**2次元配列**と呼びます。この2次元は、配列が行と列2つの方向に広がるということで、ベクトルの次元とは意味が異なります。先ほど見たように、4次元ベクトルは1次元配列で作成できます。同様に、NumPyのndarray型を使って行列（2次元配列）を表現できます。

次の例は、各行の要素を順に並べた2次元配列から作った2行3列の行列です。数学ではベクトルを英小文字、行列を英大文字で表現する習慣があるため、本書でもこれにならって、ベクトルの変数名は小文字、行列の変数名は大文字とします。

```
A = np.array([[0, 1, 2], [-1, 0, 1]])
A
```

▼

```
array([[ 0,  1,  2],
       [-1,  0,  1]])
```

行列の形状は、行の数と列の数という2つの自然数の組です。これは、shape属性で確認できます。

```
A.shape
```

```
(2, 3)
```

行列の行と列を入れ替える演算を**転置**と呼びます。2行3列の行列を転置してできる行列は、3行2列になります。行列Aを転置したものは、A^TやA'などいくつかの表現方法があります。ndarray型ではTという属性を通じて転置した行列を利用できるので、本書ではA^Tの数式表現を使用します。

```
A.T
```

```
array([[ 0, -1],
       [ 1,  0],
       [ 2,  1]])
```

行と列を入れ替える作業は、もう一度実行すると元に戻ります。つまり、$(A^T)^T = A$です。

ベクトルと同じように、行列の**スカラー倍**は各要素のスカラー倍で、行列の足し算は各要素の足し算です。足し算は、行列のサイズが互いに等しい場合のみ可能です。

```
# 各要素の2倍
2 * A
```

```
array([[ 0,  2,  4],
       [-2,  0,  2]])
```

```
# 要素どうしの足し算
A + A
```

```
array([[ 0,  2,  4],
       [-2,  0,  2]])
```

2つの行列AとBの掛け算は、Aの列の数とBの行の数が等しいときに計算できます。n行k列の行列とk行m列の行列を掛け算すると、n行m列の行列が得られます。Aの列数とA^Tの行数は等しいので、これらの行列の掛け算を計算できます。行列の掛け算は、ベクトルの内積と同じようにdot()メソッドや@演算子で計算できます。表記が簡単な@演算子を使います。

```
A @ A.T
```

```
array([[5, 2],
       [2, 2]])
```

ある行列にその転置行列を掛ける計算は、n行k列の行列にk行n列の行列を掛けて、n行n列の行列が得られる操作です。つまり計算結果は、常に正方行列になります。**正方行列**とは、行の数と列の数が等しい行列のことです。

A^Tの列数とAの行数はそれぞれ同じなので、A^TにAを掛けることもできます。

```
A.T @ A
```

```
array([[ 1,  0, -1],
       [ 0,  1,  2],
       [-1,  2,  5]])
```

これらの例からわかるように、行列の掛け算は掛ける順番によって結果が変わる可能性があります。一般に、計算の順番を入れ替えても結果が同じになることを**可換**といいます。つまり、行列の掛け算は可換ではありません。これに対して、行列の足し算は可換です。また、スカラーどうしの足し算や掛け算も可換です。

11-1-3 転置行列とその性質

$A = A^T$が成り立つとき、Aは**対称行列**と呼ばれます。転置して等しいということは、行の数と列の数は同じです。したがって、対称行列は正方行列です。正方行列のうち対角成分以外のすべての要素で$a_{ij} = a_{ji}$が成り立つ行列が対称行列だということもできます。ここでa_{ij}は、行列Aのi行j列の要素です。任意の行列Aとその転置A^Tとの掛け算は対称行列になります。これは、行列の転置と掛け算の次の性質からもわかります。

行列の掛け算と転置については、式(3)のような性質が成り立ちます。

$$(XY)^T = Y^T X^T \tag{3}$$

これは、2つの行列を掛け算して転置したものは、それぞれの行列を先に転置して掛ける順番を入れ替えた結果と一致することを意味します。この事実を使うと、次のような式変形が可能です。XがA、YがA^Tに相当します。

$$(AA^T)^T = (A^T)^T A^T = AA^T$$

転置した行列が元の行列と等しくなるので、AA^Tが対称行列であることがわかります。

式(3)は数学的に証明できますが、ここではこの事実をコードで確認しておきます。

```
X = A
Y = A.T
X @ Y
```

```
array([[5, 2],
       [2, 2]])
```

```
Y.T @ X.T
```

```
array([[5, 2],
       [2, 2]])
```

ある行列Vの各列をベクトルと考え、それぞれをこの**行列の列ベクトル**と呼ぶことにします。この行列が次の2つの条件を満たすとします。

- 各列ベクトルはノルムが1
- 異なる任意の2つの列ベクトルが直交する（内積が0になる）

このような行列Vは、$V^TV = I$を満たします。ここで、Iは単位行列（対角成分がすべて1で、非対角成分はすべて0の正方行列）です。2行2列の行列で確かめてみます。各列ベクトルの要素は1もしくは-1を$\sqrt{2}$で割ったものなので、ノルムは1です。

```
r2 = np.sqrt(2.0)
V = np.array(
    [
        [-1 / r2, -1 / r2],
        [1 / r2, -1 / r2],
    ]
)
# 1列目と2列目は直交（内積が0）
V[:, 0] @ V[:, 1]
```

```
0.0
```

```
# ノルムは1（表示は浮動小数点演算の誤差のため1になっていない）
np.linalg.norm(V[:, 0])
```

▼

```
0.9999999999999999
```

```
# 2行2列の単位行列になる
V.T @ V
```

▼

```
array([[ 1.00000000e+00, -2.23711432e-17],
       [-2.23711432e-17,  1.00000000e+00]])
```

浮動小数点演算の誤差があるため、非対角成分がぴったり0にはなっていません。

サンプルコードの行列Vは、2行2列の正方行列です。各列ベクトルのノルムが1で列ベクトルが互いに直交する正方行列は、**直交行列**と呼ばれます。正方行列ではない行列でも、各列ベクトルのノルムが1で列ベクトルが互いに直交するという条件を満たすことはできますが、こうした行列に対する一般的な呼び名はなく、各列が正規直交した行列などと表現されることが多いようです。

11-1-4 行列とベクトル

n行m列の行列のどこか1行に注目すると、1行m列の行列となります。これは、要素数がmのベクトルととらえることもできます。要素が行（横）に並んでいるので、**行ベクトル**または**横ベクトル**と呼ばれます。同様に、どこか1列に注目するとn行1列の行列になります。こちらも要素数がnのベクトルととらえることができ、**列ベクトル**または**縦ベクトル**と呼ばれます。直交行列の説明で、行列の各列を1つのベクトルとして扱いました。列を取り出したので、縦に並んでいるイメージが自然に持てたかもしれません。ここでは、ある1つのベクトルが行（横）ベクトルなのか、列（縦）ベクトルなのかについてその違いを詳しく見ていきます。

NumPyを使って行ベクトルと列ベクトルを表現する場合、行列と同じように2次元配列を使います。行ベクトルは行数が1の行列、列ベクトルは列数が1の行列です。また、1次元配列でベクトルを表現する場合は、行ベクトルでも列ベクトルでもないベクトルとなります。

例を見ながら確認します。まず、行列Aの1行目を取り出してみます。

```
# A = np.array([[0, 1, 2], [-1, 0, 1]])
A[0]
```

▼

```
array([0, 1, 2])
```

これは、行ベクトルでも列ベクトルでもない単純な1次元配列としてのベクトルです。これを行ベクトルに変換するには、reshape() メソッド[※1]を使います。

```
A[0].reshape(1, -1)
```

▼

```
array([[0, 1, 2]])
```

reshape() メソッドの最初の引数に1を指定することで、1つ次元が追加されていることがわかります。同様に行列Aの1列目に注目します。

```
# 1列をとってくる
A[:, 0]
```

▼

```
array([ 0, -1])
```

スライス記法では単純な1次元配列になってしまうため、明示的に列ベクトルに変換します。

```
# 列ベクトルにする
A[:, 0].reshape(-1, 1)
```

▼

```
array([[ 0],
       [-1]])
```

行ベクトルと列ベクトルには、大きな違いがあります。行列の掛け算は、掛けられる行列の列数と掛ける行列の行数が合っている必要があります。行ベクトルは1行n列、列ベクトルはn行1列なので、実行できる計算が違います。

要素数がすべて1の3次元ベクトルを2つ用意して確認します。

```
# 行ベクトル
row_vec3 = np.array([[1, 1, 1]])
# 列ベクトル
col_vec3 = np.array([[1], [1], [1]])
```

※1　reshape() メソッドの詳しい使い方は、第4章の4-1-1 配列の形状を変える方法 p.136 を参照してください。

```
# サイズが違う
print(row_vec3.shape, col_vec3.shape)
```

```
(1, 3) (3, 1)
```

```
# 行列との掛け算
A @ col_vec3
```

```
array([[3],
       [0]])
```

```
# Aの列数が3、row_vecの行数が1で一致しないため掛け算できない
A @ row_vec3
```

```
---------------------------------------------------------------------------
ValueError                                Traceback (most recent call last)

Cell In[26], line 2
      1 # Aの列数が3、row_vecの行数が1で一致しないため掛け算できない
----> 2 A @ row_vec3

ValueError: matmul: Input operand 1 has a mismatch in its core dimension 0, with gufunc
signature (n?,k),(k,m?)->(n?,m?) (size 1 is different from 3)
```

行ベクトルや列ベクトルが行列と同じ2次元配列であるという点に慣れてくれば、これらのベクトルと行列の掛け算も統一的に理解できます。要素がすべて1の2次元ベクトルを2つ用意します。

```
# 行ベクトル
row_vec2 = np.array([[1, 1]])
# 列ベクトル
col_vec2 = np.array([[1], [1]])
```

```
# 1行2列 x 2行3列なので計算できる
row_vec2 @ A
```

```
array([[-1,  1,  3]])
```

```
# 2行1列 x 2行3列なので計算できない
col_vec2 @ A
```

```
---------------------------------------------------------------------------
ValueError                                Traceback (most recent call last)

Cell In[29], line 2
      1 # 2行1列 x 2行3列なので計算できない
----> 2 col_vec2 @ A

ValueError: matmul: Input operand 1 has a mismatch in its core dimension 0, with gufunc
signature (n?,k),(k,m?)->(n?,m?) (size 2 is different from 1)
```

行ベクトルでも列ベクトルでもないベクトルと行列の演算は、その計算を実行できるならエラーなく結果が返ってきます。これは、NumPyが提供している便利な機能です。

```
# 行ベクトルとして計算できる
np.array([1, 1]) @ A
```

```
array([-1,  1,  3])
```

```
# 列ベクトルとして計算できる
A @ np.array([1, 1, 1])
```

```
array([3, 0])
```

11-1-5 行列のランク

人の身長と体重のように、行列を特徴付ける数値を考えます。行数や列数は、行列を特徴付ける数値といえるでしょう。このほかに、行列には**ランク（階数）**と呼ばれる属性値があります。ランクは1つの整数値です。行数や列数のように、ある行列が与えられると、ランクが1つ決まります。ランクの意味は行数や列数ほど単純ではありませんが、NumPyを使えばその値を計算するのは簡単です。行列のランクは、matrix_rank()関数で計算できます。

```
np.linalg.matrix_rank(A)
```

```
2
```

```
# 別の行列Bを用意してランクを計算
B = np.array([[1, 0, 1], [0, 1, 1], [1, 1, 0]])
np.linalg.matrix_rank(B)
```

▼

```
3
```

行列のランクの意味を理解するためには、ベクトル空間と線形独立についての知識が必要です。まずは**ベクトル空間**を紹介します。ベクトル空間は、ベクトルの集まり（集合）です。2次元平面のある1つの点を、原点を始点とする2次元ベクトルと考えると、すべての2次元ベクトルの集合が2次元平面を作っているといえるので、これはベクトル空間です。ベクトル空間に含まれるベクトルはある条件を満たしていて、数学的に厳密に記述すると次のようになります。

n 次元ベクトルの集合Sが以下の条件を満たすとき、Sはn 次元ベクトル空間であるという。

1. $\boldsymbol{x}_1 \in S$かつ$\boldsymbol{x}_2 \in S$のとき、$\boldsymbol{x}_1 + \boldsymbol{x}_2 \in S$
2. $\boldsymbol{x}_1 \in S$でαが任意の実数（スカラー）のとき、$\alpha\boldsymbol{x}_1 \in S$

1つ目の条件は、集合の要素どうしを足し算しても、元の集合の要素になるということです。たとえば、2次元ベクトル全体の集合を考えると、どんなベクトルを2つとってきて足し算しても必ず2次元ベクトルになります。また、ベクトルのスカラー倍は各要素のスカラー倍なので、2次元ベクトルとなり、2つ目の条件も満たされます。ここで掛け算するαは任意の実数なので、2つの条件を合わせると、$\alpha_1\boldsymbol{x}_1 + \alpha_2\boldsymbol{x}_2 \in S$が成り立つことがわかります。ここで、足し算されるベクトルは何個でもかまいません。式(4)のようになります。

$$\sum_{i=1}^{m} \alpha_i \boldsymbol{x}_i \in S \tag{4}$$

式(4)の左辺は、$\boldsymbol{x}_1, \boldsymbol{x}_2, \ldots, \boldsymbol{x}_m$の**線形結合**と呼ばれます。このため、ベクトル空間は**線形空間**といわれることもあります。

ベクトルの線形結合を使って線形独立を定義できます。m個のn次元ベクトルについて、式(5)のようなαの方程式を考えます。

$$\sum_{i=1}^{m} \alpha_i \boldsymbol{x}_i = \boldsymbol{0} \tag{5}$$

右辺は、n次元すべての要素が0の**零ベクトル**です。式(5)を満たす解が$\alpha_1 = \cdots = \alpha_m = 0$だけのとき、$\boldsymbol{x}_1, \boldsymbol{x}_2, \ldots, \boldsymbol{x}_m$は**線形独立**です。このほかに1つでも別の解がある場合は、**線形従属**と呼ばれます。線形独立なベクトルの集合では、どのベクトルも他のベクトルのスカラー倍では表現できません。逆に、あるベクトルを他のベクトルのスカラー倍で表現できてしまうと線形従属になります。

具体例を示します。次の2つの2次元ベクトルからなる集合は線形独立です。

$$\boldsymbol{a} = \begin{pmatrix} 1 \\ 0 \end{pmatrix}, \boldsymbol{b} = \begin{pmatrix} 0 \\ 1 \end{pmatrix}$$

どちらかを定数倍して、どちらかのベクトルに等しくすることができません。一方、次の2つのベクトルは線形従属です。

$$\boldsymbol{a} = \begin{pmatrix} 1 \\ 2 \end{pmatrix}, \boldsymbol{b} = \begin{pmatrix} -2 \\ -4 \end{pmatrix}$$

$\boldsymbol{a}$を-2倍すると$\boldsymbol{b}$と等しくできます。

次に、いくつかのベクトルの集合から線形独立なベクトルの集合を選び出すことを考えてみます。次の4つのベクトルのうち、線形独立なベクトルはいくつあるかを考えます。

$$\boldsymbol{a} = \begin{pmatrix} 1 \\ 0 \\ 1 \end{pmatrix}, \boldsymbol{b} = \begin{pmatrix} 0 \\ 1 \\ 1 \end{pmatrix}, \boldsymbol{c} = \begin{pmatrix} 1 \\ 1 \\ 0 \end{pmatrix}, \boldsymbol{d} = \begin{pmatrix} 2 \\ 0 \\ 2 \end{pmatrix}$$

$\boldsymbol{a}$の2倍が$\boldsymbol{d}$になってしまっているので、これらは線形独立ではありません。$\boldsymbol{d}$を取り除いた$\boldsymbol{a}, \boldsymbol{b}, \boldsymbol{c}$は線形独立な集合なので、この4つのベクトルの中で線形独立なベクトルの数は3つといえます。

n行m列の行列を、m次元行ベクトルのn本の集まりと見たとき、r本の線形独立な行ベクトルがあったとします。また、同じ行列を列ベクトルのまとまりと考え、n次元列ベクトルがm本あると見たとき、c本の線形独立な列ベクトルがあったとします。一般に$r = c$となることが知られていて、これが行列のランクになります。

行列のランクを実感するために、行ベクトルと列ベクトルの掛け算で行列を作り、そのランクを調べます。

```
M = np.array([[-1], [1], [0.5]]) @ np.array([[2, 4, 6]])
M
```

▼

```
array([[-2., -4., -6.],
       [ 2.,  4.,  6.],
       [ 1.,  2.,  3.]])
```

Mの1行目は、$(2, 4, 6)$の-1倍、2行目は1倍、3行目は0.5倍です。つまり、ある1つのベクトルのスカラー倍なので、各行ベクトルは互いにスカラー倍になっているので、線形独立なベクトルは1つしかありません。これは列ベクトルで見ても同様です。ランクを計算すると1になることを確認できます。

```
np.linalg.matrix_rank(M)
```

```
1
```

11-1-6 ベクトルの射影

2次元平面でベクトル$\boldsymbol{a} = \begin{pmatrix} 0 \\ 2 \end{pmatrix}$を考えます。$\boldsymbol{y}$軸の方向にノルム（長さ）が2のベクトルです。もう1つ、2次元平面で斜め45度の直線を考えます。この方向にノルムが1のベクトル$\boldsymbol{v} = \begin{pmatrix} \frac{1}{\sqrt{2}} \\ \frac{1}{\sqrt{2}} \end{pmatrix}$を作っておきます。ベクトル$\boldsymbol{a}$は$\boldsymbol{y}$軸と平行なので、$\boldsymbol{x}$軸方向の成分は0です。ここでは、ベクトル$\boldsymbol{a}$のベクトル$\boldsymbol{v}$方向の成分がどれくらいあるかを考えます。

ベクトル$\boldsymbol{a}$のベクトル$\boldsymbol{v}$方向の成分を知るために、$(0, 2)$の位置からベクトル$\boldsymbol{v}$の方向に垂直な線（点線）を作ります。直角二等辺三角形の各辺の比が$1 : 1 : \sqrt{2}$であることを利用すると、この交点が$(1, 1)$になることがわかります。これをベクトル$\boldsymbol{b}$とすると、そのノルムは$\sqrt{2}$です。

これらのベクトルを2次元平面で図示すると、図11-1のようになります。

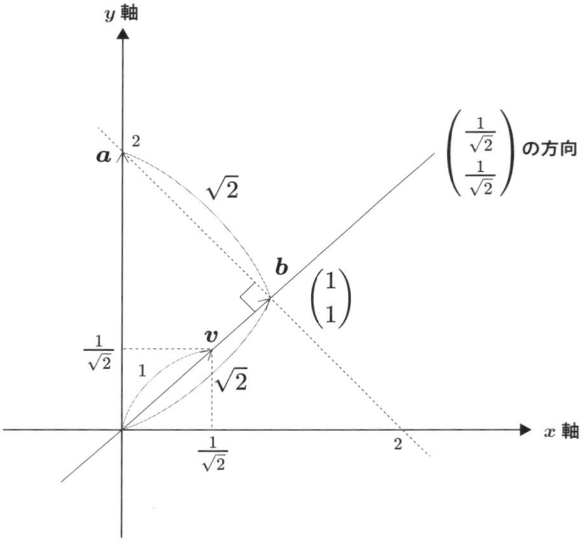

図11-1　ベクトルの射影の例

ベクトル$\boldsymbol{b}$は、$\boldsymbol{a}$の$\boldsymbol{v}$に対する**射影**と呼ばれます。ここで、ベクトルの射影の意味を考えます。$\boldsymbol{v}$と$\boldsymbol{b}$は同じ方向のベクトルなので、$\boldsymbol{v}$のスカラー倍で$\boldsymbol{b}$を表現できます。$\boldsymbol{v}$のノルムは1なので、$\boldsymbol{b}$のノルムである$\sqrt{2}$を使って$\boldsymbol{b} = \sqrt{2}\boldsymbol{v}$とできます。$\boldsymbol{a}$の$\boldsymbol{v}$方向への射影は、$\boldsymbol{a}$の$\boldsymbol{v}$方向の成分を表現したものです。$\boldsymbol{a}$は2次元平面のベクトルで、$\boldsymbol{v}$とは方向が違う（線形独立である）ため、$\boldsymbol{v}$だけを使って$\boldsymbol{a}$を表現できません。しかし、$\boldsymbol{a}$を$\boldsymbol{v}$方向という視点だけから観察するということはできて、これが射影に相当します。ベクトル$\boldsymbol{a}$に限らず、2次元平面上の任意のベクトルと$\boldsymbol{v}$の射影を考えられます。$\boldsymbol{v}$の方向全体は直線で、これは1次元空間です。つまり、2次元を1次元に変換することになります。同じように、3次元空間のベクトルを3次元空間内の平面（2次元空間）へ射影することもできます。この考え方は、後で特異値分解を紹介するところで利用します。

11-1-7 固有値と固有ベクトル

正方行列Aにベクトル$\boldsymbol{x}$を掛け算することを考えます。$\boldsymbol{x}$は零ベクトルではないとします。行列とベクトルの掛け算なので、計算結果はベクトルです。あるスカラーλを用いて、次の式(6)が成り立つとき、$\boldsymbol{x}$をAの**固有ベクトル**、λを**固有値**と呼びます。

$$A\boldsymbol{x} = \lambda\boldsymbol{x} \tag{6}$$

これは、ある行列にベクトルを掛け算したところ、その計算結果が元のベクトルと同じ方向のベクトルになったことを意味しています。ノルムの違いは、固有値でわかります。また、固有値と固有ベクトルの組は異なるものが複数個あり得ます。これは行列のランクとも関係があります。固有値と固有ベクトルに関する話題は多岐にわたるので、ここでは詳しく説明しません。本章の11-2-6 特異値分解と固有値／固有ベクトル p.360 で、行列の特異値分解との関係だけを取り上げます。ここでは、NumPyを使った計算方法を紹介します。

固有値と固有ベクトルの計算は正方行列が対象になるため、次のコードでは2行3列の行列Aとその転置行列を使って正方行列を作り、それをDとします。Pythonのオブジェクトとして使っている、この行列Aは p.330 で定義したものです。式（6）のAは一般的に行列をAと表現しているだけなので注意してください。

```
D = A @ A.T
D
```

▼

```
array([[5, 2],
       [2, 2]])
```

固有値と固有ベクトルは、`eig()`関数で計算できます。固有値は英語でeigenvalueなので、最初の3文字が関数名になっています。固有値、固有ベクトルの順で値が返ります。

```
# 2組の固有値と固有ベクトルが求まります
r, X = np.linalg.eig(D)
```

```
# 2つの固有値
r
```

▼

```
array([6., 1.])
```

```
# 対応する固有ベクトル
X
```

▼

```
array([[ 0.89442719, -0.4472136 ],
       [ 0.4472136 ,  0.89442719]])
```

固有値と固有ベクトルが2組得られたので、そのうち1組を使って式(6)が成り立つことを確認します。1つ目の固有値はr[0]、固有ベクトルはxとします。

```
# 1つ目の固有ベクトルを取り出す
x = X[:, 0]
D @ x == r[0] * x
```

▼

```
array([ True,  True])
```

11-1-8 行列の種類のまとめ

行列の種類をまとめておきます（表11-1）。本章を読んでいるときに用語がわからなくなってしまった場合に参考にしてください。

表11-1　行列の種類

行列	説明
正方行列	行数と列数が等しい行列
対角行列	正方行列のうち対角成分だけに値があり、非対角成分は0になっている行列
単位行列	対角行列のうちその対角成分がすべて1の行列（Iと書く）
転置行列	ある行列の行と列を入れ替えて作られる行列（A^Tと書く）
対称行列	正方行列Aのうち、$A = A^T$となる行列
直交行列	正方行列Aのうち、$A^TA = I$となる行列

11-2 行列の特異値分解

任意の行列は、**特異値分解**という計算を使って分解できます。この行列の分解は、次元削減手法の1つである主成分分析に使われています。また、特異値分解の結果を使って元の行列を近似することも可能です。本節では、この特異値分解を紹介します。数学的にわからないところが出てきたら、本章の11-1 線形代数の基本 p.328 も随時参考にしてください。

11-2-1 2次元を1次元にする

2次元平面に12個の点があるとします。すべてのデータ点を12行2列の行列Aで表現します。2次元平面にこれら12点をプロットすると、図11-2のようになります。

```
import numpy as np

A = np.array(
    [
        [16, 16],
        [-2, 4],
        [-8, -12],
        [19, 5],
        [-5, -3],
        [-1, -15],
        [9, 11],
        [6, -4],
        [-19, -12],
        [-13, -1],
        [14, -2],
        [-18, -22],
    ]
)
```

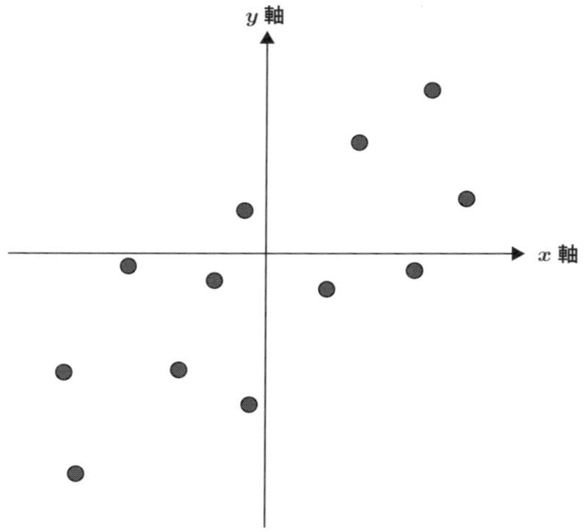

図11-2　12個の点をプロットした図

x軸とy軸ではなく、原点を通る新たな軸を1つ導入して、これらの点を1次元で表現したいとします。2次元ではすべての点を可視化できるので、1次元へ変換する必要性はあまり感じませんが、元の次元が4次元以上の場合はそのままでは可視化できないため、元の高次元の状態をなるべく忠実に低次元で再現することには大きな意味があります。これを、2次元から1次元への変換で説明します。これには、ベクトルの射影の考え方が使えます（11-1-6 ベクトルの射影 p.340 参照）。

原点を通る新しい軸を1つ決めるといっても、いろいろな方向が考えられます。原点を固定して、360度回転できる自由度があります。元の状態をなるべく忠実に再現するためには、どのような方向が良いでしょうか。たとえば、図11-3と図11-4ではどちらのほうが良いといえるでしょうか。

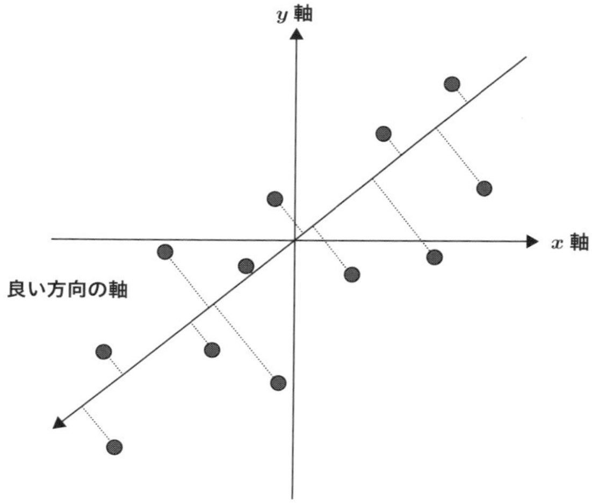

図11-3　データのばらつきをうまく再現できる良い方向の軸

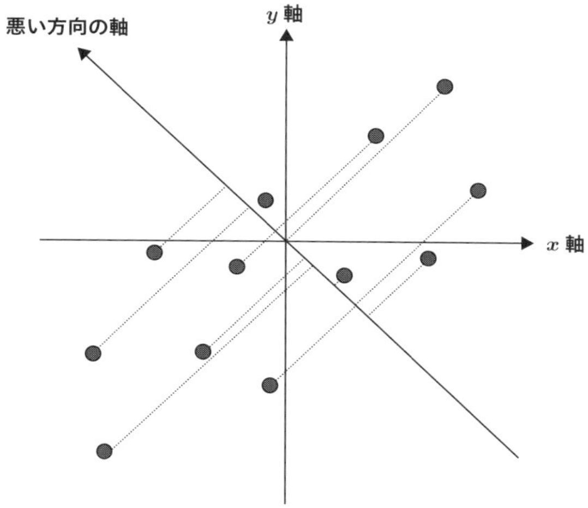

図11-4　データのばらつきをうまく再現できていない悪い方向の軸

図11-3では、2次元平面でデータが広がっている方向に軸を設定しています。一方、図11-4では、2次元でのデータの広がりが1次元では凝縮されてしまっています。このように、原点を固定して新たな軸を設定する場合、最もデータが広がった方向と同じ向きに軸をとれると良さそうです。特異値分解の計算結果は、この方向に関する情報を含んでいます。

11-2-2 行列を特異値分解する

まずは、特異値分解を実行してみましょう。NumPyに行列の特異値分解を計算するsvd()関数があります。特異値分解は英語で、singular value decompositionなので、関数の名前はこの頭文字をとっています。関数の返り値は、3つあるのでそれぞれ名前を付けて受け取ります。特異値分解の結果で得られる行列の形状には、いくつかの種類があります。ここでは小さなサイズになるように、full_matricesにFalseを指定します。

```
U, s, Vt = np.linalg.svd(A, full_matrices=False)
```

返された3つの変数は、行列やベクトルでndarray型になっています。shape属性で形状を確認します。

```
U.shape
```

▼

```
(12, 2)
```

```
s.shape
```

```
(2,)
```

```
Vt.shape
```

```
(2, 2)
```

特異値分解の詳細は後述します。本節の冒頭では、2次元平面のデータを1次元にしたとき、最もデータがばらついている方向を考えました。この軸上での座標は、次のコードで求められます。sの最初の要素（スカラー）とUの1列目（12次元ベクトル）を掛けた結果です（図11-5）。

```
s[0] * U[:, 0]
```

```
array([-22.53004482,  -1.01495498,  13.8191628 , -17.81493685,
         5.76356881,  10.34761916, -13.9502204 ,  -2.06341583,
        22.28468254,  10.64324024,  -9.49722766,  27.90044081])
```

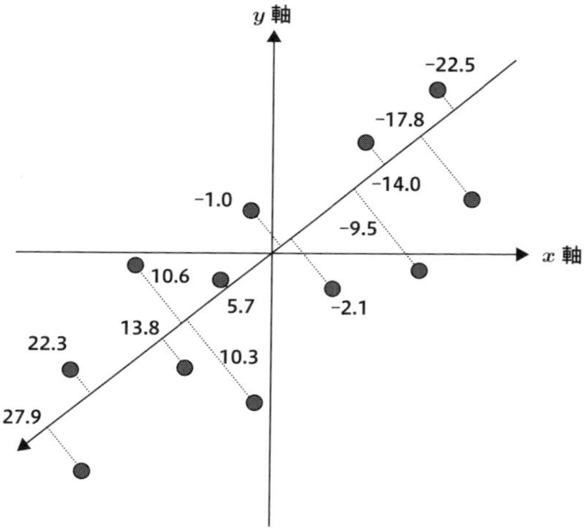

図11-5　新しい軸上の座標（1次元）を追記した12点のプロット

図11-5には、この1次元データをそれぞれのデータ点の傍に追記しています。2次元でデータが最も広がった方向に新しい軸が設定され、それぞれのデータ点にこの軸上で新たな座標が付与されているのがわかります。

11-2-3 特異値分解の詳細

ここでは、行列の特異値分解の詳細を説明します。特異値分解の対象となる行列は、行と列のサイズが同じ正方行列に限りません。任意のn行d列の行列は、図11-6のような行列に分解できます。

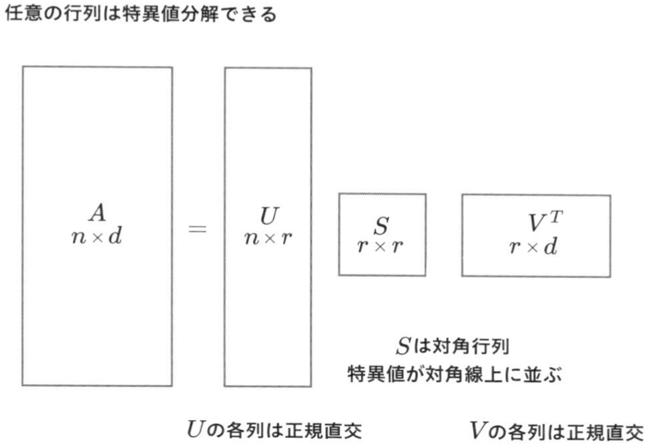

図11-6　行列の特異値分解

V^TはVの転置行列です。rはAのランクです。行列AをDataFrameとして見ると、行がn個のサンプル（インスタンス）、列はd個の説明変数です。ここで、$n > d$とします。説明変数をベクトルと考えたとき、それらが線形独立であれば行列Aのランクはdとなり、図11-6では$r = d$となるので、Vは正方行列になります。

行列のランクは、次のコードで確認できます。

```
np.linalg.matrix_rank(A)
```

▼

```
2
```

$r = 2$なので、Uは12行2列の行列です。Sは、2行2列の**対角行列**です。対角成分に並ぶ数が**特異値**と呼ばれる値です。V^Tも2行2列の行列になります。UとVの各列は、それぞれ互いに直交しノルムが1になります。VとV^Tには、注意が必要です。計算結果はV^Tなので、行ベクトルが直交しています。実際に計算結果を見ながら特異値分解の性質を確認します。

まず、計算結果を掛け合わせると、元の行列Aに戻ることを確認します。svd()関数の返すsはベクトルになっているので、次のコードで対角行列に変換します。

```
np.diag(s)
```

```
array([[53.24143255,  0.        ],
       [ 0.        , 22.09863933]])
```

@演算子を使って3つの行列を掛け合わせます。

```
U @ np.diag(s) @ Vt
```

```
array([[ 16.,  16.],
       [ -2.,   4.],
       [ -8., -12.],
       [ 19.,   5.],
       [ -5.,  -3.],
       [ -1., -15.],
       [  9.,  11.],
       [  6.,  -4.],
       [-19., -12.],
       [-13.,  -1.],
       [ 14.,  -2.],
       [-18., -22.]])
```

元の行列に戻ることが確認できました。

次に、Uの各列が直交することを確認します。内積を計算すると0になるはずです。

```
U[:, 0] @ U[:, 1]
```

```
-1.3877787807814457e-16
```

浮動小数点演算の誤差があるので、完全に0にはなりません。いまは2列しかありませんが、3列以上ある場合は任意の2列をとってきて内積を計算すると常に0になります。Uの列ベクトルを$\boldsymbol{u}_1, \boldsymbol{u}_2$と書くことにします。これらのベクトルには、**左特異ベクトル**と呼ばれます。左特異ベクトルのノルムは、1になっています。

```
for i in range(U.shape[1]):
    print(
        f"{i+1}列目のノルム",
        np.linalg.norm(U[:, i]),
    )
```

```
1列目のノルム 0.9999999999999999
2列目のノルム 0.9999999999999998
```

同じように行列V（V^Tを転置したもの）の列ベクトルを$\boldsymbol{v}_1, \boldsymbol{v}_2$とします。これらは**右特異ベクトル**と呼ばれます。これらのベクトルも互いに直交し、ノルムは1になっています。

```
Vt.T[:, 0] @ Vt.T[:, 1]
```

```
0.0
```

```
for i in range(Vt.shape[1]):
    print(
        f"{i+1}列目のノルム",
        np.linalg.norm(Vt.T[:, i]),
    )
```

```
1列目のノルム 0.9999999999999999
2列目のノルム 0.9999999999999999
```

すべての行列は、次の式(7)のように特異値分解できることをすでに紹介しました。

$$A = USV^T \tag{7}$$

ここで、式(7)の両辺に右からVを掛けます。

$$\begin{aligned} AV &= USV^TV \\ AV &= US \end{aligned} \tag{8}$$

$V^TV = I$となることを利用しました。

Sは対角行列なので、式(8)の右辺USの結果は、Uと同じサイズの行列です。また、その1列目は、$\boldsymbol{u}_1$と最初の特異値の掛け算になります。これは、先ほど計算した新しい軸での座標の値と同じです。実際の計算を次のコードに示します。ベクトルとスカラーの掛け算なので、可換（掛け算の順番を入れ替えることが可能）です。

```
U[:, 0] * s[0]
```

```
array([-22.53004482,  -1.01495498,  13.8191628 , -17.81493685,
         5.76356881,  10.34761916, -13.9502204 ,  -2.06341583,
        22.28468254,  10.64324024,  -9.49722766,  27.90044081])
```

式(8)を見ると、この計算結果はAに$\boldsymbol{v}_1$を掛けた結果と同じことがわかります。

```
A @ Vt.T[:, 0]
```

```
array([-22.53004482,  -1.01495498,  13.8191628 , -17.81493685,
         5.76356881,  10.34761916, -13.9502204 ,  -2.06341583,
        22.28468254,  10.64324024,  -9.49722766,  27.90044081])
```

VtはV^Tなので、Vを得るには転置する必要があります。この計算は、Aの各行と、$\boldsymbol{v}_1$との内積を計算していることにほかなりません。$\boldsymbol{v}_1$の具体的な数値を確認します。

```
Vt.T[:, 0]
```

```
array([-0.7695927, -0.6385351])
```

このベクトルは、新しい軸の方向を示すベクトルになっているのです。また、このベクトルのノルムは1です。Aの各行は、2次元平面の各データ点に対応します。あるデータ点と$\boldsymbol{v}_1$の内積は、データ点を表すベクトルを$\boldsymbol{v}_1$の方向へ射影してできるベクトル（$\boldsymbol{v}_1$の方向）の長さに相当します（図11-7）。

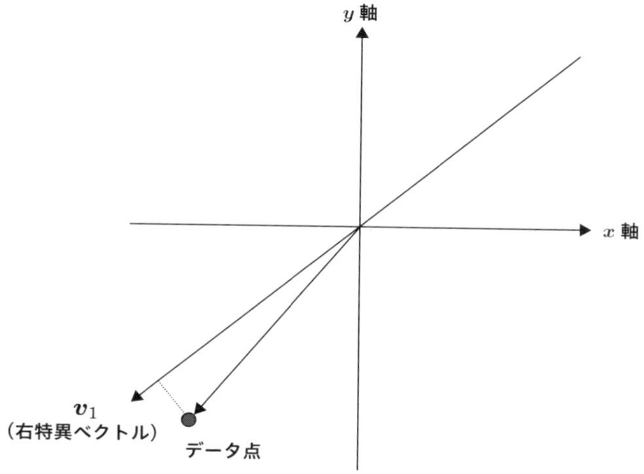

図11-7　データ点のベクトルを新しい軸の方向へ射影

次に、$\boldsymbol{v}_2$（2つ目の右特異ベクトル）を考えてみます。Vの各列は直交するので、$\boldsymbol{v}_2$は$\boldsymbol{v}_1$に直交する方向になります。具体的な数字を見てみましょう。

```
Vt.T[:, 1]
```

```
array([ 0.6385351, -0.7695927])
```

図11-8に$\boldsymbol{v}_2$の方向を示します。

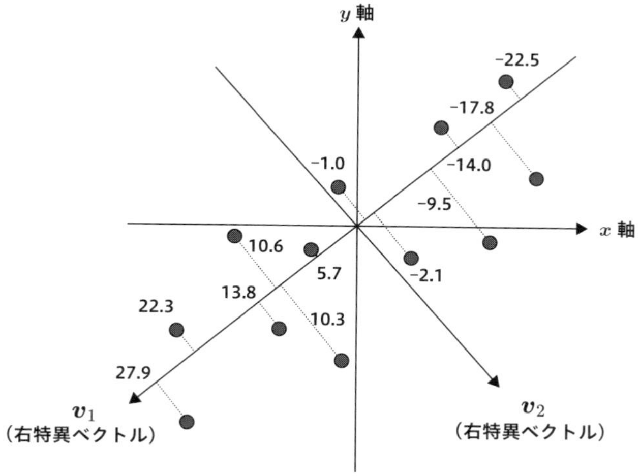

図11-8　右特異ベクトルの意味と特異値分解の全体像

この図から、特異値分解の意味が見えてきます。まず、右特異ベクトル（$\boldsymbol{v}_1, \boldsymbol{v}_2$）は、新たな座標系を与えてくれます。この座標系は、データが最もばらついている方向から始まり、次はこれに直交する方向が選ばれます。2次元平面の場合はこれですべてですが、高次元データになった場合は、2つ目の右特異ベクトル以降は、それまでの右特異ベクトルと互いに直交し、しかもデータが最もばらついている方向が選ばれます。データ処理の視点で考えると、特異値分解はデータのばらつきを最大限うまく説明できる方向を順番に選定する方法といえます。

このことは、特異値にも現れています。通常、特異値は、大きな値から小さな値へと順に並びます。順番に右特異ベクトルを決める過程は、分解の対象になっている行列の情報をできる限り絞り出しているととらえることもでき、特異値はそれがどこまで達成できたかを表す数値と考えられます。

次項では、この分解が具体的にどのような役に立つのかを紹介します。

11-2-4 特異値分解と主成分分析

高次元のデータを低次元へ削減する方法は、**次元削減**と呼ばれています。数百個の説明変数を2つにまとめ直せれば、データ全体を2次元平面に描画できます。

次元削減にはいろいろな方法があり、**主成分分析**はよく使われる次元削減手法の1つです。主成分分析の内部の計算は、行列の特異値分解にほかなりません。コードを使って確認します。サンプルデータとしてアヤメのデータを使います。150行4列の行列です。

サンプルデータの入手やライブラリを使った主成分分析は、scikit-learnを使います※2。

```
from sklearn import datasets

iris = datasets.load_iris()
X = iris.data
X.shape
```

▼

```
(150, 4)
```

decompositionモジュールのPCAクラスを使って主成分分析を実行して、4次元のデータを1次元にします。まず、PCAクラスのインスタンスを作ります。n_components引数は、主成分分析の結果の次元数です。これを2にすれば、2次元のデータが出力されます。これらはそれぞれ、第1主成分、第2主成分と呼ばれます。次に、fit_transform()メソッドを呼び出して主成分分析を実行します。後で紹介する特異値分解を使った方法と結果が同じ形になるように、reshape()メソッドで1次元配列に変換します。

※2 scikit-learnのインストール方法は、付録Bのscikit-learn p.373 を参照してください。

```
from sklearn.decomposition import PCA

pca = PCA(n_components=1)
# 結果を1次元配列に変換
pca.fit_transform(X).reshape(-1)
```

▼

```
array([-2.68412563, -2.71414169, -2.88899057, -2.74534286, -2.72871654,
       -2.28085963, -2.82053775, -2.62614497, -2.88638273, -2.6727558 ,
       -2.50694709, -2.61275523, -2.78610927, -3.22380374, -2.64475039,
       -2.38603903, -2.62352788, -2.64829671, -2.19982032, -2.5879864 ,
       -2.31025622, -2.54370523, -3.21593942, -2.30273318, -2.35575405,
       -2.50666891, -2.46882007, -2.56231991, -2.63953472, -2.63198939,
       -2.58739848, -2.4099325 , -2.64886233, -2.59873675, -2.63692688,
       -2.86624165, -2.62523805, -2.80068412, -2.98050204, -2.59000631,
       -2.77010243, -2.84936871, -2.99740655, -2.40561449, -2.20948924,
       -2.71445143, -2.53814826, -2.83946217, -2.54308575, -2.70335978,
        1.28482569,  0.93248853,  1.46430232,  0.18331772,  1.08810326,
        0.64166908,  1.09506066, -0.74912267,  1.04413183, -0.0087454 ,
       -0.50784088,  0.51169856,  0.26497651,  0.98493451, -0.17392537,
        0.92786078,  0.66028376,  0.23610499,  0.94473373,  0.04522698,
        1.11628318,  0.35788842,  1.29818388,  0.92172892,  0.71485333,
        0.90017437,  1.33202444,  1.55780216,  0.81329065, -0.30558378,
       -0.06812649, -0.18962247,  0.13642871,  1.38002644,  0.58800644,
        0.80685831,  1.22069088,  0.81509524,  0.24595768,  0.16641322,
        0.46480029,  0.8908152 ,  0.23054802, -0.70453176,  0.35698149,
        0.33193448,  0.37621565,  0.64257601, -0.90646986,  0.29900084,
        2.53119273,  1.41523588,  2.61667602,  1.97153105,  2.35000592,
        3.39703874,  0.52123224,  2.93258707,  2.32122882,  2.91675097,
        1.66177415,  1.80340195,  2.1655918 ,  1.34616358,  1.58592822,
        1.90445637,  1.94968906,  3.48705536,  3.79564542,  1.30079171,
        2.42781791,  1.19900111,  3.49992004,  1.38876613,  2.2754305 ,
        2.61409047,  1.25850816,  1.29113206,  2.12360872,  2.38800302,
        2.84167278,  3.23067366,  2.15943764,  1.44416124,  1.78129481,
        3.07649993,  2.14424331,  1.90509815,  1.16932634,  2.10761114,
        2.31415471,  1.9222678 ,  1.41523588,  2.56301338,  2.41874618,
        1.94410979,  1.52716661,  1.76434572,  1.90094161,  1.39018886])
```

特異値分解で主成分分析を再現します。主成分分析では、各説明変数の平均値を0に揃える前処理があるので、同じ計算をしておきます。

```
mean_ = np.mean(X, axis=0)
centered_X = X - mean_
```

特異値分解を実行します。

```
iris_U, iris_s, iris_Vt = np.linalg.svd(centered_X, full_matrices=False)
```

第1主成分に相当する値を計算します。先ほど紹介したように、1つ目の左特異ベクトルに最初の特異値を掛け算します。

```
iris_U[:, 0] * iris_s[0]
```

▼

```
array([-2.68412563, -2.71414169, -2.88899057, -2.74534286, -2.72871654,
       -2.28085963, -2.82053775, -2.62614497, -2.88638273, -2.6727558 ,
       -2.50694709, -2.61275523, -2.78610927, -3.22380374, -2.64475039,
       -2.38603903, -2.62352788, -2.64829671, -2.19982032, -2.5879864 ,
       -2.31025622, -2.54370523, -3.21593942, -2.30273318, -2.35575405,
       -2.50666891, -2.46882007, -2.56231991, -2.63953472, -2.63198939,
       -2.58739848, -2.4099325 , -2.64886233, -2.59873675, -2.63692688,
       -2.86624165, -2.62523805, -2.80068412, -2.98050204, -2.59000631,
       -2.77010243, -2.84936871, -2.99740655, -2.40561449, -2.20948924,
       -2.71445143, -2.53814826, -2.83946217, -2.54308575, -2.70335978,
        1.28482569,  0.93248853,  1.46430232,  0.18331772,  1.08810326,
        0.64166908,  1.09506066, -0.74912267,  1.04413183, -0.0087454 ,
       -0.50784088,  0.51169856,  0.26497651,  0.98493451, -0.17392537,
        0.92786078,  0.66028376,  0.23610499,  0.94473373,  0.04522698,
        1.11628318,  0.35788842,  1.29818388,  0.92172892,  0.71485333,
        0.90017437,  1.33202444,  1.55780216,  0.81329065, -0.30558378,
       -0.06812649, -0.18962247,  0.13642871,  1.38002644,  0.58800644,
        0.80685831,  1.22069088,  0.81509524,  0.24595768,  0.16641322,
        0.46480029,  0.8908152 ,  0.23054802, -0.70453176,  0.35698149,
        0.33193448,  0.37621565,  0.64257601, -0.90646986,  0.29900084,
        2.53119273,  1.41523588,  2.61667602,  1.97153105,  2.35000592,
        3.39703874,  0.52123224,  2.93258707,  2.32122882,  2.91675097,
        1.66177415,  1.80340195,  2.1655918 ,  1.34616358,  1.58592822,
        1.90445637,  1.94968906,  3.48705536,  3.79564542,  1.30079171,
        2.42781791,  1.19900111,  3.49992004,  1.38876613,  2.2754305 ,
        2.61409047,  1.25850816,  1.29113206,  2.12360872,  2.38800302,
        2.84167278,  3.23067366,  2.15943764,  1.44416124,  1.78129481,
        3.07649993,  2.14424331,  1.90509815,  1.16932634,  2.10761114,
        2.31415471,  1.9222678 ,  1.41523588,  2.56301338,  2.41874618,
        1.94410979,  1.52716661,  1.76434572,  1.90094161,  1.39018886])
```

scikit-learnを使った計算と同じになることが確認できます。

```
all(np.equal(pca.fit_transform(X).reshape(-1), iris_U[:, 0] * iris_s[0]))
```

▼

```
True
```

主成分分析において、出力されたそれぞれの次元がデータ全体をどれくらい説明できているかを示す指標に寄与率があります。寄与率は属性explained_variance_ratio_に入っています。

```
# 各成分の寄与率
pca.explained_variance_ratio_
```

```
array([0.92461872])
```

この寄与率は、特異値から計算できます。詳細は割愛しますが、特異値の2乗から寄与率が計算できます。

```
variance = iris_s ** 2
variance / sum(variance)
```

```
array([0.92461872, 0.05306648, 0.01710261, 0.00521218])
```

特異値分解では、特異値は降順に並べるのが一般的です。これは、主成分分析で、第1主成分の寄与率が最大になっていることに相当します。主成分分析を使って高次元データを2次元平面にプロットする場合、特異値分解で得られた左特異ベクトルからなるUの最初（左端）の2列だけを使っていることになります。

11-2-5 行列の近似

特異値分解のもう1つの応用例である行列の近似を紹介します。特異値分解は、分解の対象となる行列が持つ情報を、最大限絞り出すという作業を繰り返していると考えられます。このため、分解の途中までの結果だけを使って、元の行列とほぼ同じ行列を再構築できます。これを**低ランク近似**と呼びます。特異値分解の式を少し変形した後、実際のコードでこれを確かめます。

特異値分解は、式(9)のようにも書けます。これは、行列の掛け算の計算を分解して表現しているだけです。

$$A = USV^T = \sum_i s_i \boldsymbol{u}_i \boldsymbol{v}_i \tag{9}$$

$\boldsymbol{u}_i$は左特異ベクトル、$\boldsymbol{v}_i$は右特異ベクトルです。iに関する和の計算は、行列Aのランクの回数分だけ繰り返されます。これを途中で止めて得られる行列が、入力の行列Aの近似になります。

式(9)をコードにして実行すると、行列が元に戻ることが確認できます。

```
n, d = A.shape
M = np.zeros((n, d))

for i in range(d):
    M += s[i] * U[:, i].reshape(n, -1) @ Vt[i].reshape(-1, d)
M
```

▼

```
array([[ 16.,  16.],
       [ -2.,   4.],
       [ -8., -12.],
       [ 19.,   5.],
       [ -5.,  -3.],
       [ -1., -15.],
       [  9.,  11.],
       [  6.,  -4.],
       [-19., -12.],
       [-13.,  -1.],
       [ 14.,  -2.],
       [-18., -22.]])
```

いま、Aのランクは2なので、全体は2回の足し算で終わります。もう少し大規模な行列で試してみます。視覚的にもわかりやすいように、白黒画像の画素値を行列として処理します。

```
import matplotlib.pyplot as plt
from PIL import Image

# サンプル画像の読み込み
img = Image.open("data/tiger.png")
# カラーを白黒へ変換
img_l = img.convert("L")
# 数値に変換
num_img = np.array(img_l)
# 表示
plt.matshow(num_img, cmap="gray")
```

▼

```
<matplotlib.image.AxesImage at 0x7fa933c9cfd0>
```

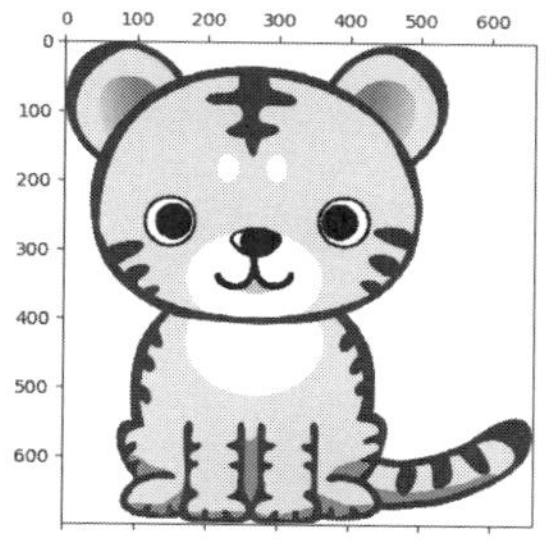

画像は256階調の白黒画像なので、各要素は0から255までの整数値になっています。これを行列としてとらえます。サイズを確認しておきましょう。

```
img_n, img_d = num_img.shape
img_n, img_d
```

```
(700, 660)
```

700行660列の行列です。この行列のランクを計算してみます。列の数に等しいことがわかります。

```
np.linalg.matrix_rank(num_img)
```

```
660
```

特異値分解し、返り値のサイズを表示します。

```
img_U, img_s, img_Vt = np.linalg.svd(num_img, full_matrices=False)
img_U.shape, img_s.shape, img_Vt.shape
```

```
((700, 660), (660,), (660, 660))
```

式(9)の計算を指定された回数まで実行し、その時点の行列を返す関数を作ります。引数kが合計の回数です。

```
def sum_up_k_rank(k):
    rec_img = np.zeros((img_n, img_d))
    for i in range(k):
        # i列目だけ
        _U = img_U[:, i].reshape(img_n, -1)
        # i行目だけ
        _Vt = img_Vt[i].reshape(-1, img_d)
        rec_img += img_s[i] * _U @ _Vt
    return rec_img
```

k=1で呼び出します。この段階では、元の画像は見る影もありません。

```
img_1 = sum_up_k_rank(1)
plt.imshow(img_1, cmap="gray")
```

▼

```
<matplotlib.image.AxesImage at 0x7fa933d4bd00>
```

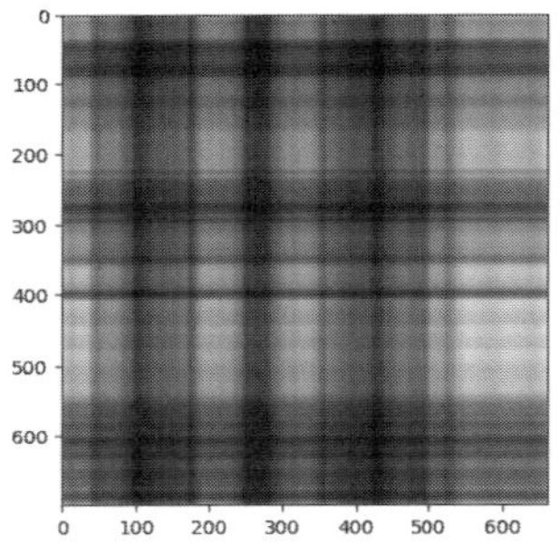

img_1のランクを計算すると、1だとわかります。これは、再構築のための足し算を1回しかしていないためです。また、これが低ランク近似という呼び名の由来です。

```
np.linalg.matrix_rank(img_1)
```

▼

```
1
```

完全に行列を再現するには、元の行列のランクと同じ660回の足し算が必要です。ただ、2回目から元の画像の影が見えてきます。

```
plt.imshow(sum_up_k_rank(2), cmap="gray")
```

```
<matplotlib.image.AxesImage at 0x7fa931de1fc0>
```

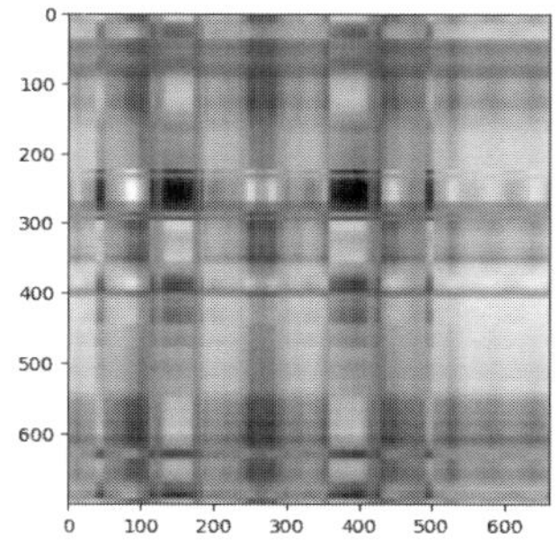

20回の足し算で、かなり元の画像に近づきます。

```
plt.imshow(sum_up_k_rank(20), cmap="gray")
```

```
<matplotlib.image.AxesImage at 0x7fa931e4fbe0>
```

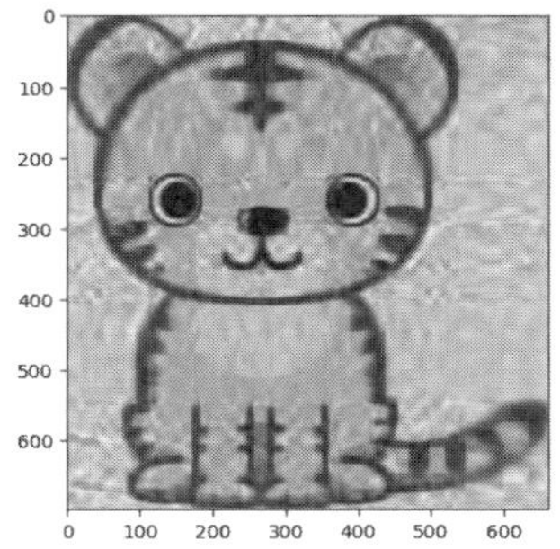

元の画像は、700×660で462,000要素の点からなります。ランク20で近似できているということは、20＋700×20＋660×20=27,220個の要素で似た画像を作り上げていることになります（20個の特異値、700次元の左特異ベクトル20個、660次元の右特異ベクトル20個の要素数を足し算しました）。

最後まで足し合わせれば元に戻ります。

```
plt.imshow(sum_up_k_rank(660), cmap="gray")
```

```
<matplotlib.image.AxesImage at 0x7fa931cde020>
```

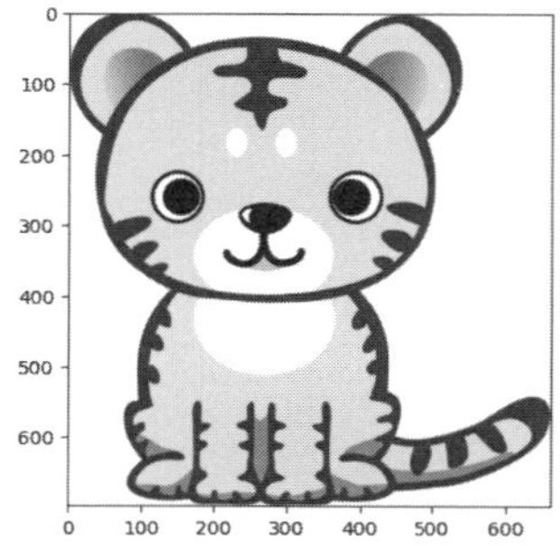

11-2-6 特異値分解と固有値／固有ベクトル

ここでは、特異値分解と固有値／固有ベクトルの関係を少しだけ紹介します。

任意の行列Aの特異値分解の式は、次のようなものでした。

$$A = USV^T$$

まず、両辺に右からVを掛けます。

$$AV = US$$

Vは直交行列なので$V^TV = I$となるため、右辺はUSになります。$(XY)^T = Y^TX^T$に注意して、両辺を転置します。もともと等しい行列どうしなので、それぞれ行と列を入れ替えても等しいままです。

$$V^TA^T = S^TU^T$$

Sは対角行列なので、行と列を入れ替えても変わりません。つまり、$S = S^T$となります。次に、両辺に左からVを掛けます。

$$A^T = VSU^T$$

A^Tを表現する式が得られました。ここで、A^TとAの積を考えましょう。

$$\begin{aligned} A^TA &= VSU^TUSV^T \\ &= VS^2V^T \end{aligned}$$

S^2は、Sの対角成分を2乗したものです。最後に、両辺へ右からVを掛けます（式(10)）。

$$A^TAV = VS^2 \tag{10}$$

A^TAは、正方行列です。これをBとすると、式(10)はBの固有ベクトルがVの列ベクトル、対応する固有値がS^2の各要素だということがわかります。右特異ベクトルを$\boldsymbol{v}_i$、S^2の要素をσ_iと書くと、固有値と固有ベクトルであることがよりはっきりわかります。

$$B\boldsymbol{v_i} = \sigma_i \boldsymbol{v_i}$$

行列$B = A^TA$の固有値と固有ベクトルを求める計算が、行列Aの右特異ベクトルと特異値を求める計算になります。実際にやってみましょう。

```
B = A.T @ A
B
```

▼

```
array([[1878, 1153],
       [1153, 1445]])
```

行列Bの固有値と固有ベクトルを求めます※3。

```
eig_value, eig_vector = np.linalg.eig(B)
```

平方根を計算すれば、元の行列Aの特異値が得られます。

```
np.sqrt(eig_value)
```

▼

```
array([53.24143255, 22.09863933])
```

本節の11-2-3 特異値分解の詳細 p.347 で計算した行列Aの特異値と等しいことがわかります。

```
s
```

▼

```
array([53.24143255, 22.09863933])
```

固有ベクトルと右特異ベクトルは、符号の違いを除けば同じです。

※3　eig() 関数については、本章の 11-1-7 固有値と固有ベクトル p.341 に簡単な説明があります。

```
eig_vector.T
```

```
array([[ 0.7695927,  0.6385351],
       [-0.6385351,  0.7695927]])
```

```
Vt
```

```
array([[-0.7695927, -0.6385351],
       [ 0.6385351, -0.7695927]])
```

固有ベクトルと一致していないように見えますが、右特異ベクトルは、特異値分解で得られる新しい座標系の軸であり、正負の違いは軸の向きに相当するため、適宜向きを変更することで同じ結果が得られます。そのため、これらの計算結果の意味は同じです。

COLUMN **数学とデータ分析**

本節では、特異値分解を説明し、特異値分解が次元削減手法の１つである主成分分析に応用されている例を紹介しました。主成分分析と特異値分解のように、データ分析に使われるアルゴリズムの多くは、数学的な理論に支えられています。

近年はライブラリの性能が向上し、簡単に使えるようになったこともあり、数学的な知識がなくてもアルゴリズムを実行することが容易になりました。一方で、アルゴリズムを支える数学に詳しくなると、データ分析のさまざまな場面で、より適したアルゴリズムを選択できるようになり、データ分析エンジニアとしての活躍の場が広がります。

数学は、解説文と数式だけを読んで簡単に理解できるものではありません。理解を促す良い方法の１つにコンピュータの利用があります。ライブラリを実行すればすぐに結果がわかるので、まずはそこから始めるのがよいでしょう。中身を１つ１つ分解して理解するときも、コードを実行しながら具体的なイメージを持ち続ければ、挫折してしまう可能性も低くなるはずです。

付録A Pythonのインストール

ここでは、Pythonのインストールを説明します。

本書は、Windows 10/11 64bit（x86）およびmacOS 12/13（IntelおよびAppleシリコン）に対応しています。本書のコードは、Python 3.11系での動作を前提としていますが、ほとんどのコードはPython 3.9以降であれば動作します。サードパーティ製パッケージについては、それぞれの公式サイトで対応状況を確認してください。

A-1 WindowsにPythonをインストールする

以下のPython公式サイトから、Python 3.11系の最新バージョン（Stable Releases/Python 3.11.x）の欄にある「Download Windows installer (64-bit)」をクリックしてインストーラーをダウンロードします。

https://www.python.org/downloads/windows/

ダウンロードした.exeファイルを実行すると、インストーラーが起動します。

ここで、「Add Python 3.11 to PATH」のチェックボックスにチェックを入れてから、［→ Install Now］をクリックし、インストールを実行します。

これで、Windows環境にPython 3.11.xがインストールされました。

A-2 macOSにPythonをインストールする

以下のPython公式サイトから、Python 3.11系の最新バージョン（Stable Releases/Python 3.11.x）の欄にある、「Download macOS 64-bit universal2 installer」をクリックしてインストーラーをダウンロードします。

https://www.python.org/downloads/macos/

ダウンロードした.pkgファイルを実行すると、インストーラーが起動します。

画面の指示に従い、[続ける]をクリックし、ソフトウェア使用許諾契約などに同意してインストールを行います。途中で、macOSのログイン確認が求められるので、パスワードを入力するなどし、インストールを継続してください。

インストール中にFinderが起動し、インストールされたファイルの一覧を確認できます。Finderで表示されるファイルの「Install Certificates.command」をダブルクリックしてください。この作業は、証明書をインストールするためのものです。

これで、macOS環境にPython 3.11.xがインストールされました。

A-3 コマンドラインでPythonを起動する

Windowsの場合は**Windows Power Shell**を利用し、macOSの場合は**ターミナル**を利用して、Pythonのコマンドを実行します。

Windowsの場合

スタートメニューからWindows Power Shellを開き、pyと入力すると、Pythonの対話モードが起動します。

対話モードを終了するには、`quit()`と入力するか、Ctrl + Z キーを押した後に Enter キーを押してください。

Pythonのモジュールを実行する際には、pyの後にモジュール名を指定できます。

macOSの場合

ターミナルから`python3`と入力すると、Pythonの対話モードが起動します。

対話モードを終了するには、`quit()`と入力するか、Ctrl + D キーを押してください。

Pythonのモジュールを実行する際には、`python3`の後にモジュール名を指定できます。

A-4 仮想環境のススメ

Pythonの標準ライブラリvenvモジュールで、仮想環境を作れます。

venvは、1つのPC環境内に異なるサードパーティ製パッケージをインストールしたり、別バージョンを使えます。さまざまなサードパーティ製パッケージを使う場合には、venvを使うことをおすすめします。

Windowsでvenvを使う

Windowsでvenvを使って、以下のように仮想環境（専用の実行環境）を作れます。

最初に、スクリプトに実行権限を与える必要があります。このコマンドは、PC環境で一度だけ実行する必要があります。

```
> Set-ExecutionPolicy RemoteSigned -Scope CurrentUser
```

ユーザー権限で書き込み可能な任意のフォルダで、次のコマンドを実行すると「venv」フォルダが作られ、そのフォルダ内でPythonの実行に必要なファイルが展開されます。コマンドラインの都合上、英数字で環境名を決めるのがよいでしょう。ここでは、よく使われる環境名のvenvを使います。

```
> cd 任意のフォルダ
> py -m venv venv
```

venvというフォルダに、必要なファイルが設置されています。

次のスクリプトを実行すると、プロンプトが変化し、仮想環境に入ったことがわかります。

```
> venv\Scripts\Activate.ps1
(venv) >
```

仮想環境から抜けるには、次のようにdeactivateコマンドを実行します。

```
(venv) > deactivate
>
```

macOSでvenvを使う

macOSでvenvを使って、以下のように仮想環境（専用の実行環境）を作れます。

ユーザー権限で書き込み可能な任意のフォルダで、次のコマンドを実行すると「venv」フォルダが作られ、そのフォルダ内でPythonの実行に必要なファイルが展開されます。ターミナルの都合上、英数字で環境名を決めるのがよいでしょう。ここでは、よく使われる環境名のvenvを使います。

```
% cd 任意のフォルダ
% python3 -m venv venv
```

venvというフォルダに、必要なファイルが設置されています。

次のスクリプトを実行すると、プロンプトが変化し、仮想環境に入ったことがわかります。

```
% source venv/bin/activate
(venv) %
```

仮想環境が有効になっていると、python3コマンドとpythonコマンドが同じ意味となり、どちらも使えます。仮想環境から抜けるには、次のようにdeactivateコマンドを実行します。

```
(venv) % deactivate
%
```

付録B パッケージのインストール

サードパーティ製パッケージのインストール方法を解説します。

B-1 pipコマンド

本書では、Pythonに標準で同梱されている**pip**を利用してパッケージをインストールします。

pipコマンドは、次のように利用します。環境によっては、**pip3**というコマンドになっている場合があります。**pip**の部分を**pip3**と読み替えてください。

インストール

```
pip install パッケージ名
```

バージョンを指定してインストール

```
pip install パッケージ名==バージョン番号
```

最新版のパッケージにアップデート

```
pip install -U パッケージ名
```

パッケージの削除

```
pip uninstall パッケージ名
```

パッケージの削除は、そのパッケージが依存する関連パッケージは削除されないので注意が必要です。

インストール済みパッケージリストの取得

```
pip list
```

ほかの環境にパッケージをインストールするためのrequirements形式での出力

```
pip freeze > requirements.txt
```

本書では、Anacondaなどほかのパッケージマネージャーはサポートしていません。Anacondaで環境が作られている場合は、Anacondaのドキュメントを参照し、必要なパッケージをインストールしてください。Anacondaには多くのパッケージが含まれているので、ここで紹介するパッケージのインストールが不要な場合もあります。

B-2 本書で利用するサードパーティ製パッケージ

データ分析では、さまざまなサードパーティ製パッケージを利用します。

基本パッケージ

本書では、次の5つのサードパーティ製パッケージがインストール済みであることを前提としています。これらのパッケージは、第1章の1-4-2 主なライブラリ p.18 で紹介しています。

JupyterLab

パッケージ名	jupyterlab
用途	Pythonなどの実行環境
公式ドキュメント	https://jupyter.org/
PyPI URL	https://pypi.org/project/jupyterlab/
リポジトリ	https://github.com/jupyterlab/jupyterlab
動作検証バージョン	4.0.4

NumPy

パッケージ名	numpy
用途	配列構造
公式ドキュメント	https://numpy.org/
PyPI URL	https://pypi.org/project/numpy/
リポジトリ	https://github.com/numpy/numpy
動作検証バージョン	1.25.2

pandas

パッケージ名	pandas
用途	データ解析／操作
公式ドキュメント	https://pandas.pydata.org/
PyPI URL	https://pypi.org/project/pandas/
リポジトリ	https://github.com/pandas-dev/pandas
動作検証バージョン	2.0.3

Matplotlib

パッケージ名	matplotlib
用途	可視化
公式ドキュメント	https://matplotlib.org/
PyPI URL	https://pypi.org/project/matplotlib/
リポジトリ	https://github.com/matplotlib/matplotlib
動作検証バージョン	3.7.2

Plotly

パッケージ名	plotly
用途	可視化
公式ドキュメント	https://plotly.com/python/
PyPI URL	https://pypi.org/project/plotly/
リポジトリ	https://github.com/plotly/plotly.py
動作検証バージョン	5.16.0

インストール方法は、次のとおりです。

```
pip install jupyterlab numpy pandas matplotlib plotly
```

本書で動作検証したバージョンをインストールするには、次のコマンドを実行します。

```
pip install jupyterlab==4.0.4 numpy==1.25.2 pandas==2.0.3 matplotlib==3.7.2 plotly==5.16.0
```

なお、JupyterLabの起動は、次のようにコマンドラインで実行します。

```
jupyter lab
```

自動的にブラウザが起動し、JupyterLabの画面が表示されます。

用途別サードパーティ製パッケージ

ここからは、本書の一部で利用しているサードパーティ製パッケージを紹介します。これらのパッケージは、必要に応じてインストールしてください。

なお、OSや環境によっては、pipでインストールできない場合やOSに追加ライブラリを求められる場合があります。それぞれの公式ドキュメントを参考にインストールしてください。

openpyxl

パッケージ名	openpyxl
用途	Excel形式の読み書き
公式ドキュメント	https://openpyxl.readthedocs.io
PyPI URL	https://pypi.org/project/openpyxl/
リポジトリ	https://foss.heptapod.net/openpyxl/openpyxl
動作検証バージョン	3.1.2

本書内の使用場所

- 第2章の2-2 Excel形式 p.31

インストール方法

```
pip install openpyxl
```

beautifulsoup4

パッケージ名	beautifulsoup4
用途	HTML形式の解析
公式ドキュメント	https://www.crummy.com/software/BeautifulSoup/bs4/doc/
PyPI URL	https://pypi.org/project/beautifulsoup4/
リポジトリ	https://code.launchpad.net/beautifulsoup/
動作検証バージョン	4.12.2

本書内の使用場所

- 第2章の2-4 HTML形式 p.44

インストール方法

```
pip install beautifulsoup4
```

html5lib

パッケージ名	html5lib
用途	HTML形式の解析
公式ドキュメント	https://html5lib.readthedocs.io
PyPI URL	https://pypi.org/project/html5lib/
リポジトリ	https://github.com/html5lib/html5lib-python
動作検証バージョン	1.1

本書内の使用場所

- 第2章2-4-4項のNOTE「lxmlとmacOS」p.46

インストール方法

```
pip install html5lib
```

lxml

パッケージ名	lxml
用途	XML形式の高速解析
公式ドキュメント	https://lxml.de/index.html#documentation/
PyPI URL	https://pypi.org/project/lxml/
リポジトリ	https://github.com/lxml/lxml
動作検証バージョン	4.9.3

本書内の使用場所

- 第2章の2-4 HTML形式 p.44

インストール方法

```
pip install lxml
```

feedparser

パッケージ名	feedparser
用途	RSS形式の読み込み
公式ドキュメント	https://feedparser.readthedocs.io
PyPI URL	https://pypi.org/project/feedparser/
リポジトリ	https://github.com/kurtmckee/feedparser
動作検証バージョン	6.0.10

本書内の使用場所

- 第2章2-5-3項のNOTE「RSS」 p.53

インストール方法

```
pip install feedparser
```

Pillow

パッケージ名	pillow
用途	画像データの処理
公式ドキュメント	https://python-pillow.org/
PyPI URL	https://pypi.org/project/Pillow/
リポジトリ	https://github.com/python-pillow/Pillow
動作検証バージョン	10.0.0

本書内の使用場所

- 第2章の2-7 画像データ p.58
- 第8章の8-1 Pillowを使った画像の加工 p.244
- 第10章の10-2 地理空間データのファイル形式と読み込み p.296
- 第11章の11-2-5 行列の近似 p.355

インストール方法

```
pip install pillow
```

SciPy

パッケージ名	scipy
用途	科学技術計算
公式ドキュメント	https://scipy.org/
PyPI URL	https://pypi.org/project/scipy/
リポジトリ	https://github.com/scipy/scipy
動作検証バージョン	1.11.1

本書内の使用場所

- 第2章の2-8 音声データ p.60
- 第5章の5-5 外れ値、異常値 p.181

インストール方法

```
pip install scipy
```

pyarrow

パッケージ名	pyarrow
用途	parquetデータの読み書き
公式ドキュメント	https://arrow.apache.org/docs/python/
PyPI URL	https://pypi.org/project/pyarrow/
リポジトリ	https://github.com/apache/arrow
動作検証バージョン	12.0.1

本書内の使用場所

- 第2章の2-11 parquet形式 p.72
- 第5章の5-1 使用するデータの紹介と読み込み p.152（第5章全体）
- 付録C pandasとMatplotlibによる可視化 p.378

インストール方法

```
pip install pyarrow
```

scikit-learn

パッケージ名	scikit-learn
用途	機械学習ツールキット
公式ドキュメント	https://scikit-learn.org
PyPI URL	https://pypi.org/project/scikit-learn/
リポジトリ	https://github.com/scikit-learn/scikit-learn
動作検証バージョン	1.3.0

本書内の使用場所

- 第5章5-6-2項の単変量補完と多変量補完 p.196
- 第11章の11-2-4 特異値分解と主成分分析 p.352

インストール方法

```
pip install scikit-learn
```

OpenCV

パッケージ名	opencv-python
用途	画像データ処理
公式ドキュメント	https://docs.opencv.org/4.8.0/
PyPI URL	https://pypi.org/project/opencv-python/
リポジトリ	https://github.com/opencv/opencv-python
動作検証バージョン	4.8.0.76

本書内の使用場所

- 第8章の8-2 NumPyを使った画像データ処理 p.250

インストール方法

```
pip install opencv-python
```

NetworkX

パッケージ名	networkx
用途	グラフ構造のデータ処理
公式ドキュメント	https://networkx.org/
PyPI URL	https://pypi.org/project/networkx/
リポジトリ	https://github.com/networkx/networkx
動作検証バージョン	3.1

本書内の使用場所

- 第9章の9-1 グラフとNetworkX p.270

インストール方法

```
pip install networkx
```

pyvis

パッケージ名	pyvis
用途	動的なグラフデータの可視化
公式ドキュメント	https://pyvis.readthedocs.io/
PyPI URL	https://pypi.org/project/pyvis/
リポジトリ	https://github.com/WestHealth/pyvis
動作検証バージョン	0.3.2

本書内の使用場所

- 第9章の 9-1-5 pyvis を使ったグラフの描画 p.278

インストール方法

```
pip install pyvis
```

> **NOTE PyViz**
> よく似た名前の PyViz は、pyvis とは別のソフトウェアです。

Shapely

パッケージ名	shapely
用途	Geometricオブジェクトの操作と解析
公式ドキュメント	https://shapely.readthedocs.io/
PyPI URL	https://pypi.org/project/Shapely/
リポジトリ	https://github.com/shapely/shapely
動作検証バージョン	2.0.1

本書内の使用場所

- 第10章の 10-2 地理空間データのファイル形式と読み込み p.296
- 第10章の 10-3 地理空間データの操作 p.305

インストール方法

```
pip install shapely
```

GeoPandas

パッケージ名	geopandas
用途	地理空間データをpandasで操作
公式ドキュメント	https://geopandas.org/
PyPI URL	https://pypi.org/project/geopandas/
リポジトリ	https://github.com/geopandas/geopandas/
動作検証バージョン	0.13.2

本書内の使用場所

- 第10章の 10-2 地理空間データのファイル形式と読み込み p.296
- 第10章の 10-4 GeoPandas p.310
- 第10章の 10-5 地理空間データの可視化 p.315
- 第10章の COLUMN「ジオコーディング」 p.325

インストール方法

```
pip install geopandas
```

Rasterio

パッケージ名	rasterio
用途	ラスターデータの読み書き
公式ドキュメント	https://rasterio.readthedocs.io/
PyPI URL	https://pypi.org/project/rasterio/
リポジトリ	https://github.com/rasterio/rasterio
動作検証バージョン	1.3.8

本書内の使用場所

- 第10章の10-2 地理空間データのファイル形式と読み込み p.296

インストール方法

```
pip install rasterio
```

geopy

パッケージ名	geopy
用途	ジオコーディングのためのPythonクライアント
公式ドキュメント	https://geopy.readthedocs.io/
PyPI URL	https://pypi.org/project/geopy/
リポジトリ	https://github.com/geopy/geopy
動作検証バージョン	2.3.0

本書内の使用場所

- 第10章の10-3 地理空間データの操作 p.305

インストール方法

```
pip install geopy
```

Folium

パッケージ名	folium
用途	Leafletによる可視化
公式ドキュメント	https://python-visualization.github.io/folium/
PyPI URL	https://pypi.org/project/folium/
リポジトリ	https://github.com/python-visualization/folium/
動作検証バージョン	0.14.0

本書内の使用場所

- 第10章の10-3 地理空間データの操作 p.305
- 第10章のCOLUMN「ジオコーディング」p.325

インストール方法

```
pip install folium
```

付録B パッケージのインストール

付録C pandasとMatplotlibによる可視化

本付録では、データを可視化する際によく使う、散布図、折れ線グラフ、棒グラフ、ヒストグラム、箱ひげ図についてpandasとMatplotlibを使って解説します。また、環境によっては発生することのある日本語（マルチバイト文字）の文字化けに対処する方法も解説します。

C-1 使用データ

第5章の5-3 定性的評価（可視化）p.162 に引き続き、南極のペンギンに関するデータを使います。

```
import matplotlib.pyplot as plt
import numpy as np
import pandas as pd

df = pd.read_parquet("data/penguins.parquet")
df.head()
```

▼

	Species	Island	Individual_ID	Date_Egg	Culmen_Length	Culmen_Depth	Flipper_Length	Body_Mass	Sex	Comments	Species_short
0	Adelie Penguin (Pygoscelis adeliae)	Torgersen	N1A1	2007-11-11	39.1	18.7	181.0	3750.0	MALE	Not enough blood for isotopes.	Adelie
1	Adelie Penguin (Pygoscelis adeliae)	Torgersen	N1A2	2007-11-11	39.5	17.4	186.0	3800.0	FEMALE	None	Adelie
2	Adelie Penguin (Pygoscelis adeliae)	Torgersen	N2A1	2007-11-16	40.3	18.0	195.0	3250.0	FEMALE	None	Adelie
3	Adelie Penguin (Pygoscelis adeliae)	Torgersen	N2A2	2007-11-16	NaN	NaN	NaN	NaN	NaN	Adult not sampled.	Adelie
4	Adelie Penguin (Pygoscelis adeliae)	Torgersen	N3A1	2007-11-16	36.7	19.3	193.0	3450.0	FEMALE	None	Adelie

C-2 散布図

例として、ペンギンのくちばしの長さCulmen_Length（横軸）とひれの長さFlipper_Length（縦軸）の散布図を描画します。ペンギンの種Species_shortに応じて、それぞれの点の色と形を変えます。

pandasによる可視化

pandasのplot()では、ほかの列の値に応じて点の色と形（マーカー）を変えるには、次のような工夫が必要です。

- グループ化してグラフを重ね打ち[※1]する
- データを変形する（ここでは種ごとの値を別々の列に入れる）

なお、次のように点の色だけを変えることはできますが、違いを識別しにくいです。

```
df.plot(
    x="Culmen_Length",
    y="Flipper_Length",
    kind="scatter",
    c="Species_short",
    colormap="Dark2",
);
```

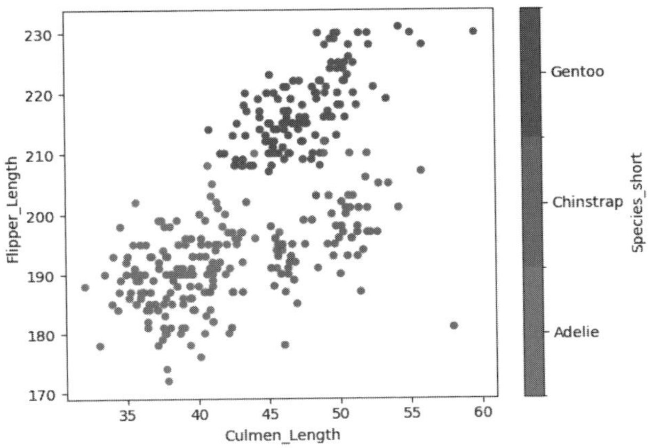

※1　ここではグラフを重ねて描画することを**重ね打ち**といいます。

ここでは、Species_short列についてグループ化し、グラフを重ね打ちします。pandasのplot()は、Matplotlibを呼び出しているため、pandasを使う場合とMatplotlibを使う場合とではほぼ同じコードになります。

また、カテゴリー型であるSpecies_short列から.catアクセサのcodes属性を使ってインデックスを取得※2してカラーマップとマーカー※3に対応させることもできます。

```
# 種ごとに点の色と形（マーカー）を設定する準備
codes = df.loc[:, "Species_short"].cat.codes  # 後で使う
cm = plt.get_cmap("Dark2")
markers = [".", "s", "^"]  # ●、■、▲

# 種ごとにグループ化
df_grouped = df.groupby("Species_short")
```

種（GroupByオブジェクトの要素）ごとにグラフを描き、重ね打ちします。色は引数colorにカラーマップから取得した値を、マーカーは引数markerに文字列型を渡します。

```
_, ax_scatter_pandas = plt.subplots()
for i, v in enumerate(df_grouped):
    label, group = v
    group.plot(
        x="Culmen_Length",
        y="Flipper_Length",
        kind="scatter",
        color=cm(i),
        marker=markers[i],
        label=label,
        ax=ax_scatter_pandas,  # 重ね打ち
    )
```

▼

※2　文字列型の場合は、Seriesのfactorize()メソッドを使って値を整数インデックスに変換できます。

※3　pandasとMatplotlibで使えるマーカーの一覧
https://matplotlib.org/stable/api/markers_api.html#module-matplotlib.markers

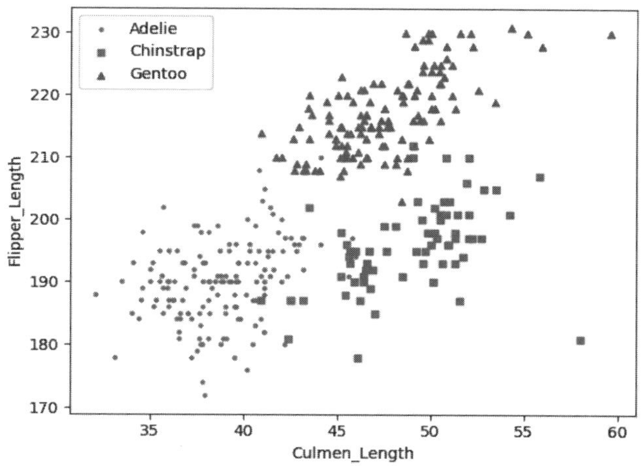

Matplotlibによる可視化

Matplotlibもpandasと同様に、Species_short列についてグループ化し、グラフを重ね打ちします。

```
_, ax_scatter_matplotlib = plt.subplots()
for i, v in enumerate(df_grouped):
    label, group = v
    ax_scatter_matplotlib.scatter(
        x=group["Culmen_Length"],
        y=group["Flipper_Length"],
        color=cm(i),
        marker=markers[i],
        label=label,
    )
ax_scatter_matplotlib.legend()  # 凡例を表示
plt.show()
```

▼

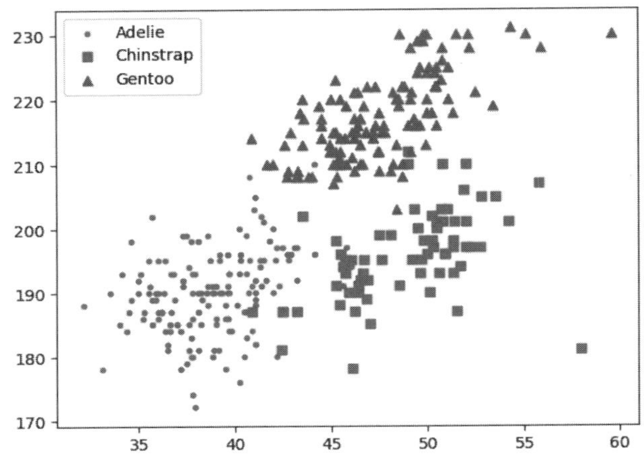

先ほど触れたように、pandasとMatplotlibのコードはほぼ同じになりました。以降では、pandasとMatplotlibを組み合わせて解説します。

C-3 折れ線グラフ

例として、調査年ごとのペンギンの平均体重の変化をそれぞれの種について描画します。種ごとに線の色とスタイル（種類）を変えます。

調査年と種ごとの平均体重の計算

調査年月日を表すDate_Egg列の.dtアクセサのto_period()メソッドを使って、日付を年単位のPeriod型※4に変換します。

```
df_avg_weight_year = (
    df.assign(
        year=df.loc[:, "Date_Egg"].dt.to_period("Y")
    )  # pandasのPeriodオブジェクト（周期の単位：年）
    .groupby(["pecies_short", "year"], as_index=False)["Body_Mass"]
    .mean()
)
df_avg_weight_year
```

※4　第6章の6-1-2 Period p.211 を参照してください。

	Species_short	year	Body_Mass
0	Adelie	2007	3696.428571
1	Adelie	2008	3742.000000
2	Adelie	2009	3664.903846
3	Chinstrap	2007	3694.230769
4	Chinstrap	2008	3800.000000
5	Chinstrap	2009	3725.000000
6	Gentoo	2007	5070.588235
7	Gentoo	2008	5019.565217
8	Gentoo	2009	5140.697674

pandasによる可視化

まず、pivot_table()メソッド※5を使って、それぞれの種の値がそれぞれ1つの列に入るようデータを変形します。

```
df_avg_weight_year_pivoted = df_avg_weight_year.pivot_table(
    index="year",
    columns="Species_short",
    values="Body_Mass",
)
df_avg_weight_year_pivoted
```

Species_short	Adelie	Chinstrap	Gentoo
year			
2007	3696.428571	3694.230769	5070.588235
2008	3742.000000	3800.000000	5019.565217
2009	3664.903846	3725.000000	5140.697674

plot()メソッドの引数colorに色を、引数styleにスタイル（種類）※6をリスト型で渡して描画します。また、線が識別しやすくなるように一緒にマーカーも描きます。

```
# 線の色とスタイル（種類）
species_colors = [cm(i) for i in np.unique(codes)]
linestyles = [
    ".-",  # ●と実線
    "s:",  # ■と点線（...）
    "^--",  # ▲と破線（---）
]

# 描画
df_avg_weight_year_pivoted.plot(
    kind="line",
```

※5　第3章のピボット p.90 を参照してください。

※6　pandasとMatplotlibで使える線のスタイル（種類）の一覧
https://matplotlib.org/stable/api/_as_gen/matplotlib.lines.Line2D.html#matplotlib.lines.Line2D.set_linestyle
ただし、本項のコードのようにマーカーと組み合わせたものを引数に渡す場合は、"solid"のような名前は使えません。

```
    color=species_colors,
    style=linestyles,
    ylim=[0, None],  # 縦軸の最小値を0にする
);
```

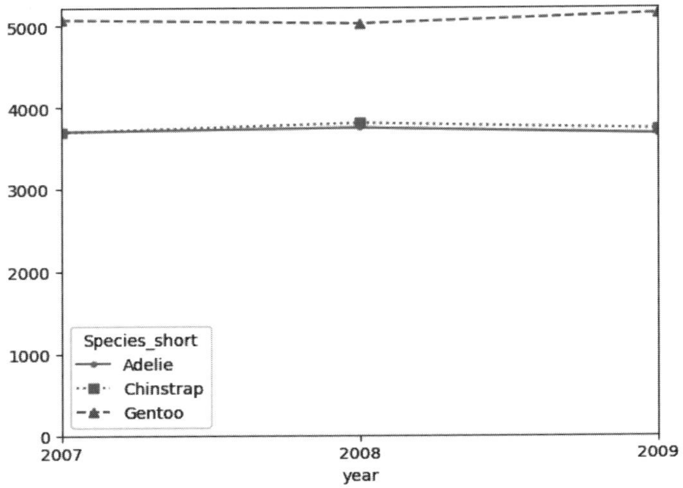

Matplotlibによる可視化

散布図と同様に、Species_short列についてグループ化し、グラフを重ね打ちします。

```
# Species列でグループ化
df_avg_weight_year_grouped = df_avg_weight_year.assign(
    year=lambda x: x.loc[:, "year"].dt.to_timestamp()
).groupby("Species_short")
```

Axesクラスのplot()メソッドの第1引数に横軸となる配列、第2引数に縦軸となる配列を渡し、色は引数colorにカラーマップから取得した値、模様とマーカーは第3引数に文字列型をそれぞれ渡します。また、Matplotlibはpandasのperiod型を扱えないので、year列をto_timestamp()メソッドを使ってTimestamp型に変換します。さらに、縦軸と横軸を調整します。

```
from matplotlib.dates import (
    DateFormatter,
    YearLocator,
)
```

```
# 種ごとにグラフを描き、重ね打ちする
_, ax_line_matplotlib = plt.subplots()
for (
    i,
    v,
) in enumerate(df_avg_weight_year_grouped):
    label, group = v
    ax_line_matplotlib.plot(
        group["year"],
        group["Body_Mass"],
        linestyles[i],
        color=cm(i),
        label=label,
    )
ax_line_matplotlib.set_ylim(0)  # 縦軸の最小値を0にする

# 横軸の目盛を調整
ax_line_matplotlib.xaxis.set_major_formatter(
    DateFormatter("%Y")
)  # 目盛に年だけを表示
ax_line_matplotlib.xaxis.set_major_locator(YearLocator())  # 目盛の間隔を1年に設定

ax_line_matplotlib.legend()
plt.show()
```

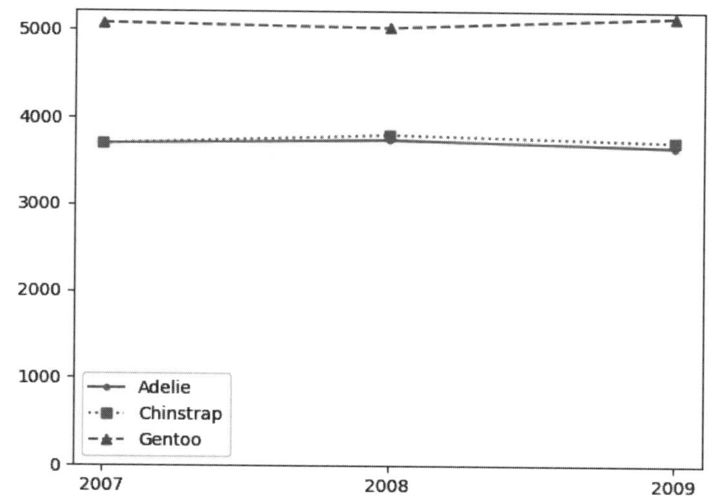

C-4 棒グラフ

例として、生息している島と種ごとのペンギンの平均体重を描画します。島ごとに棒の色と模様（ハッチング）を変えます。

島と種ごとの平均体重の計算

種と島でグループ化して体重の平均値を計算します。

```
df_avg_weight_island = df.groupby(["Species_short", "Island"], as_index=False)[
    "Body_Mass"
].mean()
df_avg_weight_island
```

▼

	Species_short	Island	Body_Mass
0	Adelie	Biscoe	3709.659091
1	Adelie	Dream	3688.392857
2	Adelie	Torgersen	3706.372549
3	Chinstrap	Biscoe	NaN
4	Chinstrap	Dream	3733.088235
5	Chinstrap	Torgersen	NaN
6	Gentoo	Biscoe	5076.016260
7	Gentoo	Dream	NaN
8	Gentoo	Torgersen	NaN

pandasによる可視化

pandasは棒の位置を自動的に調節するので、Matplotlibを使うよりも短いコードで記述できます。まず、pivot_table()メソッドを使って、それぞれの島の値がそれぞれ1つの列に入るようデータを変形します。

```
# 行方向に種、列方向に島となるように変形
df_avg_weight_island_pivoted = df_avg_weight_island.pivot_table(
    index="Species_short",
    columns="Island",
    values="Body_Mass",
)
df_avg_weight_island_pivoted
```

▼

Island	Biscoe	Dream	Torgersen
Species_short			
Adelie	3709.659091	3688.392857	3706.372549
Chinstrap	NaN	3733.088235	NaN
Gentoo	5076.016260	NaN	NaN

島ごとに棒の色と模様（ハッチング）※7を準備します。

```
island_codes = df.loc[:, "Island"].cat.codes
island_colors = [cm(i) for i in np.unique(island_codes)]
hatches = ["/", "\\", "|"]
```

次に、ベースとなる棒グラフを描画し、その後ハッチングを設定します。

```
_, ax_bar_pandas = plt.subplots()
df_avg_weight_island_pivoted.plot(
    kind="bar",
    color=island_colors,
    rot=0,
    ax=ax_bar_pandas,
    legend=False,
)

# ハッチングの設定
bars = ax_bar_pandas.patches
hatch_list = [
    p for p in hatches for i in range(len(df_avg_weight_island_pivoted))
]
for bar, hatch in zip(bars, hatch_list):
    bar.set_hatch(hatch)

ax_bar_pandas.legend()
plt.show()
```

▼

※7　pandas と Matplotlib で使えるハッチング
https://matplotlib.org/stable/gallery/shapes_and_collections/hatch_style_reference.html

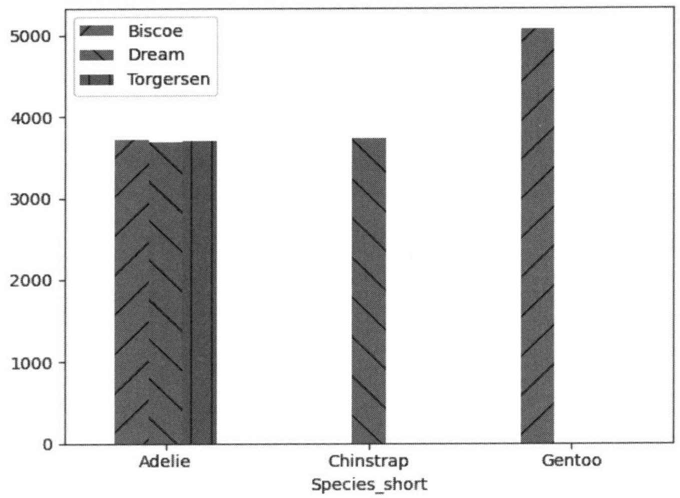

Matplotlibによる可視化 参考

Matplotlibは、pandasと異なり、自分で棒の位置を調節する必要があります。

```
# 島でグループ化
df_avg_weight_island_grouped = df_avg_weight_island.groupby("Island")

# 島ごとにグラフを描き、重ね打ちする
_, ax_bar_matplotlib = plt.subplots()
species_codes = np.unique(
    df_avg_weight_island.loc[:, "Species_short"].cat.codes.values
)  # それぞれの種の基準となる位置（座標）
n_species = df_avg_weight_island.loc[:, "Species_short"].nunique()  # 種の数
width = 1 / (n_species + 1)  # それぞれの島の棒の幅（種どうしで間隔を空けるために分母に1を足す）
for i, v in enumerate(df_avg_weight_island_grouped):
    label, group = v
    ax_bar_matplotlib.bar(
        x=species_codes + width * i,  # グループ（島）ごとに位置をずらす
        height=group["Body_Mass"],
        width=width,
        color=cm(i),
        hatch=hatches[i],
        label=label,
    )

# 横軸を調整
ax_bar_matplotlib.set_xlim(
    min(species_codes) - 3 * width, max(species_codes) + 3 * width
```

```
)
ax_bar_matplotlib.set_xticks(
    species_codes + width,
    df_avg_weight_island.loc[:, "Species"].cat.categories,
    rotation=0,
)

ax_bar_matplotlib.legend()
plt.show()
```

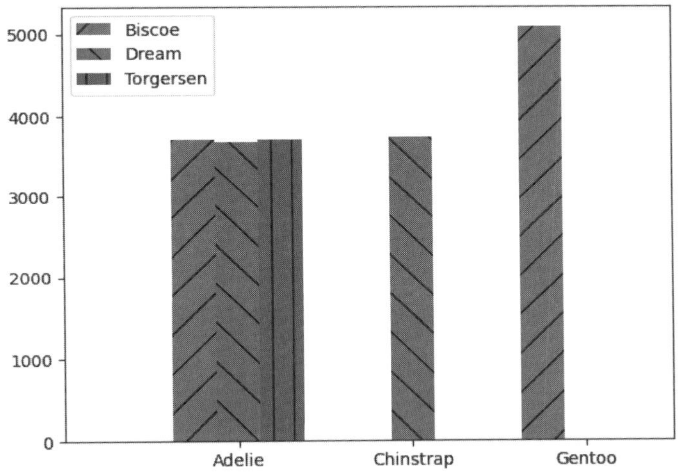

C-5 ヒストグラム

例として、pandasを使って体重の分布をそれぞれの種について描画します。種ごとに棒の色と模様（ハッチング）を変えます。

まず、散布図と同様に、Species_short列についてグループ化し、グラフを重ね打ちします。また、重なった部分が見えやすいように、色の不透明度を表す引数alphaに1未満の正の値を渡します（0は完全に透明）。

```
_, ax_hist_pandas_grouped = plt.subplots()
for i, v in enumerate(df_grouped):
    label, group = v
    group.plot(
```

```
        y="Body_Mass",
        kind="hist",
        color=cm(i),
        alpha=0.7,
        hatch=hatches[i],
        label=label,
        ax=ax_hist_pandas_grouped,
    )

ax_hist_pandas_grouped.legend()
plt.show()
```

▼

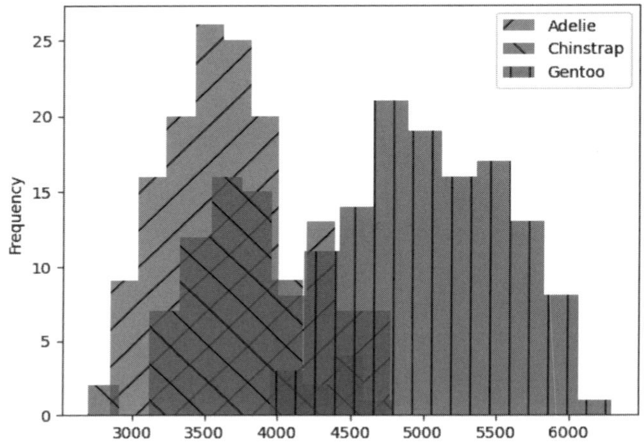

よく見ると、種ごとに棒の太さ（区間幅）が異なるのがわかります。これは種ごとに区間幅が計算されているためです。それを解消するために、それぞれの種の体重がそれぞれ1つの列に入るようデータを変形します。

```
df_hist_pivoted = df.pivot(columns="Species_short", values="Body_Mass")
df_hist_pivoted.head()
```

▼

Species_short	Adelie	Chinstrap	Gentoo
0	3750.0	NaN	NaN
1	3800.0	NaN	NaN
2	3250.0	NaN	NaN
3	NaN	NaN	NaN
4	3450.0	NaN	NaN

次に、ベースとなるヒストグラムを描画し、その後ハッチングを設定します。

```
_, ax_hist_pandas_pivoted = plt.subplots()
df_hist_pivoted.plot(
    kind="hist",
    bins=10,
    color=species_colors,
    alpha=0.7,
    ax=ax_hist_pandas_pivoted,
    legend=False,
)

# ハッチングの設定
bars = ax_hist_pandas_pivoted.patches
hatch_list = [
    p for p in hatches for i in range(int(len(bars) / len(species_colors)))
]
for bar, hatch in zip(bars, hatch_list):
    bar.set_hatch(hatch)

ax_hist_pandas_pivoted.legend()
plt.show()
```

▼

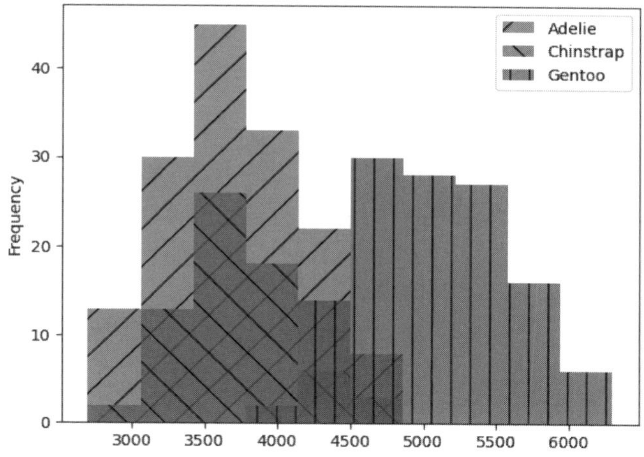

区間幅が同じになりました。

また、種ごとにグループ化してヒストグラムを描画する場合は、次のようにします。plot()の引数columnにヒストグラムを描画する対象の列の名前（"Body_Mass"）、引数byにグループ分けの基になる列の名前（"Species_short"）を渡します。デフォルトでは縦軸のラベルが重なってしまうので、後で調節します。

```
fig_hist_pandas_facets = df.plot(
    kind="hist",
    column="Body_Mass",
    by="Species_short",
    layout=(1, 3),
    legend=False,
)

# 各グループのサブプロット間の距離を調整
plt.subplots_adjust(wspace=0.6)
```

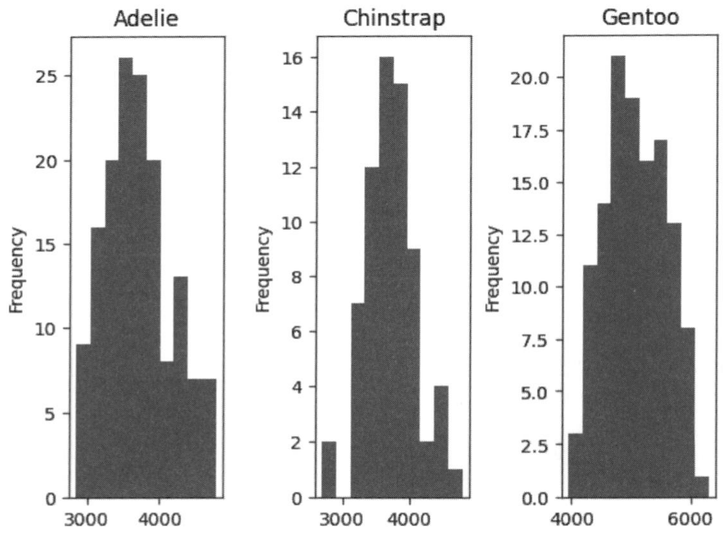

C-6 箱ひげ図

例として、pandasを使って種ごとの体重の箱ひげ図を描画します。ヒストグラムと同様にplot()の引数columnに箱ひげ図を描画する対象の列の名前（"Body_Mass"）、引数byにグループ分けの基になる列の名前（"Species_short"）を渡します。

```
_, ax_box_pandas = plt.subplots()
df.plot(
    kind="box",
    column="Body_Mass",
    by="Species_short",
    rot=0,
    ax=ax_box_pandas,
)
plt.show()
```

▼

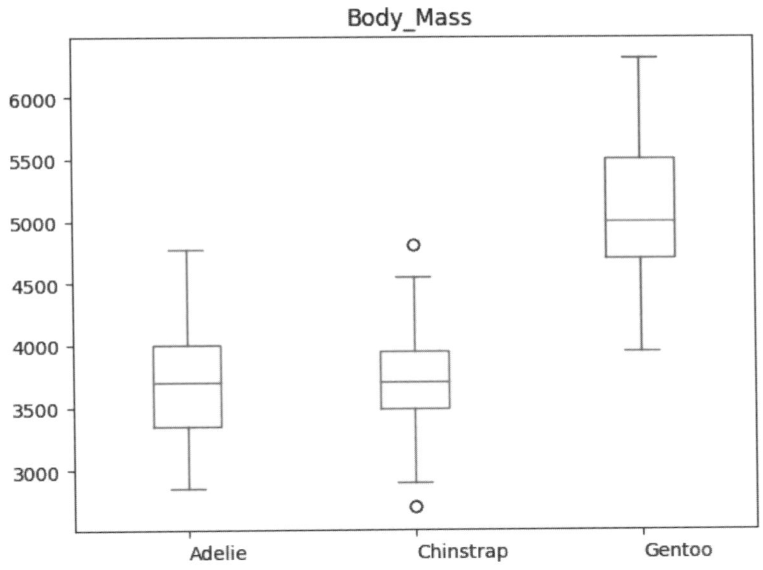

C-7 文字化けへの対処

pandasやMatplotlibを使って作成したグラフに日本語が含まれていると、環境によっては文字化け[※8]してしまうことがあります。その環境のMatplotlibが利用できる（認識している）フォントの中に日本語（マルチバイト文字）に対応したものがないためです。

実行している環境のMatplotlibが利用できるフォントの名前を取得するには、font_managerモジュールのfontManagerインスタンス（FontManagerクラスのグローバルインスタンス）のget_font_names()メソッドを使います。フォントの名前をリスト型で返します。

```
from matplotlib import font_manager

fonts_before = font_manager.fontManager.get_font_names()
```

たとえば、IPA（情報処理推進機構）が作成し、CITPC（文字情報技術促進協議会）が管理しているIPAexゴシックフォント（フォント名:IPAexGothic）[※9]を利用できるかを調べるには、次のようにします。

```
print("IPAexGothic" in fonts_before)
```

▼

```
False
```

このフォントをMatplotlibやpandasが利用できるようにするにはシステムにインストールするのが最も簡単ですが、ユーザーによるフォントのインストールが制限されている環境では、次のようにフォントの.ttfファイル[※10]を利用します。fontManagerインスタンスのaddfont()メソッドに.ttfファイルへのパスをPathオブジェクトとして渡します[※11]。

```
from pathlib import Path

font_path = Path("data/ipaexg00401/ipaexg.ttf")
font_manager.fontManager.addfont(font_path)
```

※8 よくいわれる文字化けとは厳密には異なり、すべてのマルチバイト文字が□のような文字に置き換えられます（俗に「豆腐」と呼ばれます）。

※9 https://moji.or.jp/ipafont/

※10 IPAのフォントダウンロードページからダウンロードした.zipファイルを解凍してフォルダごと配置します。

※11 パスを文字列として渡すこともできますが、Pathオブジェクトの使用が推奨されています。

フォントが追加されたことを確認します。

```
fonts_after = font_manager.fontManager.get_font_names()
print("IPAexGothic" in fonts_after)
```

▼

```
True
```

これで、MatplotlibがIPAexゴシックフォントを利用できるようになりました。次に、Matplotlibのフォントの設定を書き換えます。

```
import matplotlib as mpl

mpl.rc("font", family="IPAexGothic")
```

この設定を行えば、日本語を含むグラフを描画できます。

```
import matplotlib.pyplot as plt

plt.plot([0, 1])
plt.title("日本語のタイトル")
plt.show()
```

▼

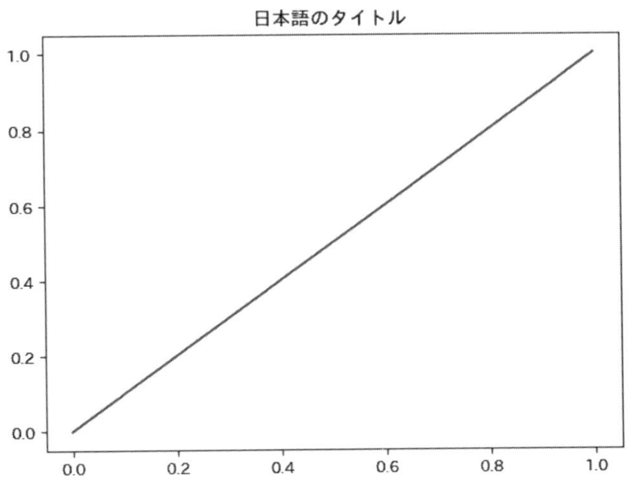

ただし、この設定は**永続的ではない**ため、毎回行う必要があります。別のPythonスクリプトに保存し、必要に応じて呼び出すと便利です。

もしフォントのインストールが可能で永続的にフォントを設定する場合は、`matplotlibrc`※12に書き込みます。`matplotlibrc`は、Matplotlibが起動時に読み込む設定ファイルで、このファイルでは、画像のサイズや軸、フォントなど、Matplotlibのほとんどのプロパティを変更できます。

Matplotlibが起動時に読み込んだ`matplotlibrc`ファイルのパスは、次のコードで確認できます。

```
mpl.matplotlib_fname()
```

▼

```
'C:\Users\hoge\.matplotlib\matplotlibrc'
```

そして、この`matplotlibrc`ファイルで次の行を探します。

```
#font.family: sans-serif
```

この行のコメントアウトを解除して、次のように書き換えてファイルを保存します。

```
font.family: IPAexGothic
```

この後にMatplotlibを呼び出すと設定の変更が反映され、日本語を含むグラフを描画できます。

なお、Matplotlibは、起動時に次の順に`matplotlibrc`ファイルを探して読み込みます。先に見つかったものが優先されるので、複数の`matplotlibrc`ファイルを配置している場合には注意してください。

1. 現在の作業ディレクトリの`matplotlibrc`ファイル
2. 環境変数`$MATPLOTLIBRC`に指定されたファイル、もしくはそれがディレクトリであれば`$MATPLOTLIBRC/matplotlibrc`
3. WindowsとMacでは`.matplotlib/matplotlibrc`、Linuxでは原則として`.config/matplotlib/matplotlibrc`
4. Matplotlibのインストール先の`matplotlib/mpl-data/matplotlibrc`

※12　詳細は公式ドキュメントを参照してください。
https://matplotlib.org/stable/tutorials/introductory/customizing.html#the-matplotlibrc-file

索引

著者プロフィール

■ 寺田 学 (てらだ まなぶ)

[担当：第1章、第2章（「parquet形式」除く）、第7章（Pythonを使った文字列処理）、第8章（Pillowを使った画像の加工）、付録A・B]

Python Web関係の業務を中心にコンサルティングや構築を株式会社CMSコミュニケーションズ代表取締役として手がけている。ほかにも、一般社団法人PyCon JP Association理事や一般社団法人Pythonエンジニア育成推進協会 顧問理事を務める。
Pythonをはじめとした技術話題を扱うPodcast「terapyon channel」https://podcast.terapyon.net/を配信中。共著『見て試してわかる機械学習アルゴリズムの仕組み 機械学習図鑑』『Pythonによるあたらしいデータ分析の教科書 第2版』（いずれも翔泳社）、監修『スラスラわかるPython 第2版』（翔泳社）、監訳『Pythonハッカーガイドブック』（マイナビ出版）、そのほかの執筆活動も行っている。

■ 神沢 雄大 (かんざわ ゆうた)

[担当：第2章（parquet形式）、第5章、第8章（NumPyを使った画像データ処理）、付録C]

チューリッヒ保険会社にて、カスタマーエクスペリエンス向上やマーケティング、業務改善のためのデータ分析と機械学習モデル構築／運用に従事し、データに基づいたビジネス上の意思決定と効率化をサポートしている。R言語のコミュニティTokyo.Rの運営チームのメンバーでもあり、そのほか、定期的に国内外のイベントに登壇している。https://ytknzw.github.io/

■ @driller (どりらー)

[担当：第3章、第6章、第7章（pandasによるテキストデータの処理）、第10章]

デリバティブを中心とした金融データの分析にPythonを活用している。Python × 金融のコミュニティfin-py主宰。共著に『改訂版 Pythonユーザのための Jupyter[実践]入門』（技術評論社）、『Pythonインタラクティブ・データビジュアライゼーション入門』（朝倉書店）がある。

■ 辻 真吾 (つじ しんご)

[担当：第4章、第9章、第11章]

大学の研究所に勤務し、Pythonを使ったデータ解析をバイオ、エネルギー、教育といった幅広い分野へ適用する研究を行っている。『Pythonスタートブック［増補改訂版］』（技術評論社）、『Pythonで学ぶアルゴリズムとデータ構造』（講談社）、『ゼロからはじめるデータサイエンス入門――R・Python一挙両得――』（講談社）などの著書がある。詳しくは、www.tsjshg.info まで。

装丁／本文デザイン　轟木 亜紀子（株式会社トップスタジオ）
DTP　木内 利明（株式会社トップスタジオ）
編集　コンピューターテクノロジー編集部
校閲　東京出版サービスセンター

■商品に関する問い合わせ先

このたびは弊社商品をご購入いただきありがとうございます。本書の内容などに関するお問い合わせは、下記のURLまたは二次元バーコードにある問い合わせフォームからお送りください。

https://book.impress.co.jp/info/

上記フォームがご利用いただけない場合のメールでの問い合わせ先
info@impress.co.jp

※お問い合わせの際は、書名、ISBN、お名前、お電話番号、メールアドレス に加えて、「該当するページ」と「具体的なご質問内容」「お使いの動作環境」を必ずご明記ください。なお、本書の範囲を超えるご質問にはお答えできないのでご了承ください。

- ●電話やFAX でのご質問には対応しておりません。また、封書でのお問い合わせは回答までに日数をいただく場合があります。あらかじめご了承ください。
- ●インプレスブックスの本書情報ページ　https://book.impress.co.jp/books/1122101021 では、本書のサポート情報や正誤表・訂正情報などを提供しています。あわせてご確認ください。
- ●本書の奥付に記載されている初版発行日から3 年が経過した場合、もしくは本書で紹介している製品やサービスについて提供会社によるサポートが終了した場合はご質問にお答えできない場合があります。

■落丁・乱丁本などの問い合わせ先

FAX　03-6837-5023
service@impress.co.jp
※古書店で購入された商品はお取り替えできません。

Python《パイソン》データ分析《ぶんせき》 実践《じっせん》ハンドブック
実務《じつむ》で使《つか》えるデータ加工《かこう》のテクニック

2023年9月21日 初版第1刷発行

著　者　寺田《てらだ》 学《まなぶ》
神沢《かんざわ》 雄大《ゆうた》
@driller《どりらー》
辻《つじ》 真吾《しんご》

発行人　高橋隆志
発行所　株式会社インプレス
〒101-0051　東京都千代田区神田神保町一丁目105番地
ホームページ　https://book.impress.co.jp/

印刷所　シナノ書籍印刷株式会社

ISBN978-4-295-01774-5 C3055

Printed in Japan